AF626278

Kinematische Analyse von Spindellagern unter statischen und dynamischen Kräften

Kinematic Analysis of Spindle Bearings under Static and Dynamic Forces

Von der Fakultät für Maschinenwesen
der Rheinisch-Westfälischen Technischen Hochschule Aachen
zur Erlangung des akademischen Grades eines
Doktors der Ingenieurwissenschaften
genehmigte Dissertation

vorgelegt von

Hans-Martin Eckel

Berichter/in:

Univ. Prof. Dr.-Ing. Christian Brecher
Univ. Prof. Dr.-Ing. Georg Jacobs

Tag der mündlichen Prüfung: 21. Mai 2024

Diese Dissertation ist auf den Internetseiten der Universitätsbibliothek online verfügbar.

ERGEBNISSE AUS DER PRODUKTIONSTECHNIK

Hans-Martin Eckel

Kinematische Analyse von Spindellagern unter statischen und dynamischen Kräften

Herausgeber:
Prof. Dr.-Ing. T. Bergs
Prof. Dr.-Ing. Dipl.-Wirt. Ing. G. Schuh
Prof. Dr.-Ing. C. Brecher
Prof. Dr.-Ing. R. H. Schmitt

Band 20/2024

WZL | RWTH AACHEN UNIVERSITY

Fraunhofer IPT

Bibliografische Information der Deutschen Nationalbibliothek
Die Deutsche Nationalbibliothek verzeichnet diese Publikation in der Deutschen Nationalbibliografie; detaillierte bibliografische Daten sind im Internet über https://portal.dnb.de abrufbar.

Hans-Martin Eckel:

Kinematische Analyse von Spindellagern unter statischen und dynamischen Kräften

1. Auflage, 2024

Gedruckt auf holz- und säurefreiem Papier, 100% chlorfrei gebleicht.

Copyright Apprimus Verlag, Aachen, 2024
Wissenschaftsverlag des Instituts für Industriekommunikation und Fachmedien an der RWTH Aachen
Steinbachstr. 25, 52074 Aachen
Internet: www.apprimus-verlag.de, E-Mail: info@apprimus-verlag.de

Alle Rechte, auch das des auszugsweisen Nachdruckes, der auszugsweisen oder vollständigen Wiedergabe, der Speicherung in Datenverarbeitungsanlagen und der Übersetzung, vorbehalten.

Druck: CPI Druckdienstleistungen GmbH, Ferdinand-Jühlke-Straße 7 I 99095 Erfurt

ISBN 978-3-98555-226-9

D 82 (Diss. RWTH Aachen University, 2024)

Vorwort

Die vorliegende Arbeit entstand während meiner Zeit als wissenschaftlicher Mitarbeiter in der Abteilung Maschinentechnik am Lehrstuhl für Werkzeugmaschinen am Werkzeugmaschinenlabor WZL der RWTH Aachen.

Mein besonderer Dank gilt meinem Doktorvater, Herrn Professor Dr.-Ing. Christian Brecher, für sein in mich gesetztes Vertrauen und die Möglichkeit mein Promotionsvorhaben an seinem Lehrstuhl durchführen zu können. Weiter gilt mein Dank Herrn Professor Dr.-Ing. Georg Jacobs, für die Übernahme des Koreferats und die kritische Durchsicht meiner Dissertation. Prof. Dr.-Ing. Achim Kampker danke ich für die Übernahme des Vorsitzes in meinem Promotionsverfahren.

Ich bedanke mich bei allen Mitarbeiterinnen und Mitarbeitern des WZL, die zum Erfolg dieser Arbeit beigetragen haben. Im Besonderen möchte ich meinen ehemaligen Kollegen Andreas Bartelt, Jens Falker, Marcus Gärtner und Anton Strachkov für die fachlichen Diskussionen und die Unterstützung zu jeder Zeit danken. Für die kritische Durchsicht meiner Dissertation bin ich Marcus Gärtner und Stephan Neus zu Dank verpflichtet. Meinen studentischen Mitarbeitern und Abschlussarbeitern, insbesondere Till Coppenrath und Lorenz Schmidt, danke ich für die Unterstützung in zahlreichen experimentellen und theoretischen Fragestellungen.

Die umfassenden experimentellen Untersuchungen sind erst durch den Beitrag der technischen Abteilungen ermöglicht worden. Mein Dank gilt daher insbesondere Guido Müller für die Unterstützung in Prüfstandsthemen, Karsten Meier für die Messtechnikausgabe sowie Axel Kaunzner für die zahlreichen Umbau- und Wiederbelebungsmaßnahmen meiner Lieblingsfräsmaschine, dem Hexapoden. Weiterhin gilt mein Dank der Elektronikwerkstatt für die Platinendesigns und unzähligen Lötverbindungen sowie der mechanischen Fertigung für die herausragende Fertigungsqualität der Prüfstandskomponenten. Jens Falker danke ich für die Aufarbeitung und Bereitstellung der Berechnungsgrundlagen im Wälzlagerbereich sowie Günter Körner für die wertvolle Unterstützung bei der Weiterentwicklung der Berechnungsalgorithmen.

Das Vertrauen und die Unterstützung durch die AiF, den VDW sowie den projektbegleitenden Ausschuss in den DynaLast-Projekten hat mich stets in der Bearbeitung der praxisnahmen Forschungsfragen motiviert und bestärkt.

Ein großes Dankeschön spreche ich meinen Eltern aus, die mich stets auf meinem Bildungsweg begleitet, unterstützt und motiviert haben. Meiner Frau Marion sowie meinen beiden Kindern Moritz und Leni gilt ein besonderer Dank für das Verständnis, zahlreiche Wochenenden in den Prüfstandsräumen zu verbringen und die Lehre jedes Hindernis gemeinsam überwinden zu können.

Betzdorf, im Juli 2024 Hans-Martin Eckel

Kurzzusammenfassung

In modernen Hauptspindeln erfährt die Lagerung eine starke Beanspruchung durch hohe Bearbeitungskräfte und Drehzahlen. Die rechnerische Auslegung der Spindellager hinsichtlich deren mechanischen und kinematischen Beanspruchungen zeigt die Belastungsgrenzen der Spindel an. Die Analyse der Kugelkinematik, mit den in der Praxis eingesetzten Methoden der quasistatischen Wälzlagerberechnung, ist noch immer mit hohen Unsicherheiten verbunden. Häufig begrenzt die berechnete Kinematik durch den sogenannten Kugelvor- und -nachlauf die spezifizierbare Belastung der Spindel und damit deren zulässige Leistungsfähigkeit. Beobachtungen aus der Praxis zeigen hingegen oftmals einen zuverlässigen Betrieb, auch bei rechnerisch unzulässigen Belastungen. Diese Forschungsarbeit analysiert daher experimentell und simulativ die Belastung von Spindellagern sowie die Kugelkinematik unter praxisrelevanten Lastparametern als Beitrag für eine verbesserte Auslegung der Lagerung.

Zur ganzheitlichen Analyse der Belastung von Spindellagern werden verschiedene Messsysteme vorgestellt, mit denen die auf die Lagerung wirkende Belastung sowie die orbitale Bewegung der Kugeln und des Käfigs erfasst werden können. Das System zur Messung der orbitalen Kugelbewegung stellt eine zentrale Neuentwicklung dar. Dieses arbeitet nach dem Prinzip einer Lichtschranke im Durchlichtverfahren, bei dem die Kugeln die Lichtschranke schalten. Mehrere über dem Lagerumfang angeordnete Sensoren erlauben eine kontinuierliche Beobachtung der Kugelbewegung auch bei hohen Drehzahlen. Die gute Integrierbarkeit der Messsysteme erlaubt den Einsatz in Prüfständen und Hauptspindeln zur Messung unter praxisrelevanten Belastungen.

Im methodischen Teil dieser Arbeit werden Berechnungsverfahren vorgestellt, die auf Basis der gemessenen Wellenverlagerung die Belastung in den Lagerstellen ermitteln. Hierzu wird die gemessene Wellenverlagerung über ein Spindelmodell mit elastischer Welle unter Berücksichtigung dynamischer Schwingformen auf die Lagerstelle projiziert. Die dabei entstehenden Belastungen in den Wälzkontakten der Lager werden mit den Methoden der quasistatischen Wälzlagerberechnung ermittelt. Diese Belastungen dienen als Eingangsgrößen für einen dynamischen Berechnungsansatz, der die Kinematik und Kinetik der Kugeln sowie die über den Schmierstoff übertragbaren Scherkräfte berücksichtigt. Somit kann die Berechnung variierender Kugelgeschwindigkeiten unter dem Einfluss radialer Belastungen und Momentenlasten erfolgen.

Die Anwendung der Messsysteme und Berechnungsmethoden im experimentellen Teil zeigt die Entwicklung des Kugelvor- und -nachlaufs unter zahlreichen Belastungsparametern in Prüfständen und Hauptspindeln. Die gemessene Kugelgeschwindigkeit weist entgegen der Berechnungsansätze nach der quasistatischen Auslegung eine deutlich geringere Modulation auf, sodass auch der Kugelvor- und -nachlauf deutlich geringer ausfällt als vorhergesagt. Die entwickelte dynamische Methode beschreibt die Kugelgeschwindigkeit hingegen mit verbesserter Genauigkeit. Dynamische Belastungen zeigen sowohl im Prüfstand als auch in der Spindel während der Bearbeitung keinen signifikanten Einfluss auf die Ausbildung der Kugelgeschwindigkeiten.

Brief summary

In modern main spindles, the bearings are subjected to high loads due to high machining forces and speeds. The calculated design of the spindle bearings with regard to their mechanical and kinematic loads indicates the load limits of the spindle. The analysis of ball kinematics with the methods of quasi-static rolling bearing calculation used in practice is still associated with high uncertainties. The calculated kinematics often limits the specifiable load on the spindle and thus its permissible performance due to the so-called ball advance and retardation. Observations from practice, on the other hand, often show reliable operation, even with loads that are not permitted by the calculation. This research work therefore analyzes experimentally and simulatively the load on spindle bearings as well as the resulting ball kinematics under practical load parameters as a contribution to an improved bearing design.

For a holistic analysis of the spindle bearing loads, various measuring systems are presented with which the load acting on the bearing and the orbital movement of the balls and the cage can be recorded. The system for measuring the orbital ball movement is a central new development. This system is based on the principle of a light barrier using the transmitted light method, in which the balls switch the light barrier. Several sensors arranged around the bearing circumference allow continuous monitoring of the ball movement even at high rotational speeds. The good integrability of the measuring systems enables them to be used in test benches and main spindles for measurement under practical loads.

In the methodical part, calculation methods are presented that determine the load in the bearings based on the measured shaft displacement. For this purpose, the measured shaft displacement is projected onto the bearings using a spindle model with an elastic shaft, taking dynamic vibration modes into account. The resulting loads in the rolling contacts of the bearings are determined using the methods of quasi-static rolling bearing calculation. These loads serve as input variables for a dynamic calculation approach that considers the kinematics and kinetics of the balls as well as the shear forces that can be transmitted via the lubricant. This enables the calculation of varying ball speeds under the influence of radial and moment loads.

The application of the measuring systems and calculation methods in the experimental part shows the development of the ball advance and retardation under numerous load parameters in test rigs and main spindles. Contrary to the calculation approaches according to the quasi-static design, the measured ball speed shows a significantly lower modulation, so that the ball advance and retardation are also significantly lower than predicted. The developed dynamic method, on the other hand, describes the ball speed with improved accuracy. Dynamic loads show no significant influence on the formation of ball speeds either in the test rig or in the spindle during machining.

Inhaltsverzeichnis

Content

Formelzeichen und Abkürzungsverzeichnis

Formula Symbols and Abbreviations

Großbuchstaben

Capital letters

Zeichen *Symbol*	Einheit *Unit*	Benennung *Description*	
A	mm²	Oberfläche	*Surface area*
A	V	Signal inkrementeller Sensor	*Signal incremental Sensor*
A_1	Pa·s	Beiwert Vogel-Gleichung	*Coefficient Vogel-equation*
A_2	°C	Beiwert Vogel-Gleichung	*Coefficient Vogel-equation*
B	V	Signal inkrementeller Sensor	*Signal incremental Sensor*
B	mm	Käfigbreite	*Cage width*
B_{eff}	mm	Effektive Käfigbreite	*Effective cage width*
C	-	Substitutionsvariable	*Substitution variable*
C	kg/s	Dämpfungsmatrix	*Damping matrix*
C_{th}	-	Thermischer Korrekturfaktor	*Thermal correction factor*
E	N/mm²	Elastizitätsmodul	*Young's modulus*
E_{red}	N/mm²	Reduziertes Elastizitätsmodul	*Reduced Young's modulus*
F	N	Kraft	*Force*
F_f	N	Fliehkraft	*Centrifugal force*
F_{KS}	N	Kraft Kraftsensor (Käfigreibung)	*Force force sensor (cage friction)*
F_m	N	Kraft im Kugelschwerpunkt	*Force at the center of gravity of the sphere*
F_n	N	Normalkraft	*Normal force*
F_r	N	Reibkraft	*Friction force*
F_{stat}	N	Statischer Kraftanteil	*Static force component*
F_{tr}	N	Trägheitskraft	*Inertia force*
F_v	N	Vorspannkraft	*Preload force*
G	N/mm²	Schermodul	*Shear modulus*
G	-	Werkstoffkennzahl, EHD-Parameter	*Material characteristic, EHD-parameter*

$G_{r,i/F}$	rad/N	Übertragungsfunktion zwischen der *i*-ten Stützstelle bezogen auf die Kraft am Werkzeug (Rotation)	*Transfer function between the i-th support point related to the force at the tool (rotation)*
$G_{r,i/r,mess}$	rad/rad	Übertragungsfunktion zwischen der *i*-ten Stützstelle bezogen auf die Messstelle (Rotation)	*Transfer function between the i-th interpolation point related to the measuring point (rotation)*
J	kg·m²	Trägheitsmoment	*Moment of inertia*
Kn_i	-	Knoten (*i* = Nummer)	*Node (i = number)*
$KvKn$	µm	Kugelvor- und -nachlauf	*Ball advance and retardation*
$[K]$	N/mm	Steifigkeitsmatrix	*Stiffness matrix*
L_{th}	-	Thermischer Belastungsfaktor	*Thermal load characteristic*
M	Nm	Moment	*Torque*
M	kg/mol	Molare Masse	*Molecular mass*
M	kg	Massenmatrix	*Mass matrix*
M_b	Nm	Bohrmoment	*Spinning torque*
M_g	Nm	Gyroskopisches Moment	*Gyroscopic torque*
M_r	Nm	Reibmoment durch Schmierstoffreibung	*Torque due to lubricant friction*
M_{tr}	N	Trägheitsmoment	*Inertia torque*
O	-	Ursprung	*Origin*
P	W	Leistung	*Power*
Q	N	Kontaktkraft	*Contact force*
R	rad	Rotation (Frequenzbereich)	*Rotation (frequency domain)*
R_g	J/mol·K	Allgemeine Gaskonstante	*Universal gas constant*
R_x	mm	Ersatzkrümmungsradius Hauptachse	*Equivalent radius of major axis*
R_y	mm	Ersatzkrümmungsradius Nebenachse	*Equivalent radius of minor axis*
S	-	Schlupfabhängiger Reduktionsfaktor	*Slip reduction coefficient*
T	mm	Teilung Käfigmaßstab	*Pitch cage scale*
T	°C	Temperatur	*Temperature*

U	-	Geschwindigkeitskennzahl, EHD-Parameter	*Speed characteristic, EHD-parameter*
W	-	Lastkennzahl, EHD-Parameter	*Load characteristic, EHD-parameter*
Z	-	Viskositäts-Druck-Koeffizient	*Viscosity-pressure-coefficient*
ΔB	mm	Reduktion Käfigbreite	*Reduction cage width*
ΔT	°C	Temperaturdifferenz	*Temperature difference*
Δu_{WK}	µm	Abweichung Kugelposition	*Deviation ball position*
Δx	µm	Durchdringung	*Penetration*
$\Delta\psi$	rad	Winkelabweichung	*Angular deviation*
$\Delta\psi_{abs,i}$	rad	Absolute Abweichung der *i*-ten Kugel	*Overall deviation of the i-th ball*
$\overline{\Delta\psi}_{abs,i}$	rad	Gemittelte, absolute Abweichung der *i*-ten Kugel	*Mean, overall deviation of the i-th ball*
Θ	rad	Winkel um y-Achse	*Angle around y-axis*
Γ	-	Elliptisches Integral zweiter Art	*Elliptic integral of second kind*
Φ	rad	Winkel um x-Achse	*Angle around x-axis*

Kleinbuchstaben

Lowercase letters

Zeichen *Symbol*	**Einheit** *Unit*	**Benennung** *Description*	
a	mm	Länge der großen Halbachse	*Length of major semi-axis*
a^*_{hertz}	-	Beiwert (HERTZ)	*Coefficient (HERTZ)*
a_p	mm	Schnitttiefe	*Cutting depth*
a_1 bis a_6	-	Reibmodell Koeffizienten nach ROSSAINT	*Friction model coefficients according to ROSSAINT*
b	mm	Länge der kleinen Halbachse	*Length of minor semi-axis*
b^*_{hertz}	-	Beiwert (HERTZ)	*Coefficient (HERTZ)*
b_1 bis b_2	-	Reibmodell Koeffizienten nach ROSSAINT	*Friction model coefficients according to ROSSAINT*
c_{KT}	µm	Käfigtaschenspiel	*Cage pocket clearance*
c_{KF}	µm	Käfigführungsspiel	*Cage guidance clearance*

dA	mm²	Flächenelement	*Surface element*
d_m	mm	Teilkreisdurchmesser	*Pitch diameter*
dr	µm	Radialteilung	*Radial pitch*
dt	s	Zeitintervall	*Time interval*
$d\varphi$	rad	Winkelteilung	*Angle pitch*
f	Hz	Frequenz	*Frequency*
f_n	Hz	Drehfrequenz	*Rotational frequency*
h_0	mm	Zentrale Schmierfilmhöhe	*Central film thickness*
h_m	mm	Minimale Schmierfilmhöhe	*Minimum film thickness*
h_{th}	mm	Thermisch korrigierte Schmierfilmhöhe	*Thermally corrected film thickness*
$h_{0,isoth}$	mm	Zentrale Schmierfilmhöhe für isotherme Bedingungen	*Central film thickness for isothermal conditions*
$h_{m,isoth}$	mm	Minimale Schmierfilmhöhe für isotherme Bedingungen	*Minimal film thickness for isothermal conditions*
k	N/µm	Steifigkeit	*Stiffness*
k_A	N/µm	Steifigkeit Lagerstelle A	*Stiffness bearing A*
k_B	N/µm	Steifigkeit Lagerstelle B	*Stiffness bearing B*
k_e	N/µm	Steifigkeit elastisch	*Stiffness elastic*
k_{eff}	N/µm	Effektive Stegsteifigkeit im Käfig-Kugel -Kontakt	*Effective stiffness in the cage-ball-contact*
k_h	N/µm	Kontaktsteifigkeit (HERTZ)	*Contact stiffness (HERTZ)*
k_S	N/µm	Steifigkeit Käfigsteg	*Stiffness cage web*
k_s	N/µm	Steifigkeit starr	*Stiffness rigid*
k_v	N/µm	Federsteifigkeit	*Spring stiffness*
k_{th}	W/(m·K)	Wärmeleitkoeffizient	*Thermal conduction coefficient*
m	kg	Masse	*Mass*
n	1/min	Drehzahl	*Rotational speed*
$\vec{n}$	mm³	Normalenvektor	*Normal vector*
p	N/mm²	Druck	*Pressure*
p	µm	Positionswert inkrementeller Sensor	*Position value incremental sensor*

$\vec{p}$	mm	Ortsvektor	*Location vector*
r	mm	Radius	*Radius*
r	rad	Rotation	*Rotation*
r	mm	Radius zylindrisches Koordinatensystem	*Radius cylindrical coordinate system*
r_{ax}	mm	Messradius der axialen Verlagerungssensoren	*Measuring radius of the axial displacement sensors*
r_K	mm	Radius Käfig	*Radius cage*
$r_{K,def}$	mm	Radius Käfig deformiert	*Radius cage deformed*
r_{KF}	mm	Radius Führungsbord	*Radius guide board*
r_{KS}	mm	Hebelarm Kraftsensor	*Lever arm force sensor*
r_R	mm	Radius Rille	*Radius groove*
r_{rad}	mm	Messradius der radialen Verlagerungssensoren	*Measuring radius of the radial displacement sensors*
r_{Rg}	mm	Radius Rillengrund	*Radius groove ground*
r_{Rm}	mm	Radius Rillenmittelpunkt	*Radius groove center*
r_T	mm	Radius Käfigtasche	*Radius cage pocket*
r'_{WK}	mm	Verformter Kugelradius	*Deformed ball radius*
$\vec{r}_{T,m}^{K}$	mm	Ortsvektor Taschenmittelpunkt im Käfig-Koordinatensystem	*Location vector pocket center in the cage coordinate system*
$\vec{r}_t^{\square}$	mm	Tangentialvektor	*Tangential vector*
$\vec{r}_{WK,m}^{\square}$	mm	Ortsvektor Kugelmittelpunkt	*Location vector ball center*
s	-	Relativer Schlupf	*Relative slip*
s_{ω_K}	-	Schlupffaktor Käfig-Winkelgeschwindigkeit	*Slip factor retainer angular velocity*
$s_{\omega_{WK}}$	-	Schlupffaktor Wälzkörper-Winkelgeschwindigkeit	*Slip factor rolling element angular velocity*
t	s	Zeit	*Time*
$\bar{t}_m$	s	Mittlere Zeit	*Mean time*
t_{phl}	ns	Maximale Einschaltzeit der Fotodetektoren	*Maximum switch-on time of the photodetectors*
t_{plh}	ns	Maximale Ausschaltzeit der Fotodetektoren	*Maximum switch-off time of the photodetectors*

$t_{rs,Di}$	ns	Maximale Einschaltverzögerung der Digitaleingänge	*Maximum switch-on delay of the digital inputs*
$\vec{t}$	µm, rad	Translationsvektor	*Translation vector*
u	µm	Verlagerung	*Displacement*
u	µm	Messwerte der Verlagerungssensoren	*Measured values of the displacement sensors*
u_F	µm	Kraftbedingte Verlagerung	*Force-induced displacement*
u_{RMS}	µm	Effektivwert der dynamischen Verlagerung	*Effective value of dynamic displacement*
$\bar{u}$	µm	Mittelwert der Verlagerung	*Mean value of the displacement*
v	m/s	Geschwindigkeit	*Speed*
$\vec{v}_{rel}$	m/s	Relativer Geschwindigkeitsvektor	*Relative velocity vector*
w	mm	Oberflächenverformung (HERTZ)	*Surface deformation (HERTZ)*
x	mm	Koordinate in x-Richtung	*Coordinate in x-direction*
y	mm	Koordinate in y-Richtung	*Coordinate in y-direction*
z	mm	Koordinate in z-Richtung	*Coordinate in z-direction*
z	-	Anzahl Wälzkörper	*Number of rolling elements*
z_S	-	Anzahl Fotodetektoren	*Number of photodetectors*
α	°	Kontaktwinkel	*Contact angle*
α	m/(m·K)	Wärmeausdehnungskoeffizient	*Coefficient of thermal expansion*
α_p	m²/N	Viskositäts-Druck-Koeffizient	*Viscosity-pressure-coefficient*
α_0	°	Fertigungsdruckwinkel	*Nominal contact angle*
α_1	°	Einbaudruckwinkel	*Installation contact angle*
α_2	°	Betriebsdruckwinkel	*Operating contact angle*
β	rad	Roll-Wälzwinkel	*Ball pitch angle*
β_{th}	°C	Viskositäts-Temperatur-Koeffizient	*Viscosity-temperature-coefficient*
β'	rad	Gier-Wälzwinkel	*Ball yaw angle*
$\dot{\gamma}$	1/s	Scherrate Schmierfilm	*Lubricant shear rate*

γ'	-	Verhältnis von $\frac{2 \cdot r_{WK}}{d_m}$	*Ratio of* $\frac{2 \cdot r_{WK}}{d_m}$
ε	rad	Bohr-Roll-Winkel	*Spinning angle*
κ	-	Schmiegung	*Osculation*
κ	-	Elliptische Exzentrizität	*Elliptical eccentricity*
μ	-	Reibwert	*Friction Coefficient*
ν	-	Querkontraktionszahl	*Poisson's ratio*
ν	m²/s	Kinematische Viskosität	*Kinematic viscosity*
ξ	rad	Phasenwinkel in der inkrementellen Teilung	*Phase angle in incremental pitch*
η	Pa·s	Dynamische Viskosität	*Dynamic Viscosity*
η_0	Pa·s	Dynamische Viskosität bei 40 °C und Umgebungsdruck	*Dynamic Viscosity at 40 °C and ambient pressure*
σ	N/mm²	Kontaktpressung	*Contact pressure*
ρ	1/m	Krümmung	*Curvature*
ρ	kg/m³	Dichte	*Density*
τ_c	N/mm²	Kritische Schubspannung	*Critical shear stress*
τ_l	N/mm²	Grenzschubspannung	*Limiting shear stress*
ψ	rad	Winkelposition	*Angular position*
ψ	rad	Rotation zylindrisches Koordinatensystem	*Rotation cylindrical coordinate system*
$\psi_{T,m}$	rad	Position Taschenmittelpunkt	*Position pocket center*
$\psi_{WK,m}$	rad	Position Kugelmittelpunkt	*Position ball center*
ω_b	rad/s	Bohrwinkelgeschwindigkeit	*Spinning angular velocity*
ω_i	rad/s	Winkelgeschwindigkeit Innenring	*Angular velocity inner ring*
ω_K	rad/s	Winkelgeschwindigkeit Käfig	*Angular velocity cage*
ω_r	rad/s	Rollwinkelgeschwindigkeit	*Rolling angular velocity*
ω_{WK}	rad/s	Winkelgeschwindigkeit Kugel	*Angular velocity ball*
$\dot{\omega}$	rad/s²	Winkelbeschleunigung	*Angular acceleration*
$\overline{\omega}$	rad/s	Mittlere Winkelgeschwindigkeit	*Mean angular velocity*

Indizes

Indices

Index	**Benennung**	
Index	*Description*	
AR	Außenring	*Outer ring*
ARF	Außenringkugelführung	*Outer-race ball control*
Ding	Kugelführung nach DING	*Ball control according to DING*
GF	Geometrische Kugelführung	*Geometric ball control*
IR	Innenring	*Inner ring*
IRF	Innenringkugelführung	*Inner-race ball control*
K	Käfig, Käfig-Koordinatensystem	*Cage, cage coordinate system*
Kn	Knoten	*Node*
K-AR	Käfig-Außenring	*Cage-outer ring*
K-WK	Käfig-Wälzkörper	*Cage-rolling element*
L	Lager	*Bearing*
Si	Fotodetektor (i = Sensornummer)	*photodetector (i = sensor number)*
S1,i	Radiale Verlagerungssensoren (i = 1:3)	*Radial displacement sensors (i = 1:3)*
S2,i	Axiale Verlagerungssensoren (i = 1:3)	*Axial displacement sensors (i = 1:3)*
T	Käfigtasche	*Cage pocket*
WK	Wälzkörper, Wälzkörper-Koordinatensystem	*Rolling element, rolling element coordinate system*
WZL	Kugelführung nach WZL	*Ball control according to WZL*
a	Außen	*Outer*
abs	Absolutwert	*Absolute value*
b	Bohren	*Spin*
filt	Frequenzgefiltertes Signal	*Frequency filtered signal*
geom	Geometrisch	*Geometric*
i	Innen	*Inner*
init	Initial	*Initial*

kin	Kinematisch	*Kinematic*
korr	Korrigiertes Signal	*Corrected signal*
m	Gemessen / Messstelle	*Measured / measuring point*
max	Maximalwert	*Maximum value*
mean	Mittelwert	*Mean value*
min	Minimalwert	*Minimum value*
n	Normal	*Normal*
norm	Normiert	*Normalized*
r	Rollen	*Roll*
rad	Radial	*Radial*
ref	Referenz	*Reference*
roh	Rohsignal	*Raw-signal*
s	Bohren	*Spinning*
therm	Thermisch	*Thermal*
ti	Zeitpunkt i	*Time step i*
vertikal	Vertikale Komponente	*Vertical component*
$\omega_{WK}^{\perp}$	Achse senkrecht zur Wälzwinkelachse	*Axis perpendicular to the rolling angle axis*
+	Kontakt in Drehrichtung	*Contact in direction of rotation*
-	Kontakt entgegen Drehrichtung	*Contact against direction of rotation*

Abkürzungen

Abbreviations

Abkürzung *Abbreviation*	**Benennung** *Description*	
AiF	Arbeitsgemeinschaft industrieller Forschungsvereinigungen	*German Federation of Industrial Research Associations*
ARF	Außenringkugelführung	*Outer-race ball control*
BRV	Bohr-Roll-Verhältnis	*Spin To Roll Ratio*
DMS	Dehnmessstreifen	*Strain gauge*
E-Modul	Elastizitätsmodul	*Young's modulus*
EHD	Elasto-Hydrodynamisch	*Elastohydrodynamic*

FEM	Finite-Elemente-Methode	*Finite-element-method*
FPGA	Vor Ort programmierbares Gate-Array	*Field Programmable Gate Array*
FVA	Forschungsvereinigung Antriebstechnik	*Research Association for Drive Technology*
GF	Geometrische Kugelführung	*Geometric ball control*
HPC	Hochleistungszerspanung	*High-performance cutting*
HSC	Hochgeschwindigkeitszerspanung	*High-speed cutting*
HY	Hybrid-Lager	*Hybrid-bearing*
IGF	Industrielle Gemeinschaftsforschung	*Industrial Collective Research*
IRF	Innenringkugelführung	*Inner-race ball control*
KvKn	Kugelvor- und -nachlauf	*Ball advance and retardation*
LF	Lastfall	*Load case*
MKS	Mehrkörpersimulation	*Multi-body-simulation*
PEEK	Polyetheretherketon	*Polyetheretherketon*
S	Standard-Lager	*Standard-bearing*
iFFT	Inverse schnelle Fourier-Transformation	*Inverse fast Fourier transform*
VDW	Verein Deutscher Werkzeugmaschinenfabriken e.V.	*German Machine Tool Builder's Association*

1 Einleitung

Introduction

Die zentrale Komponente eines Bearbeitungszentrums ist die Hauptspindel, welche die Antriebsleistung für den Zerspanprozess bereitstellt und das Werkzeug zur Erreichung bester Fertigungsqualitäten mit hoher Präzision führt. Hauptspindeln werden mehrheitlich mit Wälzlagern, insbesondere Spindellagern, gelagert, da diese eine hohe Belastbarkeit und Drehzahleignung sowie niedrige Anschaffungs- und Betriebskosten aufweisen. Die für den Prozess relevanten Eigenschaften einer hohen Steifigkeit und der betriebssicher erreichbaren Maximaldrehzahl werden unmittelbar durch die Wahl der Lagerung beeinflusst und entsprechend ausgelegt. Auf Basis der Lagerauslegung spezifiziert der Spindelhersteller die maximal ertragbaren Belastungen am Werkzeug, wobei die genauen Belastungen in Fräsprozessen häufig nicht bekannt sind.

Die Auslegung erfolgt in der Praxis überwiegend mit den Methoden der quasistatischen Wälzlagerberechnung unter Berücksichtigung der maximalen Pressungen in den Wälzkontakten und der Kugelkinematik. Hierbei bestimmt der sogenannte Kugelvor- und -nachlauf (KvKn), der das Vor- beziehungsweise Nacheilen der Kugeln in den Käfigtaschen infolge radial belasteter oder verkippter Spindellager beschreibt, häufig die rechnerisch ertragbare Belastung. Bei einem unzulässigen KvKn üben die Kugeln erhöhte Belastungen auf den Käfig aus, sodass nach allgemeiner Auffassung ein Käfigschaden wahrscheinlich ist [KANN80]. Beobachtungen aus der Praxis zeigen hingegen, dass die Spindellagerung keinem unmittelbaren oder frühzeitigen Ausfall trotz der Überschreitung des zulässigen KvKn unterliegen muss [FALK20].

Die rechnerische Analyse von Wälzlagern und insbesondere der Kugelkinematik ist seit den 1960er Jahren noch heute wesentlicher Bestandteil zahlreicher Forschungsaktivitäten. Für die Beschreibung der Kugelkinematik wurden zahlreiche Modelle mit unterschiedlichen Komplexitätsgraden entwickelt und teils umfassend unter rein axialen Lastzuständen validiert [TÜLL99]; [ROSS13]; [GUPT20]. Ein experimenteller Abgleich unter radialer Belastung für spindellagertypische Betriebsparameter unter hohen Drehzahlen ist aufgrund der aufwändigen Beobachtbarkeit der Kugeln nicht bekannt. Daher kann keine Aussage über die Gültigkeit der entwickelten und in der Praxis angewendeten Methoden erfolgen. Ergänzend ist der Einfluss dynamischer Belastungen auf die Ausbildung des KvKn sowohl experimentell als auch simulativ nicht umfassend erforscht.

Durch eine präzise bekannte Kugelkinematik wird eine verbesserte Auslegung und ein zuverlässiger Einsatz der Spindellagerung unter radialer Belastung ermöglicht. Die Belastungsgrenzen der Spindel können so betriebssicher ausgeschöpft werden, um die Produktivität der gesamten Maschine zu steigern.

Das Ziel der vorliegenden Arbeit ist daher ein erweitertes, experimentell gestütztes Verständnis über die tatsächliche Belastung der Lagerung sowie die Kugelkinematik in statisch und dynamisch radial belasteten Spindellagern im einsatztypischen

Drehzahlbereich. Die Ergebnisse sollen dazu beitragen, die Analyse und Auslegung von Spindellagerungen zu verbessern.

Der Inhalt der vorliegenden Arbeit umfasst die Erarbeitung von Methoden zur experimentelle und simulative Analyse der Belastungen im Spindellager unter statischen und dynamischen Kräften. Hierzu wird ein neu entwickeltes System zur Messung der Kugelbewegung vorgestellt. Das System arbeitet nach dem Prinzip einer Lichtschranke im Durchlichtverfahren und ermöglicht es, die Kugelbewegung in Umfangsrichtung bei Drehzahlen bis zu 30.000 1/min bei einem Lager mit 90 mm Teilkreisdurchmesser bei Öl-Luft-Minimalmengenschmierung zu erfassen. Zur Analyse der Wechselwirkungen zwischen den Kugeln, dem Käfig und dem Führungsbord am Außenring wird ergänzend ein System vorgestellt, mit dem die radiale Bewegung des Käfigs zeitsynchron zu den gemessenen Kugelbewegungen erfasst wird.

Diese Systeme werden um ein Verfahren zur Bestimmung der Druckwinkel- und Pressungsverteilung auf Basis der gemessenen Wellenverlagerung ergänzt. Somit liegen für aufbauende Analysen die Belastungen in den Wälzkontakten zeitsynchron zu den gemessenen Kugelbewegungen vor. Die Systeme werden in verschiedene Prüfstände und Hauptspindeln integriert und für umfassende experimentellen Analysen eingesetzt.

Die bekannten Kugelgeschwindigkeiten werden einer neu entwickelten dynamischen Berechnungsmethode gegenübergestellt. Die experimentellen Analysen erfolgen für verschiedene Lagerausprägungen und Einbausituationen unter statischen und dynamischen Belastungen. Es werden sowohl die Ergebnisse von Kurzzeitversuchen zur Ermittlung der generellen Entwicklung des KvKn als auch Langzeitversuche zur Analyse der Wirkung eines hohen KvKn auf die Käfigbelastung aufgeführt. Abschließend werden die erarbeiteten Methoden zur ganzheitlichen Analyse der Lagerbelastung in Fräsprozessen angewendet. Die experimentellen Ergebnisse weisen im Vergleich zu den in der Praxis angewendeten Berechnungsmethoden überwiegend deutlich geringere KvKn-Werte nach. Diese Erkenntnisse bieten das Potenzial, die Begrenzung der spezifizierbaren Spindelbelastung durch den KvKn zu höheren Belastungen zu verschieben und damit die zulässige Leistungsfähigkeit der gesamten Maschine zu steigern.

Die Ergebnisse der vorliegenden Arbeit wurden in den von der Arbeitsgemeinschaft industrieller Forschungsvereinigungen (AiF) „Otto von Guericke“ e.V. und dem Verein Deutscher Werkzeugmaschinenfabriken e.V. (VDW) geförderten Vorhaben der Industrielle Gemeinschaftsforschung (IGF) 18900 N DYNALAST 1 und 21640 N DYNALAST 2 erarbeitet.

Introduction

Einleitung

The central component of a machining center is the main spindle, which provides the drive power for the cutting process and guides the tool to achieve the best production quality with high precision. Main spindles are mainly supported by rolling bearings, particularly spindle bearings, as these have a high load capacity and speed suitability and low acquisition and operating costs. The process-relevant properties of high rigidity and the maximum speed that can be achieved reliably are directly influenced by the choice of bearing and designed accordingly. Based on the bearing design, the spindle manufacturer specifies the maximum tolerable loads on the tool, whereby the exact loads in milling processes are often not known.

In practice, the design is mainly carried out using the methods of quasi-static rolling bearing calculation, taking into account the maximum pressures in the rolling contacts and the ball kinematics. The so-called ball advance and retardation, which describes the advance or retardation of the balls in the cage pockets as a result of radially loaded or tilted spindle bearings, frequently limits the calculated load that the system can support. In the case of a high ball advance and retardation, the balls exert increased loads on the cage, so that, according to general opinion, cage damage is probable [KANN80]. Observations from practice, on the other hand, show that the spindle bearing arrangement need not be subject to immediate or premature failure despite the permissible ball advance and retardation being exceeded [FALK20].

The computational analysis of rolling bearings and, in particular, ball kinematics has been an essential part of numerous research activities since the 1960s and is still the subject of current works. For the description of ball kinematics, numerous models with different degrees of complexity have been developed and, in part, comprehensively validated under purely axial load conditions [TÜLL99]; [ROSS13]; [GUPT20]. An experimental adjustment under radial load for spindle bearing typical operating parameters under high speeds is not known due to the complex observability of the balls. Therefore, no statement can be made about the validity of the methods developed and applied in practice. In addition, the influence of dynamic loads on the formation of the ball advance and retardation has not been extensively investigated, either experimentally or by simulation.

Precisely known ball kinematics will enable improved design and reliable use of spindle bearings under radial loads. The load limits of the spindle can thus be exploited reliably to increase the productivity of the entire machine.

The aim of the present work is therefore to obtain an extended, experimentally supported understanding of the actual load on the bearing arrangement as well as the ball kinematics in statically and dynamically radially loaded spindle bearings in the rotational speed range typical for the application. The results should help to improve the analysis and design of spindle bearings.

The content of the present work includes the elaboration of methods for the experimental and simulative analysis of the loads in the spindle bearing under static and dynamic forces. For this purpose, a newly developed system for measuring the ball motion is presented. The system works on the principle of a light barrier in the transmitted light method and makes it possible to record the ball movement in the circumferential direction at speeds of up to 30,000 rpm for a bearing with a pitch circle diameter of 90 mm with oil-air minimum quantity lubrication. To analyze the interactions between the balls, the cage and the guide rib on the outer ring, a system is also presented that measures the radial motion of the cage synchronously with the measured ball motions.

These systems are supplemented by a method for determining the contact angle and pressure distribution based on the measured shaft displacement. This means that the loads in the rolling contacts are time-synchronous with the measured ball motions for subsequent analyses. The systems are integrated into various test rigs and main spindles and are used for comprehensive experimental analyses.

The known ball speeds are compared with a newly developed dynamic calculation method. The experimental analyses are carried out for different bearing designs and installation situations under static and dynamic loads. The results of short-term tests to determine the general development of the ball advance and retardation as well as long-term tests to analyze the effect of a high ball advance and retardation on the cage load are presented. Finally, the developed methods are applied to the holistic analysis of bearing loads in milling processes. The experimental results predominantly show significantly lower ball advance and retardation values compared to the calculation methods used in practice. These findings offer the potential to shift the limitation of the specifiable spindle load by the ball advance and retardation to higher loads and thus increase the permissible performance of the entire machine.

The results of the present work were developed in the Industrial Collective Research (IGF) projects 18900 N DynaLast 1 and 21640 N DynaLast 2 funded by the German Federation of Industrial Research Associations (AiF) "Otto von Guericke" e.V. and the German Machine Tool Builder's Association (VDW).

2 Stand der Technik in Forschung und Industrie

State of the art in research and industry

In der vorliegenden Arbeit werden die Belastungen von Spindellagern und insbesondere deren interne Kinematik unter prozesstypischen Lastzuständen rechnerisch und experimentell analysiert. Hierzu müssen die Themenbereiche *Spindelkonstruktion*, *Wälzlager- und Spindelberechnung* sowie *Messtechnische Analyse* miteinander verknüpft werden. Die Grundlagen zu den einzelnen Themenbereichen stellt der nachfolgende Abschnitt vor.

2.1 Wälzgelagerte Hauptspindeln

Main spindles with rolling bearings

Die Hauptspindel ist die Schlüsselkomponente in Fräs-, Dreh- und Schleifmaschinen. Ihre Leistungsfähigkeit und Zuverlässigkeit nehmen direkten Einfluss auf den gesamten Fertigungsprozess zur Gewährleistung hoher Zeitspanvolumen und Bauteilqualitäten sowie einer hohe Maschinenverfügbarkeit. Die Spindel übernimmt die Führung des Werkzeugs oder des Werkstücks mit hoher kinematischer Genauigkeit und stellt die benötigte Antriebsleistung für den Zerspanprozess bereit. Als Lager kommen häufig hochgenaue Schrägkugellager, sogenannte Spindellager, zum Einsatz. Diese Lager sind für die Aufnahme kombinierter axialer und radialer Kräfte geeignet und zeichnen sich durch enge Toleranzen und präzise Laufeigenschaften aus. Deren Druckwinkel beträgt üblicherweise zwischen 12° und 25° [BREC17a].

Die Auslegung einer Spindel erfolgt auf Basis des geforderten Drehzahl- und Drehmomentbereichs, den axialen und radialen Steifigkeiten und der Belastung der Lagerung. Die zwei gegensätzlichen Auslegungsrichtungen für die Hochleistungszerspanung (HPC) und die Hochgeschwindigkeitszerspanung (HSC) bilden die Grundlage für das Spindeldesign [HÄUß20]. Bei der HPC-Zerspanung liegen hohe Prozesskräfte vor, die eine steife und robuste Lagerung erfordern. Hingegen muss die Spindel für die HSC-Zerspanung oder den Formenbau sehr hohe Drehzahlen bereitstellen, die besondere Anforderungen an die Lagerung hinsichtlich eines thermisch stabilen Betriebsverhaltens stellen. Die Drehzahlen betragen bei der Werkzeugschnittstellengröße HSK-A63 bis zu 30.000 1/min bei einer Leistung von bis zu 150 kW [STAR18].

Die Belastungen der Lagerung von Hauptspindeln sind komplex. Neben den statischen Prozesskräften führen die Schneideneingriffe zu überlagerten dynamischen Belastungen [FALK20]. Liegt die Frequenz der Schneideneingriffe, die dem Produkt aus Drehzahl und Schneidenanzahl entspricht, im Bereich einer Eigenfrequenz der Spindel, können signifikante Verstärkungen der mechanischen Lagerlasten auftreten [FEY20]. Ergänzend sind die tatsächlich wirkenden Kräfte am Werkzeug während der Zerspanung häufig nicht bekannt, sodass eine präzise Analyse der Lagerlasten nicht erfolgen kann. Die häufigste Ausfallursache von wälzgelagerten Spindeln sind Lagerschäden unter allgemeinen Betriebslasten, die ohne Fehlbedienungen, wie beispielsweise einer Kollision, auftreten [ABEL06]. Demnach stellt die Lagerung die zentrale, aber auch eine der kritischsten Komponenten in der Spindel dar.

Moderne Hauptspindeln sind mechatronische Systeme, welche die Mechanik mit Sensoren zur Spindel- und Prozessüberwachung vereinen. Überwiegend werden die Lager- und Motortemperaturen sowie der Spannzustand überwacht. Anspruchsvollere Überwachungen nutzen Beschleunigungssensoren und Verlagerungssensoren zur axialen Korrektur der Spindelwellenposition. Die Daten werden teilweise direkt in der Steuerung erfasst und verarbeitet oder aber durch zusätzliche Diagnosesysteme aufbereitet. Als Beispiel sind hier die Systeme SMI24 der Siemens AG / WEISS Spindeltechnologie GmbH [SIEM19] sowie IDEA-4S der GMN Paul Müller Industrie GmbH & Co. KG [GMN22] zu nennen. Diese Systeme bieten die Möglichkeit, die Belastungsdaten geordnet zu speichern, um die genaue Nutzung der Spindel während der Laufleistung oder im Servicefall zu analysieren [HÄUß20].

Bild 2.1 zeigt die Konstruktion einer wälzgelagerten Motorspindel für hohe Drehzahlen von bis zu 30.000 1/min [GMN14]. Der maximale Drehzahlkennwert $(n \cdot d_m)$ entspricht 2,7·10^6 mm/min bei den eingesetzten Lagern mit einem Teilkreisdurchmesser d_m von 90 mm. Bei diesem Spindeltyp befindet sich der Antrieb zwischen den Lagerstellen. Der Rotor ist direkt auf die Spindelwelle aufgesetzt, sodass keine weiteren Elemente für die Drehmomentübertragung erforderlich sind. Dies ermöglicht eine kompakte Bauweise sowie eine verbesserte Regeldynamik [HÄUß20]. Die Lagerung der Welle ist in diesem Beispiel mit vier Spindellagern ausgeführt. Die beiden vorderen Lager bilden das Festlager, die mit dem elastisch angestellten hinteren Loslager eine O-Anordnung formen.

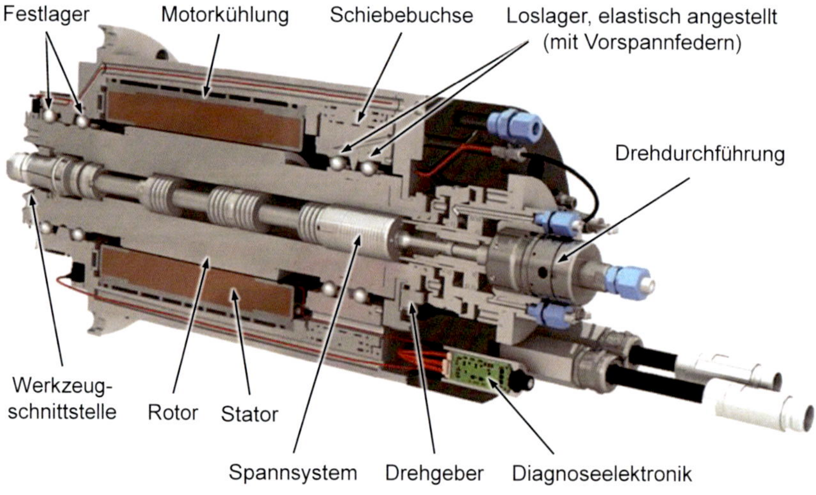

Bild 2.1: Aufbau einer Motorspindel mit elastischer Lageranstellung. Nach [GMN22]

Structure of a motor spindle with elastic bearing arrangement. According to [GMN22]

Durch die elastische Anstellung der Lager wird eine gleichbleibende axiale Vorspannung über einen weiten Drehzahl- und Temperaturbereich eingestellt. Für die axiale Ausgleichsbewegung ist das Loslagerpaket in einer zusätzlichen Hülse aufgenommen. Die Lagerung dieser Hülse im Spindelgehäuse erfolgt in einem Schiebesitz oder mittels Kugelbuchse [BUTZ07]. Eine hydrostatisch unterstützte Führung der Schiebebuchse kann das Fräsverhalten durch die zusätzliche Systemdämpfung verbessern [BREC15].

Das Werkzeugspannsystem ermöglicht automatisierte Werkzeugwechselvorgänge. Hierzu weist die Spindelwelle eine standardisierte Werkzeugschnittstelle auf, in die das Werkzeug mit dem innenliegenden Spannsystem eingezogen, beziehungsweise ausgestoßen wird. Eine Drehdurchführung im hinteren Bereich leitet Medien in die rotierende Spindelwelle, die beispielsweise zur Bereitstellung von Kühlmittel durch das Werkzeug verwendet werden.

Spindeln für die Schwerzerspanung bei geringen Drehzahlen und hohen Prozesskräften nutzen häufig eine Lageranordnung mit starrer Anstellung. Diese weist im Vergleich zur elastischen Anstellung eine gesteigerte axiale Steifigkeit auf. Jedoch führen kinematische Effekte im Lager zu einer Erhöhung der inneren Lagervorspannung und begrenzen die Drehzahleignung. Ergänzend beeinflussen thermische Einträge, beispielsweise durch den innenliegenden Antrieb einer Motorspindel, die Lagervorspannung signifikant. Häufig wird daher die Spindelwelle bei starrer Lageranstellung durch eine Antriebskupplung von einem koaxial hinter der Spindel positioniertem Motor angetrieben.

Die Schmierung der Lager erfolgt überwiegend mit einer Fettschmierung oder Öl-Luft-Minimalmengenschmierung. Hierbei weist die Fettschmierung durch die einfache konstruktive Umsetzung die geringsten System- und Betriebskosten auf und stellt daher das am häufigsten eingesetzte Schmierverfahren dar [BREC17a]. Demgegenüber können hohe Drehzahlen mit der Öl-Luft-Minimalmengenschmierung betriebssicher erreicht werden.

2.2 Aufbau von Spindellagern

Design of spindle bearings

Spindellager sind Schrägkugellager mit engen Toleranzen und sehr genauen Laufeigenschaften. Durch die im Vergleich zum normalen Rillenkugellager erhöhte Radialluft stellt sich unter axialer Vorspannung ein Kraftfluss entlang der Druckwinkellinie ein, die um den Winkel α_0 zur Vertikalen geneigt ist, Bild 2.2. Der sogenannte Fertigungsdruckwinkel α_0 beträgt zwischen 15° und 25° [BREC17a].

Die Innengeometrie des Spindellagers wird vollständig durch den Fertigungsdruckwinkel, den Wälzkörperradius r_{WK}, den Teilkreisdurchmesser d_m und die Schmiegung κ beschrieben. Diese geometrischen Größen beeinflussen die Eigenschaften und das Betriebsverhalten des Lagers. Gleichung (2.1) liefert den Fertigungsdruckwinkel bei einer bekannten Lagergeometrie.

$$\alpha_0 = \cos^{-1}[(r_{Rm,a} - r_{Rm,i})/(2\,r_{WK} - r_{R,a} - r_{R,i})] \tag{2.1}$$

$$r_{Rm,a} = \frac{d_m}{2} - \left(r_{R,a} - r_{WK}\right) \cdot cos\alpha_0 \qquad r_{Rm,i} = \frac{d_m}{2} + \left(r_{R,i} - r_W\right) \cdot cos\alpha_0 \tag{2.2}$$

$$r_{Rg,a} = r_{Rm,a} + r_{R,a} \qquad r_{Rg,i} = r_{Rm,i} - r_{R,i} \tag{2.3}$$

Der Druckwinkel definiert die Wirkrichtung des Kraftflusses und bestimmt damit die axiale und radiale Belastbarkeit des Lagers. Entsprechend führen kleine Druckwinkel zu einer höheren Radial- und geringeren Axialsteifigkeit. Kleinere Kugeln steigern die Drehzahleignung aufgrund der geringeren Fliehkraftwirkung. Jedoch nimmt die Tragfähigkeit durch die kleinere Kontaktflächen, trotz der im Vergleich zum großkugeligem Lager erhöhten Kugelanzahl, ab [TÜLL99]; [SPAC08].

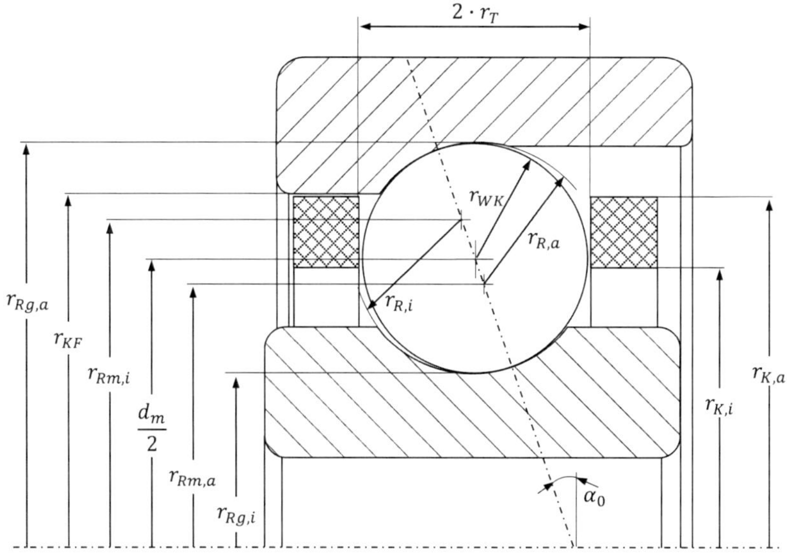

Bild 2.2: Geometrische Größen im Spindellager. Nach [FALK20]

Geometric sizes in the spindle bearing. According to [FALK20]

Die Schmiegung κ ist ein Kennwert für das Rillenübermaß der Laufbahn $r_{R,i/a}$ bezogen auf den Wälzkörperradius. Verschiedene Definitionen sind bekannt, die Gleichung (2.4) zusammenfasst. Nachfolgend wird die erste Definition verwendet.

$$\kappa = \frac{r_R - r_{WK}}{r_{WK}} \text{ [BRÄN95]} \quad \kappa = \frac{r_{WK}}{r_R} \text{ [HARR07b]} \quad \kappa = \frac{r_R}{2 \cdot r_{WK}} \text{ [BREU94]} \tag{2.4}$$

Eine Kontaktgeometrie mit enger Schmiegung, also einer geringen Radiusdifferenz zwischen Rille und Laufbahn, zeichnet sich durch eine hohe Steifigkeit und Tragfähigkeit aus. Die große Kontaktfläche führt jedoch zu erhöhten Reibungsverlusten aufgrund der ungünstigeren Abwälzbedingungen [HARR07a]. Für erhöhte Drehzahlen eignen sich daher Kontakte mit weiten Schmiegungen [TÜLL99].

Die Lagerringe werden überwiegend aus dem Wälzlagerstahl 100Cr6 hergestellt [GMN10]. Eine Alternative für Anwendungen mit hoch belasteten Lagern stellen Lagerringe aus pulvermetallurgisch hergestelltem Schnellarbeitsstahl (Vacrodur) aufgrund der erhöhten Härte dar [SCHA19]. Als Kugelwerkstoff kommt 100Cr6 bei Standard-Lagern sowie der keramische Werkstoff Si_3N_4 bei Hybrid-Lagern zum Einsatz. Der keramische Werkstoff weist im Vergleich zum metallischen Werkstoff ein höheres Elastizitätsmodul (E-Modul) und eine geringere Dichte auf. Aufgrund der geringeren Dichte der keramischen Kugeln und der damit reduzierten Fliehkraftbelastung werden Hybrid-Lager bevorzugt bei hohen Drehzahlen eingesetzt.

Der Käfig erfüllt wichtige Aufgaben im Lager und beeinflusst die Zuverlässigkeit des gesamten Lagers. Dieser trennt die Wälzkörper voneinander und verteilt diese gleichmäßig am Teilkreis. Die gleichmäßige Verteilung bewirkt eine besseren Lastverteilung und verhindert den Kontakt mit hohen Relativgeschwindigkeiten zwischen den Kugeln. Weiterhin führt der Käfig die Wälzkörper in der entlasteten Zone im Lager [SCHA18].

Der Käfig weist überwiegend eine zylindrische Form mit zylindrischen Taschen zur Führung der Kugeln auf. Die radiale Führung des Käfigs im Lager kann prinzipiell über einen Führungsbord am Innen- oder Außenring oder über die Wälzkörper erfolgen. Spindellager nutzen häufig die Führung am Außenring [SCHA18]. Die Geometrie des Käfigs und der Lagerringe definieren die Käfigführung. Eine Führung am Außenring stellt sich bei der in Bild 2.2 gezeigten Geometrie durch die geringe Radiusdifferenz zwischen dem Führungsbord am Außenring r_{KF} und dem Käfig $r_{K,a}$ ein. Diese Differenz im Durchmesser beschreibt das Käfigführungsspiel c_{KF} nach Gleichung (2.5). Gleichung (2.6) definiert das Käfigtaschenspiel c_{KT} mit dem Käfigtaschenradius r_T und dem Kugelradius r_{WK}. Beide Spiele betragen etwa 500 µm bis 600 µm für Lager mit 70 mm Bohrungsdurchmesser [ROSS13]; [HOLL18].

$$c_{KF} = 2 \cdot (r_{KF} - r_{K,a}) \tag{2.5}$$

$$c_{KT} = 2 \cdot (r_T - r_{WK}) \tag{2.6}$$

Der Standard-Werkstoff für die Käfige ist ein Hartgewebe, das aus einem Baumwollgewebe mit Phenolharzbindung besteht. Das Material weist gute tribologische Eigenschaften auf und zeichnet sich durch ausgeprägte Notlaufeigenschaften bei Schmierstoffmangel aus [SCHA18]. Die maximale Einsatztemperatur wird mit 100°C [SCHA18] beziehungsweise 120°C [GMN10] spezifiziert. Die im Vergleich zu metallischen Käfigen erhöhte Flexibilität kann die Stoßbelastung durch die Kugelkontakte reduzieren [WEIN09].

Ein gewickeltes Rohr aus Baumwollgewebe und Phenolharz bildet die Basis für den Lagerkäfig aus Hartgewebe [KRIS15]. Das Käfigmaterial ist somit anisotrop. Durch die spanende Bearbeitung der Stirnflächen und der Käfigtaschen weisen diese Bereiche sowohl Faser als auch Harzanteile auf. Hingegen ist die Führungsfläche durch eine Schicht Phenolharz abgedeckt. Dies führt zu unterschiedlichen Reibwerten und Verschleißraten in den Käfig-Kugel- und Käfig-Außenring-Kontakten [ZHAN20]. Eine

Alternative stellen gespritzte Kunststoffkäfige aus Polyetheretherketon (PEEK) dar. Diese in Sonderfällen eingesetzten Käfige sollen Käfigschwingungen reduzieren [GMN10].

2.3 Betriebsverhalten von Spindellagern

Operating behavior of spindle bearings

Die Entwicklung der rechnergestützten Wälzlagerberechnung ist auf die Arbeiten von JONES und HARRIS zurückzuführen [JONE60]; [HARR66]. Die Grundlagen derzeitiger Berechnungsmodelle für Wälzlager zur Beschreibung der internen Belastung sowie deren Eigenschaften basieren überwiegend auf diesen Ansätzen [HONG16].

Die Berechnungsansätze gliedern sich in eine quasistatische und in eine dynamische Beschreibung. Die quasistatische Berechnung von Spindellagern nach JONES und HARRIS ist ein etabliertes und effizientes Verfahren, das einen stationären Zustand der Lagerkomponenten voraussetzt. Der dynamische Ansatz berücksichtigt transiente Effekte im Lager und erfordert einen vielfach höheren Berechnungsaufwand.

2.3.1 Kräfte und Momente an der Kugel

Forces and Moments on the ball

Spindellager werden im Verbund als axial vorgespanntes System eingesetzt, um ein spielfreies Verhalten mit definierter Steifigkeit einzustellen. Die Vorspannung erfolgt weggebunden (starr) oder kraftgebunden (elastisch) über Vorspannfedern. Bei der starren Anstellung resultiert die Vorspannkraft aus dem Vorspannweg, also der axialen Einfederung im Lager. Der Vorspannweg wird über eingeschliffene Hülsen oder Anlageflächen eingestellt. Üblicherweise wird der Innenring mit einem Presssitz auf der Welle montiert, um ein Abheben bei hohen Drehzahlen zu verhindern [SCHA18]. Diese Dehnung führt zu einer Aufweitung der Innenringlaufbahn und reduziert die Radialluft sowie den Druckwinkel. Im Fall der starren Anstellung muss die Änderung durch die radiale Aufweitung bei der Auslegung des axialen Vorspannwegs berücksichtigt werden [SCHA18].

Die Kräfte und Momente am Lager werden über die einzelnen Kugel-Laufbahn-Kontakte übertragen (Bild 2.3). Die Normalkräfte $F_{n,i}$ und $F_{n,a}$ entlang der Druckwinkellinie übernehmen den Großteil dieser Kraft. Im Stillstand verlaufen die Druckwinkel am inneren und äußeren Kontakt kollinear und die Normalkräfte sind entgegengesetzt.

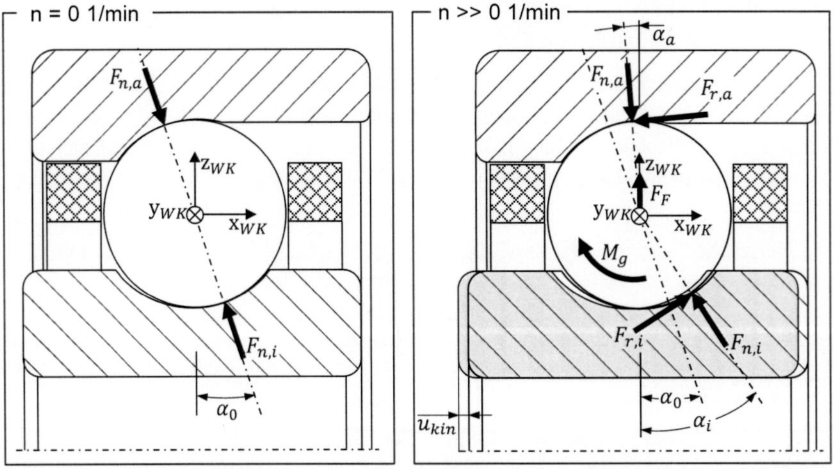

Bild 2.3: Kräfte und Momente an der Kugel im Stillstand und unter Rotation. Nach [ROSS13]
Forces and moments on the ball at standstill and under rotation. According to [ROSS13]

Unter Drehzahl wirkt die Fliehkraft F_f auf die Kugel, die den äußeren Kontakt zusätzlich belastet. Dieser Effekt führt dazu, dass die Kugel am äußeren Kontakt in den Rillengrund in positive z- und x-Richtung verlagert wird. Der äußere Druckwinkel nimmt somit ab. Gleichzeitig verlagert sich der Kontakt am Innenring aus dem Rillengrund heraus und der innere Druckwinkel steigt an. Der Innenring folgt axial der Kugelverlagerung mit der kinematischen Verschiebung u_{kin}. Die Drehzahl verändert somit signifikant die Eigenschaften des Lagers.

Durch die geneigte Lage der Kugelrotationsachse wirkt zusätzlich das gyroskopische Moment M_g um die y-Achse auf die Kugel. Dieses wird über die Reibkräfte $F_{r,i}$ und $F_{r,a}$ am inneren und äußeren Kontakt abgestützt.

Die quasistatische Modellierung nutzt das Kräftegleichgewicht in x- und z-Richtung sowie das Momentengleichgewicht um die y-Achse entsprechend Gleichung (2.7) bis (2.9) zur Ermittlung des Gleichgewichtszustandes der Kugel [TÜLL99]. Die dynamische Modellierung ergänzt die Bilanzierung der Kräfte in y-Richtung sowie der Momente um die x- und z-Achse und berücksichtigt die Trägheiten der Kugel.

$$\sum F_x = F_{n,i} \sin \alpha_i - F_{r,i} \cos \alpha_i - F_{n,a} \sin \alpha_a + F_{r,a} \cos \alpha_a = 0 \tag{2.7}$$

$$\sum F_z = F_{n,i} \cos \alpha_i + F_{r,i} \sin \alpha_i - F_{n,a} \cos \alpha_a - F_{r,a} \sin \alpha_a + F_f = 0 \tag{2.8}$$

$$\sum M_y = M_g - r_{WK}\left(F_{r,i} + F_{r,a}\right) = 0 \tag{2.9}$$

2.3.2 Belastungen im Wälzkontakt

Loads in the rolling contact

Die hohe Belastung im Wälzkörper-Laufbahn-Kontakt führt zu einer Annäherung der beiden Körper durch die Verformung im Kontaktbereich. Dabei entsteht eine ellipsenförmige Kontaktfläche. Die Normalkraft zwischen den beiden Körpern verteilt sich über diese sogenannte Kontaktellipse, sodass sich eine charakteristische Flächenpressung einstellt.

Die Hertzsche Theorie bildet die Größe der Kontaktellipse, die entstehende Flächenpressung sowie die Verformung zweier gekrümmter Körper infolge einer wirkenden Kontaktkraft ab [HARR07b]. Obwohl die Voraussetzungen für die Anwendung bei Kugellagern nicht exakt eingehalten werden, liefert die Methode eine ausreichender Genauigkeit [BRÄN95]. Alternative Ansätze nutzen die vielfach rechenintensivere Kontaktmodellierung mittels der Finite-Elemente-Methode (FEM) und bestätigen die prinzipielle Eignung der Hertzschen Theorie [SULK19]. Bild 2.4 stellt die zur Beschreibung des Hertzschen Kontaktes notwendigen Geometrien am Beispiel zweier mit der Kontaktkraft Q belasteten Ellipsoide dar.

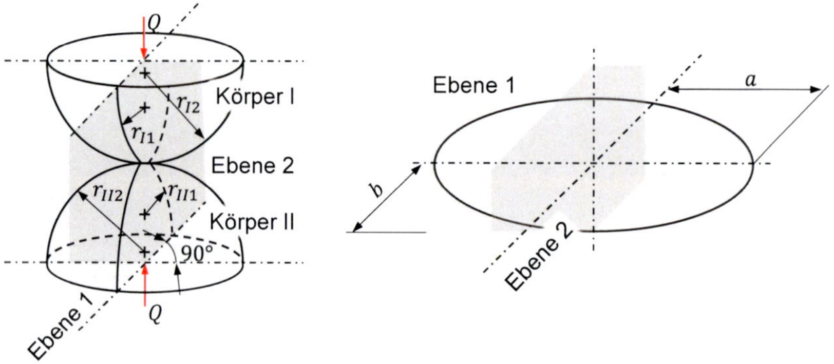

Bild 2.4: Definition der Geometrien im Punktkontakt. Nach [HARR07b]

Definition of the geometries in the point contact. According to [HARR07b]

Die Definition der beiden Körper I und II erfolgt über die Krümmungsradien in den zwei zueinander senkrechten Ebenen 1 und 2. Gleichung (2.10) berechnet die Ersatzkrümmungsradien R_x und R_y, beziehungsweise deren Kehrwerte ρ_1 und ρ_2, in den beiden Hauptkrümmungsebenen. Konvexe Krümmungen werden mit einem positiven Vorzeichen und konkave Krümmungen mit einem negativen Vorzeichen berücksichtigt. Gleichung (2.11) fasst die Krümmungssumme im Kontakt zusammen.

$$\rho_1 = \pm\frac{1}{r_{I1}} \pm \frac{1}{r_{II1}} = \frac{1}{R_x} \qquad \rho_2 = \pm\frac{1}{r_{I2}} \pm \frac{1}{r_{II2}} = \frac{1}{R_y} \tag{2.10}$$

$$\sum \rho = \rho_1 + \rho_2 = \frac{1}{R} \tag{2.11}$$

Die große und kleine Halbachse a und b lassen sich mit Gleichung (2.12) für den Punktkontakt berechnen.

$$a = a^*_{Hertz} \cdot \left(\frac{3Q}{\sum\rho} \cdot E_{red}^{-1}\right)^{\frac{1}{3}} \qquad b = b^*_{Hertz} \cdot \left(\frac{3Q}{\sum\rho} \cdot E_{red}^{-1}\right)^{\frac{1}{3}} \tag{2.12}$$

Das reduzierte E-Modul E_{red} fasst die Materialeigenschaften beider Körper nach Gleichung (2.13) zusammen.

$$E_{red} = 2 \cdot \left(\frac{1-\nu_1^2}{E_1} + \frac{1-\nu_2^2}{E_2}\right)^{-1} \tag{2.13}$$

Die Beiwerte a^*_{Hertz} und b^*_{Hertz} können zur Lösung des Kontaktproblems mittels Tabellenwerken bestimmt oder nach Gleichung (2.14) für eine geschlossene analytische Lösung angenähert werden [HARR07b].

$$a^*_{Hertz} = \left(\frac{2 \cdot \kappa^2 \cdot \Gamma}{\pi}\right)^{\frac{1}{3}} \qquad b^*_{Hertz} = \left(\frac{2 \cdot \Gamma}{\pi \cdot \kappa}\right)^{\frac{1}{3}} \tag{2.14}$$

Die elliptische Exzentrizität κ und das elliptische Integral zweiter Art Γ können mit Näherungsformeln von Brewe und Hamrock nach Gleichung (2.15) für den Punktkontakt ermittelt werden [BREW77].

$$\kappa \approx 1{,}0339 \cdot \left(\frac{R_y}{R_x}\right)^{0{,}636} \qquad \Gamma \approx 1{,}0003 + \frac{0{,}5968}{\left(\frac{R_y}{R_x}\right)} \tag{2.15}$$

Mit Gleichung (2.16) und (2.17) lassen sich die Verteilungen der Pressung σ und der Verformung w für beliebige Koordinaten innerhalb der Kontaktellipse berechnen [GOHA08].

$$\sigma(x,y) = \sigma_{max} \cdot \left(1 - \left(\frac{x}{a}\right)^2 - \left(\frac{y}{b}\right)^2\right)^{\frac{1}{2}}, \text{mit } \sigma_{max} = \frac{3Q}{2 \cdot \pi \cdot a \cdot b} \tag{2.16}$$

$$w(x,y) = \frac{1}{\pi \cdot E} \iint_A \frac{\sigma(x,y)}{[(x-\tilde{x})^2 + (y-\tilde{y})^2]^{1/2}} d\tilde{x} d\tilde{y} \tag{2.17}$$

Gleichung (2.18) definiert den um den Verformungsanteil verringerten Wälzkörperradius r'_{WK} [ROSS13].

$$r'_{WK} = r_{WK} - w_{WK} \tag{2.18}$$

2.3.3 Kugelkinematik

Ball kinematic

Analog zu den Planetenrädern in einem Planetengetriebe umkreisen die Kugeln die Lagerachse und führen überlagert eine Drehung um den eigenen Schwerpunkt aus. Entgegen der durch die Verzahnung kinematisch bestimmten Übersetzungsverhältnisse im Planetengetriebe ist die Kugelkinematik im Spindellager durch die geometrischen Zusammenhänge nicht eindeutig definiert. Die Wälzwinkelachse, um welche die Kugel eine Rotation mit der Winkelgeschwindigkeit ω_{WK} um sich selbst ausführt, ist zur Lagerachse geneigt (Bild 2.5). Die Neigung wird allgemein über die Wälzwinkel β in der x-z-Ebene und β' in der x-y-Ebene definiert.

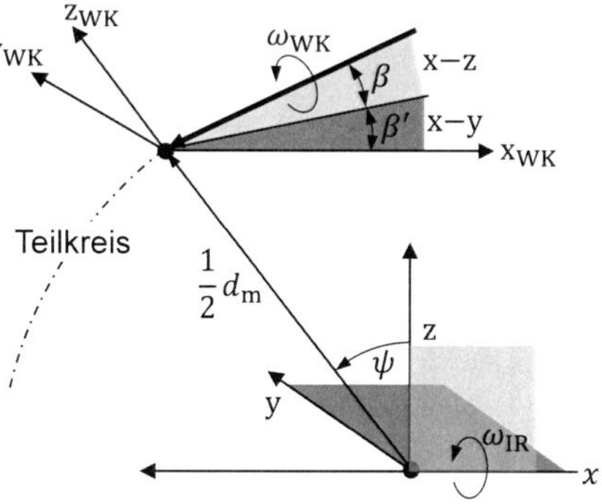

Bild 2.5: Definition des Koordinatensystems und der Wälzwinkel. Nach [HARR07a]

Definition of the coordinate system and the rolling angles. According to [HARR07a]

Bild 2.6 zeigt die Winkelgeschwindigkeiten der Kugel in der x-z-Ebene. Die Kugel rotiert mit der Winkelgeschwindigkeit ω_{WK} um die Wälzachse, die um den Roll-Wälzwinkel β zur Lagerachse geneigt ist. Entsprechend stellen sich die resultierenden Wälz-Winkelgeschwindigkeiten ω_i und ω_a im inneren und äußeren Kontakt ein. Diese bestehen jeweils aus den reinen Rollanteilen $\omega_{r,i}$ und $\omega_{r,a}$, welche orthogonal zu den Druckwinkellinien verlaufen und den Bohranteilen $\omega_{b,i}$ und $\omega_{b,a}$ in Druckwinkelrichtung. Die Abbildung verdeutlicht, dass kein reines Abrollen am inneren und äußeren Kontakt gleichzeitig vorliegen kann. Entsprechend der Belastung und der Reibung in den Kontaktstellen stellt sich ein Wert für β ein.

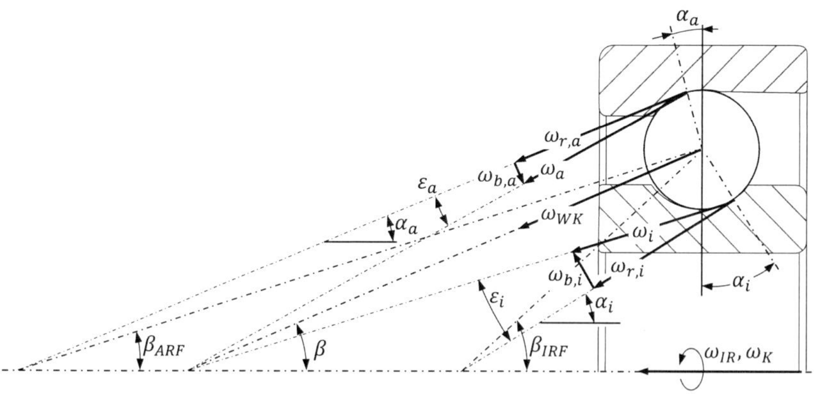

Bild 2.6: Geschwindigkeitskomponenten im Spindellager. Nach [TÜLL99]

Speed components in the spindle bearing. According to [TÜLL99]

Die Winkelgeschwindigkeiten ω_{WK} und ω_K definieren mit der Lage der Wälzwinkelachse die Kinematik der Kugel. Unter reiner Axiallast, bei der konstante Lastbedingungen für alle Kugeln vorliegen, entspricht ω_K der Käfigwinkelgeschwindigkeit. Unter Radiallast beschreibt ω_K die Orbitalgeschwindigkeit jeder einzelnen Kugel.

HARRIS leitet auf Basis der geometrischen Größen die Berechnungsvorschriften für ω_K in Gleichung (2.19) und für ω_{WK} in Gleichung (2.20) her [HARR07a]. Für die Herleitung nutzt HARRIS die Annahme einer ortsfest rotierenden Kugel, die in den Kontaktmittelpunkten zu den Lagerringen die gleiche Geschwindigkeit wie die Lagerringe aufweist. Diese Formulierung ist nur für eine schlupffreie Bewegung, also kein Durchrutschen der Kugeln in den Kontakten, gültig. Messungen weisen darauf hin, dass ein gewisser Schlupf vorliegen muss, da die geometrischen Zusammenhänge das Drehzahlverhältnis aus ω_K und ω_{WK} nicht allgemeingültig beschreiben [CHAP95].

$$\omega_K = \frac{\omega_{IR}}{1 + \frac{r'_{WK,i} \cdot \left(\frac{d_m}{2} + r'_{WK,a} \cdot \cos\alpha_a\right) \cdot \left(C \cdot \cos\alpha_i + \sin\beta \cdot \sin\alpha_i\right)}{r'_{WK,a} \cdot \left(\frac{d_m}{2} - r'_{WK,i} \cdot \cos\alpha_i\right) \cdot \left(C \cdot \cos\alpha_a + \sin\beta \cdot \sin\alpha_a\right)}} \tag{2.19}$$

$$\omega_{WK} = \frac{-\omega_{IR}}{\frac{r'_{WK,a} \cdot \left(C \cdot \cos\alpha_a + \sin\beta \cdot \sin\alpha_a\right)}{\frac{d_m}{2} + r'_{WK,a} \cdot \cos\alpha_a} + \frac{r'_{WK,i} \cdot \left(C \cdot \cos\alpha_i + \sin\beta \cdot \sin\alpha_i\right)}{\frac{d_m}{2} - r'_{WK,i} \cdot \cos\alpha_i}} \tag{2.20}$$

mit $C = \cos\beta \cdot \cos\beta'$

Das Bohr-Roll-Verhältnis (BRV), als weitere wichtige Auslegungsgröße schnelldrehender Spindellager, kann auf Basis der Geometrie in Bild 2.6 hergeleitet werden. Das BRV beschreibt das Verhältnis der Bohr- zur Rollbewegung. Ein hohes BRV führt zu erhöhten Gleitanteilen und Verlusten in den Wälzkontakten. Gleichung (2.21) und (2.22) geben das BRV für den inneren und äußeren Kontakt an [KOCH96].

$$\tan(\varepsilon_i) = \frac{\omega_{b,i}}{\omega_{r,i}}, \text{ mit } \varepsilon_i = \alpha_i - \arctan\left(\frac{\frac{d_m}{2} - r_{WK} \cdot \cos\alpha_i}{\frac{d_m}{2 \cdot \tan\beta} + r_{WK} \cdot \sin\alpha_i}\right) \tag{2.21}$$

$$\tan(\varepsilon_a) = \frac{\omega_{b,a}}{\omega_{r,a}}, \text{ mit } \varepsilon_a = \arctan\left(\frac{\frac{d_m}{2} + r_{WK} \cdot \cos\alpha_a}{\frac{d_m}{2 \cdot \tan\beta} - r_{WK} \cdot \sin\alpha_a}\right) - \alpha_a \tag{2.22}$$

Die entsprechenden Bohrwinkelgeschwindigkeiten definieren Gleichung (2.23) und (2.24).

$$\omega_{b,i} = \frac{\frac{d_m}{2} \cdot (\cos\beta \cdot \sin\alpha_i - \cos\alpha_i \cdot \sin\beta) + r_{WK} \cdot \sin\beta}{\frac{d_m}{2}} \cdot \omega_{WK} \tag{2.23}$$

$$\omega_{b,a} = \frac{\frac{d_m}{2} \cdot (\cos\alpha_a \cdot \sin\beta - \cos\beta \cdot \sin\alpha_a) + r_{WK} \cdot \sin\beta}{\frac{d_m}{2}} \cdot \omega_{WK} \tag{2.24}$$

Unter der Annahme bekannter Druckwinkel und Kugelradien sind zur Berechnung von ω_K und ω_{WK} die Wälzwinkel notwendig, die jedoch kinematisch nicht eindeutig beschrieben werden können. Für die quasistatische Lagerberechnung wurden daher Annahmen und Methoden entwickelt, um diese zu bestimmen.

Der Gier-Wälzwinkel β' entsteht durch das gyroskopische Moment um die y-Achse, was eine entsprechende Rotationskomponente der Kugel um die y-Achse hervorruft. Unter der Annahme, dass sich das gyroskopische Moment vollständig an den Reibkontakten abstützt und somit keine Rotationsbewegung um die y-Achse auftritt, wird β' häufig zu Null gesetzt [STEI95]; [TÜLL99]; [SPAC08]; [WAGN17].

Zur Bestimmung von β wurden zahlreiche Modelle erarbeitet, die sich hinsichtlich ihrer Komplexität und dem Modellierungsaufwand signifikant unterscheiden. Die Innen- und Außenringkugelführung wurden als Vereinfachung entwickelt [JONE60]. Diese beschreiben die Grenzwerte der zu erwartenden Kugelkinematik. Im Falle der Außenringkugelführung (ARF) ist die Wälzachse um den Winkel β_{ARF} geneigt, sodass die Kugel am äußeren Kontakt ohne Bohranteil abrollt. Der gesamte Bohranteil findet am inneren Kontakt statt. Bei der Innenringkugelführung (IRF) stellen sich entsprechend inverse Verhältnisse ein. Die Winkel β_{IRF} und β_{ARF} errechnen sich nach Gleichung (2.25) [NOEL13].

$$\beta_{IRF} = \frac{\sin\alpha_i}{\cos\alpha_i - \frac{2 \cdot r_{WK}}{d_m}} \qquad \beta_{ARF} = \frac{\sin\alpha_a}{\cos\alpha_a + \frac{2 \cdot r_{WK}}{d_m}} \tag{2.25}$$

Für die Auswahl der Führungsart werden nach JONES die benötigten Momente betrachtet, um die Kugel im jeweiligen Kontakt senkrecht zur Druckwinkellinie zu drehen [JONE60]. Eine Außenringführung liegt vor, wenn die Bedingung nach Gleichung (2.26) erfüllt ist.

$$F_{n,a} \cdot a_a \cdot \Gamma_a \cdot \cos(\alpha_i - \alpha_a) > F_{n,i} \cdot a_i \cdot \Gamma_i \tag{2.26}$$

Für die Innenringführung muss Gleichung (2.27) erfüllt sein.

$$F_{n,i} \cdot a_i \cdot \Gamma_i \cdot \cos(\alpha_i - \alpha_a) > F_{n,a} \cdot a_a \cdot \Gamma_a \tag{2.27}$$

Eine ähnliche Wahl der Kugelführung treffen PARKER und HAMROCK durch einen Vergleich der Bohrmomente M_b am inneren und äußeren Kontakt [HAMR81b]; [PARK66]. Der Kontakt mit dem größten Bohrmoment bestimmt die Kugelführung. Die Berechnung der Bohrmomente basiert auf der über die Kontaktellipse integrierten Reibkraft nach PORITSKY [PORI47]:

$$M_b = \frac{3}{8} \cdot \mu \cdot F_n \cdot a \cdot \Gamma \tag{2.28}$$

Allgemein dominiert die Außenringführung bei hohen Drehzahlen und geringen Kontaktnormalkräften [HARR66]; [HONG16]. Eine Verschiebung zur Innenringführung ist bei geringen Drehzahlen wahrscheinlicher. Mit der Innen- und Außenringführung können daher nur die diskreten Zustände der jeweiligen Führungsart berücksichtigt werden. In der Praxis wird häufig die Außenringführung für die Berechnung schnelldrehender Spindellagersysteme angewendet.

Die Hypothese der geometrischen Kugelführung (GF) schätzt β_{GF} als arithmetischen Mittelwert von α_a und α_i ab [NOEL13]. Unter dieser Annahme liegt ein gleiches BRV am inneren und äußeren Kontakt vor.

$$\beta_{GF} = \frac{\alpha_a + \alpha_i}{2} \tag{2.29}$$

Diese Hypothese ermöglicht es, einen kontinuierlichen Verlauf des Wälzwinkels auf Basis der Druckwinkel zu berechnen. Ein diskreter Wechsel der ARF und IRF entfällt. Messungen unter hohen Belastungen zeigen einen Wälzwinkel, der im Bereich von β_{GF} liegt [FOOR06].

DING entwickelt eine Methode zur analytischen Bestimmung des Wälzwinkels unter der Annahme, dass sich ein Leistungsgleichgewicht an der Kugel einstellt [DING01]. Die Summe der externen Leistungen und der Bohrleistungen am inneren und äußeren Kontakt entspricht Null [WANG14]. Der zusammengefasste Ausdruck für β_{DING} entspricht Gleichung (2.30) mit den Hilfsgrößen in Gleichung (2.31).

$$\beta_{DING} = \tan^{-1}\left(\frac{A \cdot (C+1) \cdot sin\alpha_i + 2 \cdot sin\alpha_a}{A \cdot (C+1) \cdot cos\alpha_i + 2 \cdot (cos\alpha_a + \gamma') + \gamma' \cdot A \cdot (cos(\alpha_i - \alpha_a) - C)}\right) \tag{2.30}$$

$$A = \frac{M_{b,i}^S}{M_{b,a}^S} = \frac{F_{n,i} \cdot a_i \cdot \Gamma_i}{F_{n,a} \cdot a_a \cdot \Gamma_a} \qquad \gamma' = \frac{2 \cdot r_{WK}}{d_m} \qquad C = \frac{1 + \gamma' \cdot \cos\alpha_a}{1 - \gamma' \cdot \cos\alpha_i} \tag{2.31}$$

Die Methode nutzt als Vereinfachung konstante und gleiche Reibwerte am inneren und äußeren Kontakt. Der Einfluss schmierstoff- und betriebspunktabhängiger Reibwerte wird nicht erfasst. LIE und NOEL bescheinigen der Methoden eine verbesserte Berechnung des Wälzwinkels im Vergleich zur Außenringführung [LIE10]; [NOEL13]. Ein Abgleich mit Messungen ist nicht bekannt.

Ein weiteres Modell, das auch die Bohrleistungen in den Kontakten berücksichtigt, beschreibt TÜLLMAN [TÜLL99]. Diese als WZL-Kugelführung bekannte Methode wird nachfolgend mit β_{WZL} bezeichnet. Die Berechnung beruht auf der iterativen Minimierung der summierten Verlustleistung durch die Bohrbewegungen am inneren und äußeren Kontakt nach Gleichung (2.32).

$$\frac{\partial P_{verlust,bohr}}{\partial \alpha_{wälz}} = 0 = \frac{\partial}{\partial \alpha_{wälz}}\left(M_{b,i} \cdot \omega_{b,i} + M_{b,a} \cdot \omega_{b,a}\right) \tag{2.32}$$

Die WZL-Kugelführung nutzt die schmierstoff- und betriebspunktabhängigen Bohrmomente, was eine Berechnung der Schmierstoffhöhe und dessen Viskosität im Kontakt erfordert. Der wesentliche Unterschied zum Verfahren von DING liegt in der Minimierung der summierten Verlustleistung und nicht im Gleichgewicht der Leistungen.

GUPTA entwickelte ebenfalls ein Modell auf Basis der Minimierung der summierten Reibleistung in den Wälzkontakten [GUPT20]. Die minimale Reibleistung wird iterativ durch die Verschiebung des Punktes mit reiner Rollbewegung, der auch außerhalb der Kontaktellipse liegen kann und des Wälzwinkels gefunden. Bild 2.7 zeigt exemplarisch den Verlauf der Reibleistung einer Kugel für verschiedene Berechnungsansätze. Das eindeutige Minimum lässt eine Bestimmung des Wälzwinkels zu.

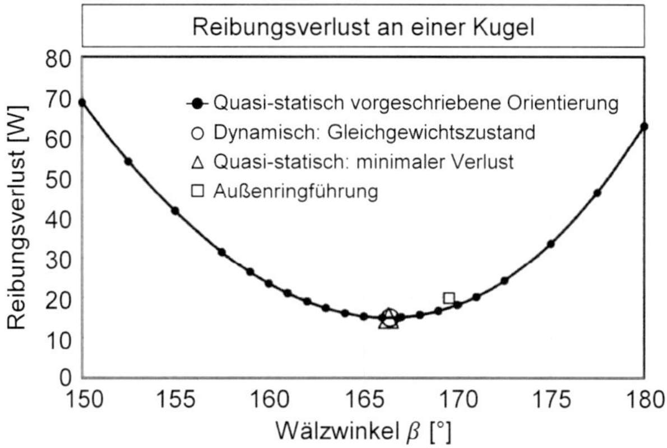

Bild 2.7: Verlustenergie bei variierendem Wälzwinkel. Nach [GUPT20]
Energy dissipation at different rolling angles. According to [GUPT20]

Einen alternativen Ansatz mit erweitertem Iterationsumfang stellt ROSSAINT vor [ROSS13]. Bei dieser Methode werden β, β', ω_K und ω_{WK} nach einem definierten Schema variiert, sodass ein quasistatisches Kräfte- und Momentengleichgewicht an der Kugel hergestellt wird. Das Modell umfasst eine detaillierte Reibungsberechnung in den Wälzkontakten unter Berücksichtigung der veränderlichen Pressungen und Relativgeschwindigkeiten innerhalb der Kontaktbereiche. Der Vergleich mit messtechnisch abgeschätzten Wälzwinkeln unter axialer Belastung zeigt eine gute Übereinstimmung [ROSS13] und bestätigt die Erkenntnisse von FOORD, dass der Wälzwinkel bei hohen Drehzahlen kleiner werden kann, als bei der Außenringführung angenommen [FOOR06].

Im Fall der dynamischen Lagerberechnung leitet sich die Kinematik durch das Kräfte- und Momentengleichgewicht der Kugel unter Berücksichtigung aller an der Kugel angreifenden Kräfte und Momente ab. Diese umfassen ergänzend die Reib- und Trägheitskräfte. Eine Annahme der Kugelführung, wie in der quasistatischen Vorgehensweise, ist nicht erforderlich. Die Methode liefert nach GUPTA am Beispiel eines axial belasteten Lagers vergleichbare Ergebnisse wie die Methode der minimalen Verlustleistung [GUPT20]. Das entsprechende Berechnungsprogramm ADORE scheint aber trotz dieser Vorgehensweise Lager unter hohen Momentenlasten nicht zuverlässig berechnen zu können [BOVE16].

Radiale Belastung

Radiale Belastungen am Werkzeug führen aufgrund der fliegenden Lagerung zu einer ausgeprägten Kraft- und Momentenlast der vorderen Lagerstelle. Hierbei variieren die Druckwinkel und Kontaktpressungen entlang des Lagerumfangs. Jede Kugel weist daher unterschiedliche Belastungen und Kinematiken auf [BREC17a]. Die Modulation von ω_K führt entsprechend zu einem Vor- und Nacheilen der Kugeln bezogen auf die mittlere Kugelsatzdrehzahl, die der Käfigdrehzahl entspricht. Überschreitet der Vorbeziehungsweise Nachlauf den geometrisch möglichen Bewegungsfreiraum der Kugeln in den Käfigtaschen, können die Kugeln den Käfig signifikant belasten. Das Risiko eines Käfig- und Lagerausfalls steigt [KANN80].

Die Entstehung dieses Kugelvor- und -nachlaufs (KvKn) unter kombinierter axialer und radialer Belastung zeigt Bild 2.8 nach der IRF und ARF. In der Lastzone um 0° gleichen sich die Druckwinkel am inneren und äußeren Kontakt durch die hohe Belastung an. Beim Übergang in den entlasteten Bereich um 180° baut sich eine Druckwinkelschere zwischen dem inneren und äußeren Kontakt auf. Die grundlegenden Verläufe nach der IRF und ARF sind vergleichbar. Hingegen zeigen die berechneten Orbitalgeschwindigkeiten und damit der KvKn ein inverses Verhalten. Dieses Beispiel zeigt deutlich die Abhängigkeit der Kugelkinematik unter Radiallast von der gewählten Führungsart. Eine Erhöhung der axialen Vorspannkraft reduziert die Druckwinkelschere und die Modulation von ω_K [BREC17a].

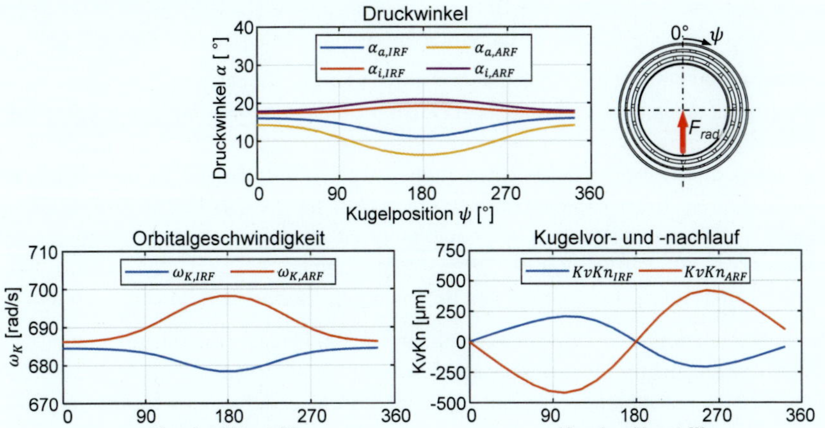

Bild 2.8: Druckwinkel und kinematische Größen unter Radialkraft. Nach [BREC20]

Contact angles and kinematic values under radial load. According to [BREC20]

Bei hoher Drehzahl unter kombinierter statischer radialer und axialer Belastung zeigt FOORD rechnerisch auf, dass der KvKn sowohl nach der ARF als auch nach der

Methode mit minimaler Verlustleistung zu hohe, unrealistische Werte annimmt [FOOR06]. In der Praxis wird die Kugel daher auch unter hohen Drehzahlen der ARF nicht folgen können, da die Reibkräfte nicht ausreichen und Schlupf bei den leicht belasteten Kugeln auftritt. Weiterhin weist FOORD darauf hin, dass experimentelle Daten für einen Abgleich der Berechnungen kaum verfügbar sind [FOOR06].

Ergänzend vermutet FALKER, dass bei einer dynamischen Belastung durch den Fräsprozess, geringere Geschwindigkeitsmodulationen und damit ein geringerer KvKn auftreten [FALK20]. Eine mögliche Ursache sind die häufigen Be- und Entlastungszyklen der Wälzkontakte im Vergleich zur statischen Belastung. Berechnungsergebnisse unter dynamsicher Belastung werden aufgrund des quasistatischen Modells nicht aufgeführt [FALK20].

Schlupf im Kugel-Laufbahn-Kontakt

Der Schlupf im Kugel-Laufbahn-Kontakt ist ein Maß für die Relativbewegung zwischen den beiden Kontaktpartnern. Einerseits führt Schlupf zu Verlusten in den Wälzkontakten und wird als Ursache für Verschleiß genannt [NSK14]. Andererseits ist Schlupf erforderlich, um Scherkräfte über den Schmierfilm für die Bewegung der Kugeln übertragen zu können [SPEC02].

Schlupf kann in die Anteile Mikro- und Makroschlupf unterteilt werden. Mikroschlupf tritt bereits beim allgemeinen Abwälzvorgang einer belasteten, deformierten Kugel auf, da nur in den beiden Momentanpolen, die je nach Kinematik auch außerhalb des Kontaktbereiches liegen können, eine reine Rollbewegung vorliegt [HARR07a]. Der Makroschlupf beschreibt die auf die Soll-Geschwindigkeit bezogene Abweichung zwischen der kinematisch vorgegebenen Soll- und Ist-Geschwindigkeit [SPEC02]. Dieser tritt begünstigt in schnelldrehenden Lagern unter geringer Belastung auf [WANG15].

OKTAVIANA untersucht das Schlupfverhalten von Schrägkugellagern unter verschiedenen Lastzuständen mit einem quasistatischen Berechnungsmodell durch einen Vergleich der Normalkraft am inneren Kontakt und der Fliehkraft [OKTA19]. Die Berechnungsergebnisse weisen bereits unter quasistatischer Betrachtung auf die Möglichkeit von Schlupf unter einer Radialkraft und Momentenlast hin. Das Modell vernachlässigt jedoch die Trägheitskräfte und -momente aufgrund modulierender Kugelgeschwindigkeiten (Bild 2.8), welche über die Scherspannungen im Schmierstoff abgestützt werden. Diese zusätzliche Scherung des Schmierstoffes erhöht den Schlupf.

In Untersuchungen zum Verschleißverhalten von Spindellagern unter sehr hohen Winkelbeschleunigungen mit ausgebildetem Schlupf konnte SPECHTEL nach bis zu 6.000 Beschleunigungsvorgängen keinen signifikanten Verschleiß in den Laufbahnen feststellen [SPEC02]. Eine deutlich höhere Anzahl von Beschleunigungs- und damit Schlupfvorgängen ist beim Betrieb der Hauptspindel in Belastungszuständen mit hohem KvKn zu erwarten. Diese treten zyklisch mit jeder Käfigumdrehung auf.

2.3.4 Schmierstoffeigenschaften im Wälzkontakt

Lubricant properties in the rolling contact

Die Eigenschaften des Schmierstoffes im Wälzkontakt bestimmen die Tragfähigkeit des Schmierfilms, die Verlustleistung sowie die Kinematik der Kugeln. Die Eigenschaften werden beim Durchlaufen des hochbelasteten Kontaktes signifikant durch die hohen Drücke und Scherraten sowie die daraus resultierenden Temperaturerhöhungen verändert. Die Kenntnis der beanspruchungsabhängigen Eigenschaften ist daher notwendig, um die Vorgänge im Schmierfilm beschreiben zu können. Dabei stellt die Viskosität eine wichtige Größe dar. Die dynamische Nennviskosität η_0 ist definiert bei 40°C und Umgebungsdruck.

Änderung der Viskosität durch Druck und Temperatur

Eine umfassende Übersicht bekannter Modelle zum Viskositäts-Temperaturverhalten gibt SEETON [SEET06]. Häufig wird der Berechnungsansatz in Gleichung (2.33) nach VOGEL in der Schreibweise von BARR verwendet [SEET06].

$$\eta(T) = A_1 \cdot e^{\frac{\beta_{th}}{A_2+T}} \tag{2.33}$$

Hierbei beschreibt A_1 den Schmierstoffparameter, A_2 die Temperaturkonstante und β_{th} den Viskositäts-Temperatur-Koeffizient. Das Vorgehen zur Bestimmung der Parameter nennt DIN 53017 [DIN93].

Die Abhängigkeit der Viskosität vom Druck wird häufig nach Gleichung (2.34) über den Ansatz nach BARUS mit dem Viskositäts-Druck-Koeffizient α_p berücksichtigt [GOHA08].

$$\eta(p) = \eta_0 \cdot e^{\alpha_p \cdot p} \tag{2.34}$$

Für typische Drücke im Wälzkontakt berechnet die Gleichung nach BARUS häufig eine zu hohe Viskosität [GOHA08]. Der alternative Ansatz nach ROELANDS in Gleichung (2.35) bildet die Viskosität bei hohem Druck besser ab [HAMR04]. Typische Werte für den dimensionslosen Viskositäts-Druck-Koeffizient Z nennt HAMROCK [HAMR04].

$$\log\eta + 1{,}200 = (\log\eta_0 + 1{,}200)\left(1 + \frac{p}{2000}\right)^Z \tag{2.35}$$

Rheologie

Die Scherung des Schmierstoffes im Schmierspalt erzeugt aufgrund seiner viskosen Eigenschaften eine Schubspannung τ, die zwischen den Kontaktpartnern wirkt. Unter der Annahme eines vollständig trennenden Schmierfilms muss daher ein Relativgeschwindigkeit im Kontakt vorliegen, um die für die Bewegung des Wälzkörpers notwendigen Reibkräfte aufzubringen. Im einfachen Fall des newtonschen Fluides ist die Viskosität unabhängig von der Scherrate $\dot{\gamma}$ und es besteht ein linearer Zusammenhang zwischen der Scherrate und der Schubspannung (Bild 2.9). Demgegenüber weisen übliche Schmierstoffe ein scherverdünnendes Verhalten auf, welches durch eine Reduktion der Viskosität mit steigender Scherrate charakterisiert ist. Die Schubspannung nähert sich bei diesem Verhalten asymptotisch der Grenzschubspannung τ_l an [BART10].

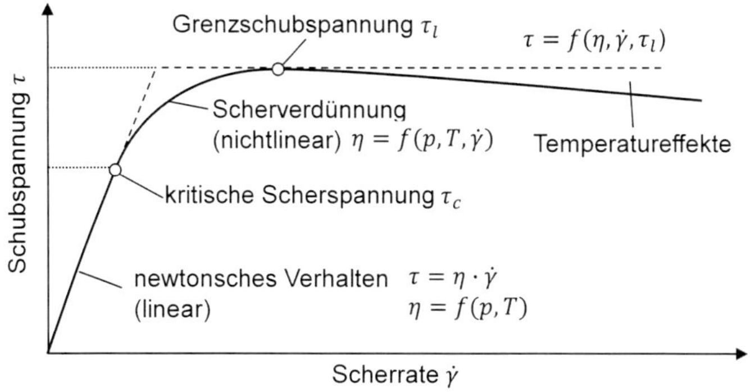

Bild 2.9: Abhängigkeit der Schubspannung von der Scherrate. Nach [BADE18]
Dependence of the shear stress on shear rate. According to [BADE18]

Zur Beschreibung des Fließverhaltens existieren zahlreiche Modelle, die schmierstoffspezifische, experimentell ermittelte Koeffizienten nutzen. Experimentelle Daten, die das Verhalten im Wälzkontakt unter hohen Oberflächengeschwindigkeiten und Pressungen berücksichtigen, sind jedoch kaum verfügbar.

Das Modell von EYRING nach Gleichung (2.36) ist eines der ersten Modelle, welches das grundlegende Fließverhalten strukturviskoser Fluide beschreibt [HARR07a]. Bis zur kritischen Schubspannung τ_c verhält sich der Schmierstoff viskos. Mit steigender Scherung steigt die Schubspannung degressiv an.

$$\eta = \frac{\tau_c}{\dot{\gamma}} \cdot \sinh^{-1}\left(\frac{\dot{\gamma} \cdot \eta_0}{\tau_c}\right) \tag{2.36}$$

Ein weiteres Modell zur Beschreibung des strukturviskosen Fließverhaltens ist das CARREAU-Modell in Gleichung (2.37) [BAIR03]. Dieses Modell beschreibt Fluide bei kleinen und hohen Scherraten durch die Viskositäten μ_1 und μ_2. Für ein Fluid mit nur einem newtonschen Bereich wird μ_2 zu Null und μ_1 entspricht der scherunabhängigen Viskosität $\eta_0(p, T)$.

$$\eta = \mu_2 + (\mu_1 - \mu_2) \cdot \left[1 + \left(\frac{\mu_1 \cdot \dot{\gamma}}{\tau_c}\right)^2\right]^{\frac{n-1}{2}} \quad \text{mit} \quad \tau_c = \frac{\rho \cdot R_g \cdot T}{M} \tag{2.37}$$

Für die Modellierung des Schmierstoffverhaltens bei instationärer Scherung wird die Annahme getroffen, dass sich der Schmierstoff nicht nur viskos verhält, sondern auch elastische Eigenschaften aufweist [BADE18]. Das vereinfachte MAXWELL-Modell nach Gleichung (2.38) berücksichtigt die strukturviskosen und viskoelastischen Anteile der

Scherung [BART10] und bildet daher die Grenzschubspannung ab. Der elastische Anteil wird über das Schermodul G und über die zeitliche Ableitung der Scherspannung abgebildet.

$$\dot{\gamma} = \frac{1}{G} \cdot \frac{d\tau}{dt} + \frac{\tau}{\eta(p, T, \dot{\gamma})} \tag{2.38}$$

Für die Anwendung in der Wälzlagersimulation ist die Angabe eines Reibwertes im Wälzkontakt verbreitet. Dieser beschreibt das Verhältnis aus Scherspannung und Normalspannung im Kontakt. Einen typischen Verlauf experimentell ermittelter Reibwerte zeigt Bild 2.10 für verschiedene Pressungen über dem relativen Schupf s, der im Englischen als Slide to Roll Ratio definiert ist. Der relative Schlupf entspricht dem Verhältnis zwischen der Relativgeschwindigkeit im Kontakt und der mittleren Oberflächengeschwindigkeit der Kontaktpartner. Die dargestellten Reibwertverläufe steigen bei geringem Schlupf nahezu linear bis zu einem Grenzwert an und nehmen mit zunehmendem Schlupf wieder ab. Dieses Verhalten bestätigt das zuvor beschriebene strukturviskose und viskoelastische Fließverhalten. Eine erhöhte Pressung verschiebt den Reibwert hin zu höheren Werten. Für den Kontakt in Wälzlagern liegt der Schlupf üblicherweise bei unter 2 % [BADE18]. Der Effekt einer Reduktion des Reibwertes bei hohem Schlupf ist daher für die Anwendung im Wälzlager weniger relevant.

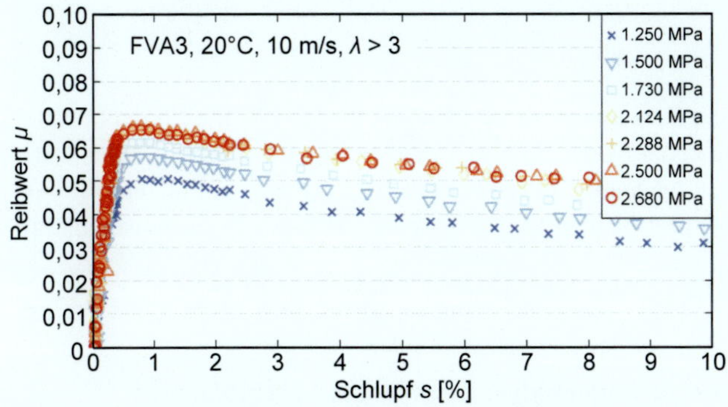

Bild 2.10: Reibwert in Abhängigkeit der Pressung und dem Schlupf. Nach [BADE18]
Friction coefficient related to pressure and slip. According to [BADE18]

Schmierfilmhöhe im EHD-Kontakt

Die Elasto-Hydrodynamische (EHD) Theorie liefert einen Ansatz zur Beschreibung der Schmierfilmhöhe und -eigenschaften im hochbelasteten Wälzkontakt. Die Theorie berücksichtigt die Kopplung der mechanischen Verformung der Kontaktpartner mit den hydrodynamischen Stützdrücken über den Schmierstoff. Die Druckverteilung im EHD-Kontakt und im Kontakt nach HERTZ sind insbesondere bei hohen Belastungen ähnlich, unterscheiden sich jedoch durch die Druckspitze im Auslaufbereich des EHD-Kontaktes [HARR07a]. Charakteristisch für den EHD-Kontakt sind die zentrale Schmierfilmhöhe h_0 und die im Auslaufbereich reduzierte minimale Schmierfilmhöhe h_m. Die

Schmierfilmhöhen sind in vielen Arbeiten eine zentrale Größe zur Beschreibung der Reibkräfte [STEI95]; [TÜLL99]; [HARR07a].

Ein häufig verwendeter Ansatz zur analytischen Berechnung der minimalen $h_{0,isoth}$ und zentralen $h_{m,isoth}$ isothermen Schmierfilmhöhe liefern HAMROCK und DOWSON nach Gleichung (2.39) und (2.40) [HAMR81a]. Die analytische Näherung basiert auf umfangreichen numerischen Simulationen zur Schmierfilmbildung. Es sind verschiedene Werte für die empirischen Parameter in Gleichung (2.39) und (2.40) bekannt, beispielsweise [GOHA08].

$$h_{0,isoth} = 2{,}69 \cdot U^{0{,}67} \cdot W^{-0{,}067} \cdot G^{0{,}53} \cdot \left(1 - 0{,}61 \cdot e^{-0{,}73 \cdot 1{,}03 \cdot \left(\frac{R_x}{R_y}\right)^{0{,}64}}\right) \cdot R_x \quad (2.39)$$

$$h_{m,isoth} = 3{,}63 \cdot U^{0{,}68} \cdot W^{-0{,}073} \cdot G^{0{,}49} \cdot \left(1 - e^{-0{,}68 \cdot 1{,}03 \cdot \left(\frac{R_x}{R_y}\right)^{0{,}64}}\right) \cdot R_x \quad (2.40)$$

Die Kennzahlen für die Geschwindigkeit U, die Last W und die Werkstoffe G bilden das spezifische Kontaktproblem ab und werden nach Gleichung (2.41) bestimmt [HAMR81a]. Die Geschwindigkeit v beschreibt nach STEINERT für punktförmige Wälzkontakte die Oberflächen-Tangentialgeschwindigkeit der Kugel [STEI95].

$$U = \frac{\eta_0 \cdot v}{E_{red} \cdot R_x} \qquad W = \frac{Q}{E_{red} \cdot R_x^2} \qquad G = E_{red} \cdot \alpha \quad (2.41)$$

Die isotherme Berechnung liefert teilweise zu hohe Werte für die Schmierfilmhöhe im Vergleich zu gemessenen Werten. MURCH und WILSON führen daher den Korrekturfaktor C_{th} nach Gleichung (2.42) ein [MURC75]. Dabei sind β_{th}und k_{th} der Viskositäts-Temperatur-Koeffizient und der Wärmeleitkoeffizient des Schmierstoffes.

$$h_{th} = C_{th} \cdot h_{isoth} \quad \text{mit} \quad C_{th} = \frac{3{,}94}{3{,}94 + L_{th}^{\;0{,}62}} \quad \text{und} \quad L_{th} = \eta_{0,K} \cdot \frac{\beta_{th} \cdot v^2}{k_{th}} \quad (2.42)$$

2.3.5 Elastische Käfigmodelle und Kontaktbeschreibung

Elastic cage models and contact descriptions

Der Käfig wird im Lager durch die Kontakte mit den Kugeln und, im Fall eines ringgeführten Käfigs, dem Führungsbord geführt und belastet. Die Belastung kann zu Deformationen des Käfigs führen. Elastische Käfigmodelle sind daher notwendig, um die Belastung des Käfigs korrekt abzubilden.

Zur Untersuchung stabiler und instabiler Käfigbewegungen bildet BOESIGER den Käfig als global starren Körper ab und berücksichtigt die lokale Steifigkeit im Kontakt [BOES92]. Die lokale Steifigkeit entspricht der Reihenschaltung des Kontaktes von Kugel und Käfigsteg nach HERTZ sowie der Biegung des Käfigsteges, die vorab mittels FEM bestimmt wird.

PEDERSON ergänzt den Modellierungsansatz um die Beschreibung einer globalen Käfigsteifigkeit [PEDE06]. Bei dem zweidimensionalen Modell wird die Käfigmasse anteilig auf Einzelmassen in den Knoten, die den Käfigtaschen entsprechen, aufgeteilt. Die Knoten sind in Umfangsrichtung mit Feder-Masse-Elementen verbunden, wobei Torsionsfedern die Biegesteifigkeit abbilden. Die entsprechenden Steifigkeitswerte liefert eine vorgelagerte FEM-Berechnung. Das Modell berücksichtigt aufgrund des kugelgeführten Käfigs keine Interaktion mit einem Lagerring. Für eine vereinfachte Detektion der Kontakte werden Änderungen der Käfigtaschengeometrie vernachlässigt. Die Ergebnisse bestätigen, dass ein flexibles Käfigmodell die Kräfte in den Käfig-Kugel-Kontakten reduziert.

WEINZAPFEL stellt ein weiteres elastisches Käfigmodell vor, welches die Kontaktdetektion zwischen Kugel und Käfig durch die Verwendung starrer Käfigtaschen vereinfacht [WEIN09]. Elastische Käfigbrücken verbinden die Käfigtaschen und realisieren die Elastizität des Käfigs. Auch WEINZAPFEL weist auf rechnerisch geringere Kräfte in den Käfig-Kugel-Kontakten beim elastischen Käfig im Vergleich zum starren Modellierungsansatz hin. Auf die radiale Bewegung hat die Elastizität des Käfigs keinen Einfluss. ASHTEKAR bestätigt diese grundlegenden Erkenntnisse von WEINZAPFEL auf Basis eines vollelastischen Käfigs mittels explizitem FEM-Modell [ASHT12].

Ein umfassendes Lagermodell auf Basis der Mehrkörpersimulation (MKS) stellt BOVET vor und berechnet das interne Lagerverhalten eines Schrägkugellagers unter hohen Momentenlasten [BOVE16]. Die Modellierung des Käfig-Außenring-Kontaktes erfolgt für den geschmierten Kontakt als hybride Formulierung mit der Kurzgleitlagertheorie und dem trockenen Kontakt. Exzentrizitätsabhängige Gewichtungsfaktoren berücksichtigen die Traganteile des geschmierten und trockenen Kontaktes. Eine hohe Momentenlast beim axial vorgespannten Lager führt zu einer stationären Einengung und Verlagerung der Käfigtrajektorie an den Außenring, was auf einen ausgeprägten KvKn hindeutet. Verschleißspuren an den Führungsborden des Außenrings und des Käfigs bestätigen das Verhalten experimentell. Aufgrund der Modellierung des Käfigs als Starrkörper werden die Käfigbelastungen überschätzt.

Spindellager mit ringgeführtem Käfig weisen Reibstellen im Käfig-Kugel-Kontakt sowie im Käfig-Ring-Kontakt am Führungsbord auf. Verschiedene Ansätze beschreiben die Reibung in den Kontaktstellen, die häufig mit den Reibkoeffizienten nach COULOMB μ_{K-WK} zwischen Käfig und Kugel sowie μ_{K-AR} zwischen Käfig und Außenring für einen außenringgeführten Käfig angegeben werden.

Experimentell ermittelte Werte der einzelnen Kontakte für spindellagertypische Betriebszustände bei hohen Drehzahlen sind kaum verfügbar. Aus diesem Grund entwickelte ROSSAINT ein Verfahren, das die Reibwerte auf Basis gemessener Reibmomente des gesamten Lagers mit verschiedenen Kugelanzahlen abschätzt [BREC14a]. Die Methode führt zu Reibwerten zwischen 0,2 und 0,25 für Käfige aus Hartgewebe bei Öl-Minimalmengenschmierung. Eine Unterscheidung zwischen μ_{K-WK} und μ_{K-AR}

wird nicht getroffen. Einen vergleichbaren Wert von 0,25 für μ_{K-WK} weist KANNEL experimentell für einen ungeschmierten Käfig aus Teflon nach.

In einem Analogieversuch bestimmt BERTRAND experimentell die Reibwerte zwischen metallischen, beziehungsweise keramischen Kugeln und Hartgewebe für den geschmierten Kontakt. Bei den Messungen lag die Faserrichtung des Baumwoll-Phenolharz-Werkstoffes rechtwinklig zur Kontaktoberfläche und bildet daher den Käfig-Kugel-Kontakt bestmöglich ab. Ab einer Oberflächengeschwindigkeit von 1 m/s tritt keine signifikante Änderung der Reibwerte auf. Dies führt BERTRAND auf eine Temperaturerhöhung und Starvation zurück [BERT04]. Die Messergebnisse von RUSSEL bestätigen dieses grundlegende Verhalten [RUSS21]. Auch weitere Autoren treffen die Annahme eines konstanten Reibwertes aufgrund der hohen Relativgeschwindigkeit im Kontakt [WEIN09]; [TU12].

Der Reibwert μ_{K-WK} für einen ausreichend geschmierten Kontakt ab einer Oberflächengeschwindigkeit von 5 m/s beträgt nach den Ergebnissen von BERTRAND etwa 0,1 für die metallische Kugel mit einem Durchmesser von 12,7 mm [BERT04]. Auch Weinzapfel schätzt μ_{K-WK} mit 0,1 ab [WEIN09].

Aufgrund der gleitlagerähnlichen Bedingungen im geschmierten Käfig-Außenring-Kontakt wird für dessen Beschreibung häufig die Gleitlagertheorie angewendet [GUPT84]; [HOCH83]; [BOVE16]. Unter der Annahme eines dominierenden Druckgradienten in Breitenrichtung kann die REYNODLS-Differenzialgleichung vereinfacht werden, was zur Theorie des kurzen Gleitlagers führt und die Berechnung der Stützdrücke im Kontakt ermöglicht [HOCH83]. HOCH und HEIDER nutzen diese Modellierung, um die elastische Verformung des Käfigs unter Berücksichtigung des hydrodynamischen Stützdruckes zum Außenring zu bestimmen [HOCH83]; [HEID19]. Der elastische Käfig zeigt einen geringeren und gleichmäßigeren Druckverlauf im Vergleich zum starren Käfig [HEID19]. Bei Spindellagern mit Hartgewebekäfig ist aufgrund der geringen Struktursteifigkeit eine noch gleichmäßigere Druckverteilung wahrscheinlich.

2.3.6 Methoden der softwaregestützten Wälzlagerberechnung

Methods of software-supported rolling bearing calculation

Die Auslegung von Spindellagersystemen erfolgt überwiegend mit Methoden der quasistatischen Lagerberechnung. Die Grundlagen beruhen auf den Arbeiten von JONES und wurden in zahlreichen Arbeiten aufgegriffen und ergänzt [JONE60].

Quasistatisch

Die quasistatische Berechnung liefert eine im Lager wirkende Lastverteilung, die den extern am Lager angreifenden Belastungen das Gleichgewicht hält. Diese berücksichtigt neben den rein statischen Kräften ergänzend die Fliehkraft sowie das gyroskopische Moment. Aufgrund der zahlreichen Kontakte mit variierenden Druckwinkeln und den nicht linearen Kontaktsteifigkeiten ist eine geschlossene analytische Lösung zur Berechnung des Gleichgewichtzustandes nicht möglich. Die Berechnung erfolgt daher iterativ nach dem in Bild 2.11 dargestellten Vorgehen.

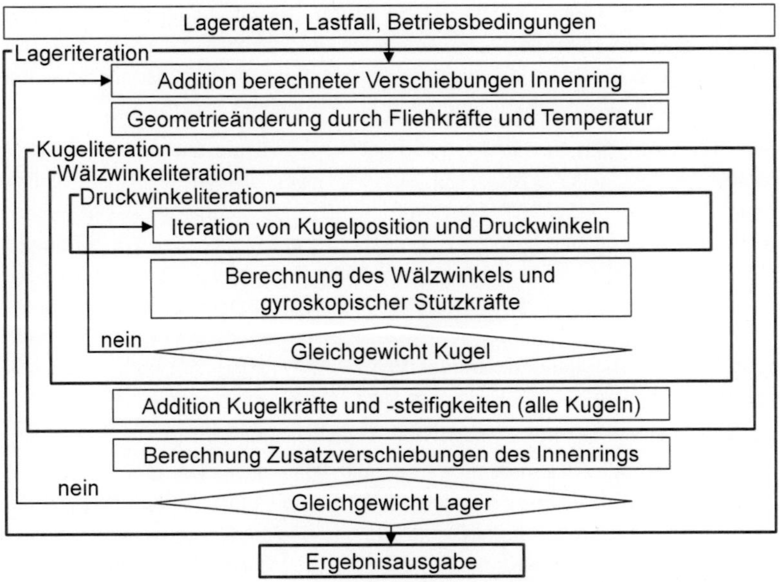

Bild 2.11: Gleichgewichtsiteration der Lagerberechnung. Nach [TÜLL99] und [ROSS13]
Equilibrium iteration of the bearing calculation. According to [TÜLL99] and [ROSS13]

Die gesamte Lageriteration weist eine verschachtelte Struktur mehrerer Iterationen auf. Ausgehend von den Lager-, Betriebs- und Belastungsdaten wird eine Innenringposition relativ zum Außenring angenommen. Die Änderung der Ringgeometrie durch einen Presssitz, die Temperatur und die Fliehkraft werden im nachfolgenden Schritt berücksichtigt. Mit der angenommenen Innenringposition sind die Laufbahnpositionen der Lagerringe und damit die möglichen Kontaktbereiche zur Kugel definiert.

Die Druckwinkeliteration bestimmt iterativ das Kräfte- und Momentengleichgewicht jeder Kugel. Hierzu werden für eine gegebene Kugelposition die sich nach der Hertzschen Theorie einstellenden Kontaktkräfte sowie die wirkenden Reibkräfte berechnet. Das Kräftegleichgewicht wird durch eine iterative Änderung der Kugelposition, entsprechend der aktuellen Kontaktsteifigkeiten, gesucht [TÜLL99]. Der Gleichgewichtszustand führt zu den Druckwinkeln am inneren und äußeren Kontakt. Die Wälzwinkeliteration nach der WZL-Führung ermittelt durch die Minimierung der summierten Bohrleistung am inneren und äußeren Kontakt den sich einstellenden Wälzwinkel (vgl. Kapitel 2.3.3). Die Wälzwinkeliteration entfällt bei einer Kugelführung, bei der keine Iteration erforderlich ist, beispielsweise bei der ARF oder IRF.

Die über die Kugeln auf den Innenring wirkenden Kräfte und Momente werden summiert und mit den externen Kräften und Momenten bilanziert. Liegt keine ausreichende Genauigkeit bei den Gleichgewichten vor, erfolgt ein erneuter Durchlauf der Lageriteration mit angepasster Innenringposition. Die aktuelle Steifigkeitsmatrix des Innenrings steuert die Änderung der Innenringposition [TÜLL99]. Das Ergebnis dieser

Berechnung ist der Gleichgewichtszustand für das gesamte Lager mit den Innenring- und Kugelpositionen sowie den entsprechenden Druckwinkeln und Pressungen. Diese Ergebnisse bilden die Grundlage weiterer Analysen wie der Lebensdauerberechnung oder als Startwert für die dynamische Lagerberechnung [HONG16].

In der Praxis kommen häufig die kommerziellen Softwarelösungen BEARINX der Schaeffler Technologies AG & Co. KG [SCHA12] sowie die Wälzlager- und Wellenberechnung der Mesys AG [MESY22] zum Einsatz. Diese Module umfassen neben der Einzellagerberechnung die gekoppelte Berechnung in umfassenden Welle-Lager-Systemen und eignen sich daher für die ganzheitliche Analyse von Spindel-Lager-Systemen. Die Implementierung der beschriebenen Berechnungsmethode nach TÜLLMANN erfolgt in der Software WINLAGER für Einzellager beziehungsweise axial verspannte Lager [BUTZ07]. Die Methoden wurden von FALKER aufgegriffen und um die gekoppelte Berechnung von Spindellagern und elastischen Wellen erweitert [FALK20].

Dynamisch
Im dynamischen Wälzlagermodell werden die konventionellen Gleichgewichtsgleichungen des quasistatischen Ansatzes durch die Bewegungsdifferentialgleichungen für jede Lagerkomponente auf der Grundlage des zweiten Newtonschen Bewegungsgesetzes ersetzt. Die Schmierungseffekte können in das dynamische Modell einbezogen werden, indem die durch den Schmierstoff verursachten Reibkräfte und -momente berücksichtigt werden. Typische Anwendungen umfassen die Simulation des Käfigbewegungsverhaltens und dessen Beanspruchung sowie das Verschränken der Rollen in Zylinderrollenlagern.

Das dynamische Simulationsprogramm ADORE von GUPTA ist speziell auf die Berechnung von Kugel-, Zylinder- und Kegelrollenlagern ausgerichtet [GUPT14]. Die verwendeten Methoden sind von GUPTA in zahlreichen Arbeiten ab den 1970er-Jahren erarbeitet und validiert worden. Die Software ermöglicht eine umfassende Parametrierung aller Systemgrößen, insbesondere der Reibmodelle in den Kontaktstellen. ADORE ist eine der wenigen, kommerziell verfügbaren Software für die Dynamiksimulation von Wälzlagern und wird häufig in der Forschung eingesetzt. Weitere Simulationsprogramme sind CABA3D der Schaeffler Technologies AG & Co. KG, BEAST der SKF GmbH und CAGEDYN der Timken Company. Diese sind kommerziell nicht verfügbar und werden nur firmenintern eingesetzt.

2.4 Betriebsverhalten von Welle-Lager-Systemen

Operating behavior of shaft-bearing-systems

Das Betriebsverhalten sowie die Belastungsgrenzen einer Hauptspindel werden signifikant von der Lagerung bestimmt. Nachfolgend werden die Eigenschaften der starren und elastischen Lageranstellung vorgestellt sowie die typischen Belastungsgrenzen einer Spindellagerung diskutiert.

2.4.1 Betriebsverhalten der starren und elastischen Anstellung

Operating behavior of the rigid and elastic arrangement

Das strukturmechanische und -dynamische Betriebsverhalten von Welle-Lager-Systemen wird häufig mit Methoden der FEM berechnet [ABEL10]. Eine effiziente Beschreibung der elastischen Eigenschaften der rotationssymmetrischen Welle erfolgt mittels Balkenelementen [WECK03]. Häufig werden die Steifigkeitsmatrizen mit dem Timoshenko-Balken gebildet [ABEL10]. Die allgemeine Formulierung des Systems entspricht dem linearen Differentialgleichungssystem zweiter Ordnung in Gleichung (2.43).

$$[K] \cdot [u] + [C] \cdot [\dot{u}] + [M] \cdot [\ddot{u}] = \{F\} \qquad (2.43)$$

Der Vektor u umfasst die linearen und rotativen Freiheitsgrade der Knoten. Dessen erste und zweite Ableitung definieren die Geschwindigkeiten und Beschleunigungen. Die Matrizen K, C, und M beschreiben die Steifigkeits-, Dämpfungs- und Masseeigenschaften des Systems. Die Belastungen auf der linken Seite der Gleichung stehen im Gleichgewicht zu den extern angreifenden Kräften F. In der statischen Analyse entfallen die geschwindigkeits- und beschleunigungsproportionalen Terme [FALK20]. Einen iterativen Berechnungsablauf zur Lösung des Problems unter Berücksichtigung der nichtlinearen Lagersteifigkeiten stellt FALKER vor [FALK20]. Das Ergebnis umfasst die Belastungen, Verformungen und Eigenfrequenzen des Systems sowie die Belastungen der Lager. Durch die Abbildung der Lager nach dem Vorgehen aus Kapitel 2.3.6 sind alle Informationen der inneren Lagerlasten, beispielsweise die Druckwinkel und Pressungen, verfügbar.

Die Berechnungsmodelle sowie die Ersatzschaltbilder der axialen Steifigkeit von typischen Lageranordnungen für die starre (Fest-Fest) und elastische Lageranstellung zeigt Bild 2.12. A und B beschreiben die vordere und hintere Lagerstelle.

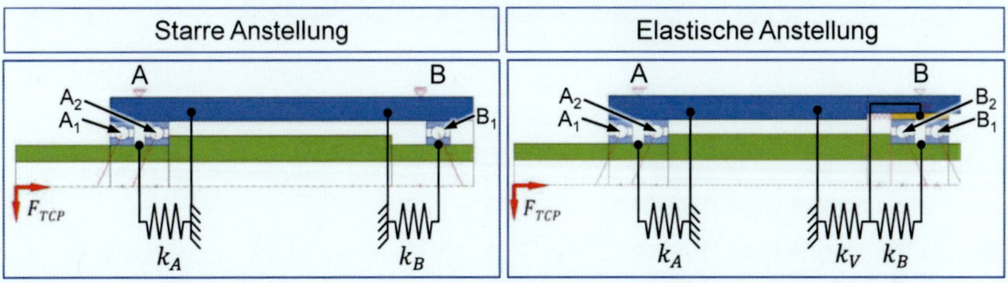

Bild 2.12: Spindelmodelle mit starr und elastisch angestellter Lagerung. Nach [FALK20]

Spindle models with rigid and elastic bearing arrangement. According to [FALK20]

Die axiale Steifigkeit der gesamten Spindel unterscheidet sich nach Gleichung (2.44) und (2.45) grundlegend zwischen der starren k_s und der elastischen k_e Anstellung. Dies ist auf die im Vergleich zum Lager geringe Federsteifigkeit k_V zurückzuführen.

$$k_s = k_A + k_B \qquad (2.44)$$

$$k_e = k_A + \left(\frac{1}{k_V} + \frac{1}{k_B}\right)^{-1} \xrightarrow{k_V \ll k_B} k_e \approx k_A \tag{2.45}$$

Dem Nachteil der geringeren axialen Steifigkeit bei der elastischen Anstellung steht die Betriebssicherheit bei hohen Drehzahlen durch den Ausgleich thermisch und kinematisch bedingter Axialverlagerungen gegenüber. Hierdurch stellt sich eine konstante Vorspannung in einem weiten Drehzahlbereich ein. Der Ausgleich durch die Vorspannfedern am hinteren Lager der thermischen und kinematischen Verlagerung bei einer schnelldrehenden Motorspindel (Bild 2.1) kann den initialen Vorspannweg in den Lagern um ein Vielfaches übersteigen. Der Einsatz einer starren Anstellung wäre somit nicht betriebssicher.

Bild 2.13 zeigt den Drehzahleinfluss auf die axiale Steifigkeit k_{ax} und die effektive Vorspannkraft $F_{V,eff}$ der jeweiligen Lager in beiden Systemen. Bei der starren Anstellung treten zwei gegenläufige Effekte auf. Die Erhöhung der Drehzahl führt prinzipiell zu einer Reduktion der axialen Steifigkeit aufgrund der Druckwinkeländerung nach Bild 2.3. Demgegenüber lässt die starre Anstellung keine freie axiale Ausgleichsbewegung zu, wodurch die interne Vorspannung im System und damit die Steifigkeit ansteigen. Dieser Effekt der drehzahlbedingten Vorspannungserhöhung tritt bei der elastischen Anstellung nicht auf. Die axiale Steifigkeit sinkt daher deutlich stärker mit erhöhter Drehzahl.

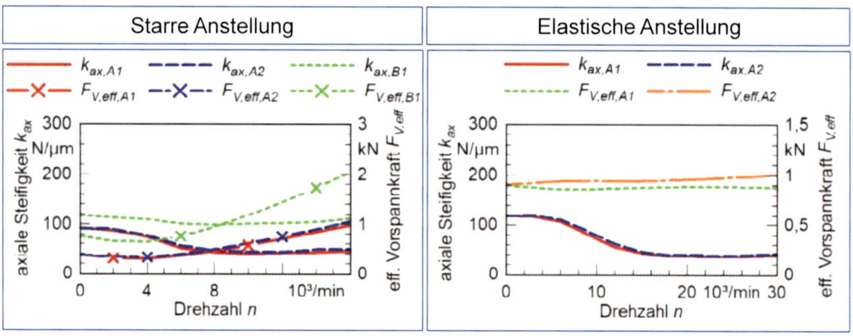

Bild 2.13: Drehzahleinfluss auf die Vorspannung und axiale Steifigkeit. Nach [FALK20]

Speed influence on preload and axial stiffness. According to [FALK20]

Die Steifigkeitsreduktion mit steigender Drehzahl zeigt sich auch in der dynamischen Analyse des Welle-Lager-Systems durch die Reduktion der Systemeigenfrequenzen [ABEL10]; [BREC17b]; [FALK20].

2.4.2 Belastungsgrenzen von Spindellagern

Load limits of spindle bearings

Die maximale Pressung, der KvKn und das BRV definieren die typischen Belastungsgrenzen eines Spindellagers. Die maximale Pressung für Spindellager aus dem Standard-Wälzlagerstahl 100Cr6 beträgt für einen dauerfesten Betrieb 2.000 MPa [SCHA18]. Das BRV wird mit einem Grenzwert von 0,5 spezifiziert [SCHA18]. Der zulässige KvKn muss lagerspezifisch ermittelt werden und entspricht der Summe aus Käfigführungs- und -taschenspiel.

Bild 2.14 zeigt exemplarisch die Entwicklung dieser Auslegungsgrößen für einen Wellenaufbau mit elastisch angestellter Spindellagerung unter steigender Radialkraft. Die Berechnung nutzt die Annahme der ARF. Im Bild sind die jeweiligen Grenzwerte für das Prüflager eingezeichnet.

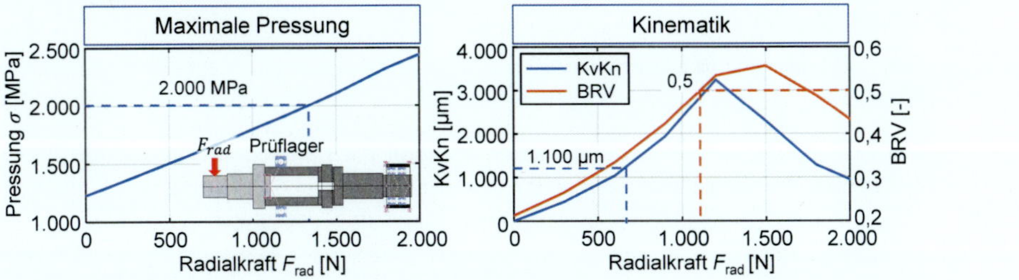

Bild 2.14: Belastungsgrenzen der Lagerung im Spindelverbund
Load limits of the bearing in the spindle assembly

In diesem Beispiel limitiert der KvKn deutlich die spezifizierbare Radialkraft. Das BRV sowie die maximale Pressung erlauben wesentlich höhere Belastungen des Systems. Gespräche mit Spindel- und Lagerherstellern bestätigen, dass rechnerisch der KvKn häufig die radiale Belastbarkeit der Spindel beschränkt. Dennoch kommt es im Betrieb beim Überschreiten des Grenzwertes nicht zu einem vorzeitigen Ausfall [FALK20], sodass die Berechnung oder die Wirkung des KvKn auf das Ausfallverhalten überschätzt wird.

Bild 2.15 zeigt den Käfig und den Außenring eines ausgefallenen Spindellagers mit typischem Käfigschaden. Das Schadensbild deutet aufgrund der umlaufenden Anlaufspur am Käfig und der lokalen Anlaufspur am Außenring auf einen hohen KvKn hin, der zu einem Verspannen des Käfigs zwischen den Kugeln und dem Außenring führt.

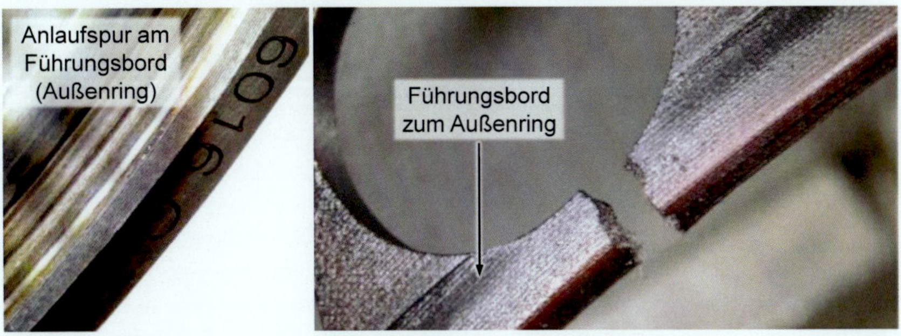

Bild 2.15: Anlaufspuren und geschädigter Käfig eines Spindellagers
Drag marks and damaged cage of a spindle bearings

2.5 Experimentelle Untersuchungen

Experimental investigations

Weitreichende Fortschritte in der rechnerischen Analyse der Leistungsfähigkeit von Wälzlagern sind unter anderem durch Messungen der Kugel- und Käfigkinematik als Parametrierungs- und Validierungsgrundlage erzielt worden. Hierzu ist es notwendig, die am Lager angreifenden Kräfte und Momente sowie die im Lager wirkenden Belastungen zu erfassen.

2.5.1 Prozess- und Lagerlasten

Process and bearing loads

Die Analyse der wirkenden Lagerlasten erfordert die Kenntnis der wirkenden Belastungen am Werkzeug sowie ein umfassendes Verständnis der Spindel- und Lagerkonstruktion zur Übertragung dieser Belastungen auf die Lagerstellen.

Die Prozesskräfte werden häufig mit stationären oder rotierenden Dynamometern erfasst. Das stationäre Dynamometer, auch als Kraftmessplattform bekannt, wird bei der Fräsbearbeitung zwischen Maschinentisch und Werkstück eingesetzt und erfasst die am Werkstück angreifenden Kräfte. Rotierende Dynamometer sind speziell angepasste Werkzeughalter, welche die Kräfte und Momente zwischen Werkzeug und Spindelwelle erfassen. Häufig wird das piezoelektrische Messprinzip bei diesen Systemen verwendet [TOTI14]. Die Systeme stellen eine zusätzliche Nachgiebigkeit im Zerspanprozess dar und beeinflussen daher die wirkende Belastung. In hochdynamischen Anwendungen können die systemeigenen dynamischen Eigenschaften zu einer signifikanten Überschätzung der wirkenden Belastungen führen, die mittels aufwändigen Verfahren kompensiert werden müssen [REKE18].

Weitere Systeme zur Prozess- und Lagerlastüberwachung nutzen spindelintegrierte Sensoren. Diese messen berührungslos die relative Verlagerung der Spindelwelle zum Gehäuse [SCHA20] oder die Verformung der Spindelwelle durch integrierte Dehnmessstreifen (DMS) [PRO15]. Die begrenzte Abtastfrequenz und die fehlende Synchronisationsmöglichkeit zu weiteren Messsystemen, wie beispielsweise dem spindelintegrierten Drehgeber, erschweren die Detailanalyse der Lagerlasten.

Eine Methode zur Analyse der Lagerlasten auf Basis der mittels Kraftmessplattform gemessenen Zerspankräfte stellt Abele vor [ABEL18]. Die Spindel wird als Mehrkörpersimulationsmodell mit starrer Welle und vorab berechneten, drehzahlabhängigen Lagersteifigkeiten modelliert. Als Ausgangsgröße werden die Lagerlasten in den drei translatorischen Hauptrichtungen im Werkzeug-Koordinatensystem angegeben. Dieses Vorgehen eignet sich für die grundlegende Belastungsanalyse, vernachlässigt aber die relevanten dynamischen Effekte einer elastischen Spindelwelle. Die korrekte Übertragung der dynamischen Kräfte am Werkzeug zu den Lagerstellen wird daher nicht abgebildet. Eine detaillierte Betrachtung der internen Lagerlasten erfolgt nicht.

Ying stellt ein erweitertes, dynamisches Modell zur Lebensdauerberechnung der Lagerung in einer Spindel vor [YING21]. Die Spindelwelle wird elastisch durch einen

Timoshenko-Balken abgebildet und mit nichtlinearen Lagersteifigkeiten abgestützt. Das Modell berechnet auf Basis gemessener Kräfte am Werkzeug die dynamischen Verlagerungen in den Lagerstellen. Das Produkt dieser Verlagerungen und der Lagersteifigkeit beschreibt die Lagerkraft. Diese wird mit der axialen Vorspannkraft in die äquivalente dynamische Kraft überführt und in der klassischen Lebensdauertheorie für Wälzlager angewendet [DIN10b]; [DIN10a]. Auch dieses Modell nimmt keinen Bezug auf die inneren Lagerlasten. Dynamisch verstärkte Lagerlasten, die während der Zerspanung mit Anregungsfrequenzen im Bereich der Eigenfrequenzen auftreten, werden nicht diskutiert. KONG entwickelt einen erweiterten Ansatz der Lebensdauerberechnung, der die für Zerspanprozesse typischen, rotierenden Lasten berücksichtigt [KONG22].

Die Modelle weisen den Nachteil auf, dass nur die äußeren Lagerkräfte auf die Ansätze der klassischen Lebensdauertheorie angewendet werden. Die insbesondere für schnelldrehende Spindellager relevanten kinematischen Belastungen im Lager werden nicht berücksichtigt.

2.5.2 Kugel- und Käfigkinematik

Ball and cage kinematic

Bereits in den 1950er-Jahren wurden Verfahren zur Messung der Kugelbewegung entwickelt. SHEVCHENKO nutzt eine Hochgeschwindigkeitskamera zur Detektion der Kugelbewegung in schnelldrehenden Schrägkugellagern mit 140 mm Bohrungsdurchmesser bis zu einer Drehzahl von 12.000 1/min [SHEV57]. Für die Beobachtbarkeit der Kugeln sind ein geteilter Innenring und ein Käfig mit mehreren stirnseitig entfernten Käfigtaschen erforderlich. Weiße Markierungen auf den Kugeln (Bild 2.16) ermöglichen die Detektion der Kugelbewegung und damit deren Geschwindigkeiten. Der modifizierte Käfig erlaubt kein stabiles Betriebsverhalten unter hohen Drehzahlen.

Einen weiteren photographischen Ansatz stellt KINGSBURY vor [KING68]. Das gegenläufig betriebene Lager ermöglicht aufgrund des somit stillstehenden Käfigs die Beobachtbarkeit der Kugeln. Diese sind durchgebohrt, um deren Rotationsachse zu erfassen. Auch diese Methode beeinflusst durch die gebohrten Kugeln das Betriebsverhalten stark und vernachlässigt die Fliehkraftwirkung.

Eine Erweiterung der photographischen Verfahren bilden die Arbeiten von BONESS [BONE75]. Ein optisches Instrument, bestehend aus Abbe-Prisma und Schrittmotor, eliminiert die Drehung des Käfigs und vereinfacht die Beobachtung der Kugeln mit einer Hochgeschwindigkeitskamera. Erneut kommt ein modifizierter Käfig und mit weißen Punkten versehene Kugeln zum Einsatz. Als Ergebnis konnte BONESS berechnete Kugelgeschwindigkeiten und Wälzwinkel unter Axiallast mit den gemessenen Werten validieren.

In aktuelleren Arbeiten beschreibt HOLLAND ein Verfahren zur Messung der Kugel- und Käfigbewegung mittels Hochgeschwindigkeitsvideographie [HOLL18]. Die Messung erfordert einen aufwändigen Aufbau zur Beleuchtung und Beobachtbarkeit des Lagers und schränkt daher die Belastungsmöglichkeiten des Prüflagers ein. Ergebnisse werden daher nur exemplarisch unter axialer Belastung vorgestellt.

Im Unterschied zu den aufgeführten optischen Verfahren entwickelte HIRANO ein magnetisches Messverfahren, welches die Messung der Wälzkörperwinkelgeschwindigkeiten ω_K und ω_{WK} ermöglicht [HIRA65]. Das Verfahren basiert auf einer magnetisierten Kugel, die unter Rotation eine Wechselspannung in einer um den Außenring gewickelten Spule induziert. Die Frequenz und die Amplitude der Spannung ermöglichen die Berechnung von ω_{WK} (Bild 2.16) und des Wälzwinkels. Die experimentellen Analysen von HIRANO knüpfen zeitlich eng an die theoretischen Arbeiten von JONES an und stellen somit wichtige Grundlagenuntersuchungen dar [JONE60].

Optisch: SHEVCHENKO	Magnetisch: HIRANO

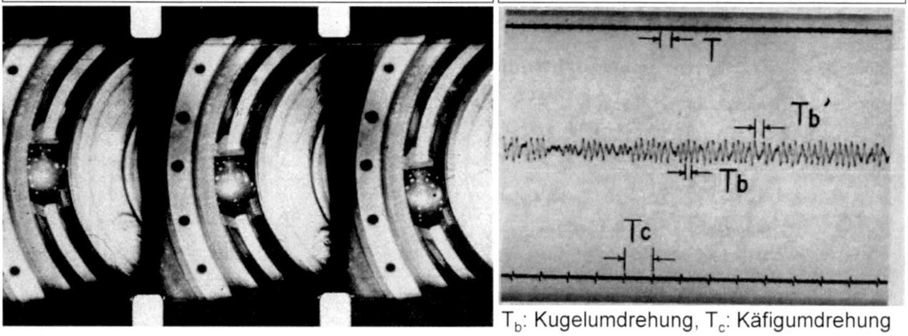

T_b: Kugelumdrehung, T_c: Käfigumdrehung

Bild 2.16: Optische und magnetische Messmethoden. Nach [SHEV57] und [HIRA65]

Optical and magnetic measuring methods. According to [SHEV57] and [HIRA65]

HIRANO weist die Abhängigkeit zwischen ω_K beziehungsweise ω_{WK} und der Fliehkraftwirkung auf die Kugeln nach und zeigt eine prinzipielle Übereinstimmung der gemessenen und nach der ARF berechneten Werte für ω_K. Aktuellere Verfahren nach dem magnetischen Prinzip nutzen Hallsensoren, die am Außenring und neben dem Käfig platziert werden [GAO11]. Aussagekräftige Ergebnisse sind nicht bekannt.

Vereinfachte Verfahren, die sich auf den gesamten Kugelsatz beziehen, messen die Käfigdrehzahl, um Rückschlüsse auf die Kinematik der Kugeln zu ziehen [SPEC02]; [ROSS13]; [FALK20]. Die Messung der Käfigdrehzahl erfolgt mit optischen Reflexionssensoren, die eine auf der Stirnseite des Lagerkäfigs radial ausgerichtete, inkrementelle Spur abtasten. Die so ermittelte Käfigdrehzahl ermöglicht es, im rein axial belasteten Zustand, die Lage der Wälzachse abzuschätzen [ROSS13].

Die aufgeführten Messsysteme bilden eine Grundlage zur Analyse der Kugelkinematik in Schrägkugellagern. Ergebnisse unter radialer Belastung sind nicht bekannt, sodass auch keine Analyse des KvKn der individuellen Kugeln erfolgt. Ergänzend erfordern die Systeme teilweise eine umfassende Modifikation des Lagers und damit einen Eingriff in die Eigenschaften oder sind nur mit hohem Aufwand in den Prüfstand zu integrieren, was eine Analyse unter radialen Belastungen erschwert.

WEN untersucht das Käfigbewegungsverhalten unter variierenden Last- und Drehzahlparametern mit einem massiven Käfig aus Stahl [WEN17]. Wirbelstromsensoren erfassen die axiale und radiale Bewegung. Die Amplituden der radialen Käfigbewegung bei der Käfig- und Wellendrehfrequenz nehmen mit steigender Radialkraft ab (Bild 2.17). Dies lässt einen Anstieg des KvKn vermuten. Die axiale Käfigbewegung ist gering und wird durch die äußeren Lasten nicht beeinflusst. Die Analyse der Messdaten fokusiert sich auf die dynamischen Anteile, sodass die absolute Käfigposition mit einer möglichen statischen Auslenkung nicht berücksichtigt wird.

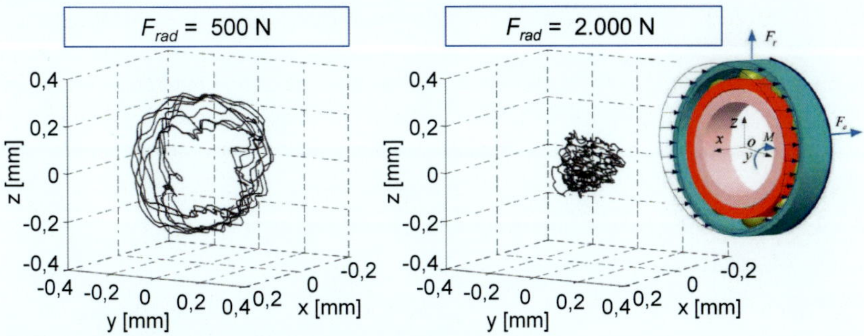

Bild 2.17: Käfigorbit bei 5.400 1/min. Nach [WEN17]
Cage orbit at 5,400 1/min. According to [WEN17]

ARYA nutzt ebenfalls berührungslos messende Abstandssensoren zur Messung der radialen und axialen Käfigbewegung [ARYA22]. Die Messung erfordert einen zusätzlich am Käfig angebrachten Messring aus Aluminium, dessen Masse die des Kunststoffkäfigs übersteigt. Eine signifikante Änderung des Betriebsverhaltens ist daher wahrscheinlich. Die Versuchsergebnisse zeigen allgemein kleine axiale Bewegungsanteile und die kleinsten sowie kreisförmigsten Käfigbewegungen bei hohen Innenringgeschwindigkeiten.

Die Reduktion der radialen Käfigbewegung unter Axiallast mit steigender Drehzahl weist auch CHOE nach [CHOE19]. Das verwendete Verfahren nutzt faseroptische Sensoren zur Messung der radialen Käfigbewegung, sodass die Notwendigkeit eines Messrings entfällt. Entgegen den Ergebnissen von ARYA tritt keine gleichmäßigere Kreisbewegung des Käfigs mit steigender Drehzahl auf [CHOE19]; [ARYA22].

Die grundlegende experimentelle Analyse wirkender Kräfte im Käfig-Kugel-Kontakt führte KAKUTA durch [KAKU64]. Das Messprinzip beruht auf einem modifizierten Käfig, bei dem ein Käfigsteg durch einen Messbalken ersetzt ist. Ein DMS erfasst die lastabhängige Verformung des Messbalkens als Maß für die Kontaktkraft. Über die Phasendifferenz zwischen dem Signal des DMS und einer auf dem Käfig aufgebrachten Referenzmarke kann die Wirkposition des Käfig-Kugel-Kontaktes bestimmt werden. Die Untersuchungen wurden mit einem Radialkugellager der Baugröße 6310 (50 mm Bohrungsdurchmesser) bis zu einer Drehzahl von 1.600 1/min unter Radial-, Axial- und

Momentenlasten durchgeführt. KAKUTA kommt zu dem Ergebnis, dass unter reiner Radialkraft die Kräfte im Käfig-Kugel-Kontakt gering sind und vernachlässigt werden können. Erst durch eine Verkippung zwischen dem inneren und äußeren Lagerring variieren die Druckwinkel über dem Lagerumfang, was zu einer Modulation von ω_K führt. Dabei konnten zyklische Wechsellasten in den Käfigstegen nachgewiesen werden, die auf einen ausgeprägten KvKn hinweisen. Die Ergebnisse der Untersuchungen sind bedeutsam, umfassen jedoch nicht die für Spindellager typischen Belastungen unter hohen Drehzahlen. Weiterhin erfordert das Messsystem den Käfig-Kugel-Kontakt, sodass Lastzustände mit geringerem KvKn unzureichend erfasst werden.

HINTON [HINT70] und ASHTEKAR [ASHT12] weisen ebenfalls auf hohe Käfigbelastungen bei verkippten Lagerringen hin. HINTON bezeichnet Käfigschäden als häufigste Ausfallursache von Lagern, wobei die Käfige durch Ermüdung ohne Vorankündigung versagen [HINT70]. ASHTEKAR betont, dass die Kenntnis über die Käfigbelastungen bei hohen Drehzahlen aufgrund der komplizierten Messtechnik oder unzureichender Modelle nicht verfügbar ist [ASHT12].

2.5.3 Verschleißverhalten unter dynamischer Belastung

Wear behavior under dynamic load

Im Prozess erfahren die Lager in der Hauptspindel dynamische Belastungen. Deren Einfluss auf das Betriebs- und Verschleißverhalten ist bisher wenig erforscht. Erste Ergebnisse liefern die Arbeiten der Forschungsvereinigung Antriebstechnik (FVA) [FVA14]; [FVA15]; [JACO16].

In den Arbeiten wurden Prüfstände entwickelt, die eine statische und dynamische Belastung der Prüflager mithilfe entsprechender Aktorik ermöglichen. Untersuchungsschwerpunkte der FVA sind die Wellen- und Gehäusetemperatur, das Reibmoment, die axiale Verlagerung zwischen Innen- und Außenring, die Drehzahl von Käfig und Wälzkörper und die Beschleunigungen am Prüflagergehäuse [FVA14]. Aufgrund des Messprinzips der Käfig- und Wälzkörperdrehzahlerfassung erfolgt ein Großteil der Messungen nur an Zylinderrollenlagern. Untersuchungen zum Betriebsverhalten von Rillenkugellagern der Baugröße 6220 basieren daher vorwiegend auf Berechnungen. Die experimentellen Untersuchungen des Rillenkugellagers zeigen, dass Vibrationen nur einen geringen schädigenden Einfluss auf die Lagerlaufbahnen haben. Unter axialen Vibrationen stellt sich ein geändertes dynamisches Verhalten ein, welches auf die geänderte Rollbahn der Wälzkörper zurückzuführen ist. Untersuchungsschwerpunkte von JACOBS sind die resistiv gemessenen Schmierfilmhöhenänderungen und Verschleißuntersuchungen der Laufbahnen unter dynamischer Belastung [JACO16]. In Abhängigkeit der Anregungsfrequenz und -amplitude belegen die Ergebnisse eine Veränderung des schmierfilmbedingten Widerstandes. Im Rahmen der Verschleißuntersuchung traten bei axialen, dynamischen Lasten Schiebemarken in axialer Richtung auf.

Die Arbeiten weisen auf einen Einfluss dynamischer Belastungen auf das Verschleißverhalten hin. Die betrachteten Prüflager sind jedoch Standard-Wälzlager für allgemeine Anwendungsfälle im unteren Drehzahlbereich, wie sie beispielsweise im Getriebebau vorkommen. Eine Übertragbarkeit der in diesen Arbeiten erzielten Ergebnisse auf Spindellager kann aufgrund der abweichenden Betriebsbedingungen sowie der charakteristischen Kinematik nicht vorausgesetzt werden.

2.6 Forschungsbedarf

Research requirements

Käfigschäden zeichnen sich als häufige Ausfallerscheinung von Spindellagern in Hauptspindeln ab. Hohe Belastungen des Käfigs durch einen ausgeprägten KvKn sowie ein instabiles Laufverhalten führen nach allgemeinem Verständnis zu einem frühzeitigen Käfigschaden [ZIAU03]. Beispiele aus der Praxis zeigen hingegen auch, dass Spindellager trotz rechnerisch unzulässigem KvKn keinem unmittelbaren Ausfall unterliegen [FALK20].

Dem Stand der Technik sind keine experimentell ermittelten Werte für die Ausbildung des KvKn unter hohen Drehzahlen und Lasten zu entnehmen [ASHT12]. Auch die Käfigbelastung unter hohen Drehzahlen ist experimentell wenig erforscht [FOOR06]. Die unzureichende experimentelle Datenbasis ist durch die teils aufwändige Messtechnik, beispielsweise eine Hochgeschwindigkeitskamera, begründet, die eine Integration in Prüfsysteme zur realitätsnahen Belastung erschwert [HOLL18]. Ein Abgleich experimentell ermittelter KvKn-Verläufe mit den Methoden der Lagerberechnung aus Kapitel 2.3 erfolgte daher nicht. Beobachtungen zeigen, dass nach der Vorstellung eines ausgeprägten KvKn typische Verschleiß- und Ausfallbilder auftreten (Bild 2.15, [BOVE16]). Ob diese Schädigungen auf einem hohen KvKn basieren, kann aber nicht eindeutig nachgewiesen werden.

Spindellager erfahren im Betrieb hohe statische und dynamische Belastungen. Die Analyse erfordert die Kenntnis der wirkenden Belastungen, die jedoch häufig, auch aufgrund der komplexen strukturdynamischen Eigenschaften des Spindelsystems, nicht bekannt sind. Die Wirkkette zwischen den dynamischen Prozesskräften und den inneren Lagerlasten wird daher unzureichend abgebildet. Eine zentrale, bisher unbeantwortete Fragestellung formuliert FALKER zum Einfluss dynamischer Belastungen auf den rechnerisch ermittelten KvKn: “Diese [die dynamischen Belastungen] bewirken eine permanente Be- und Entlastung der Wälzkontakte, sodass es gegebenenfalls nicht zu dem beschriebenen quasistationären Zustand kommt und keine kritische Käfigbelastung entsteht. Eine Untersuchung solcher dynamischen Effekte wurde bisher nicht durchgeführt“ [FALK20].

Daraus leitet sich der Forschungsbedarf ab, die Lagerlasten unter statischen und dynamischen Belastungen messtechnisch zu erfassen und mit geeigneten Methoden abzubilden. Aufbauend auf diesen Ergebnissen muss der Einfluss dieser Belastungen auf die Gebrauchsdauer der Lagerung erforscht werden. Dies ermöglicht es, Welle-Lager-Systeme unter radialer Belastung besser auszulegen.

3 Zielsetzung und Vorgehensweise

Objectives and Modus Operandi

Wie in Kapitel 2 dargelegt, sind die theoretischen und experimentellen Arbeiten zur Analyse kinematischer und mechanischer Lagerlasten umfangreich. Die erarbeiteten Erkenntnisse und Berechnungsmethoden sind für die jeweils gewählten Randbedingungen unter rein axialen, statischen Belastungen fundiert validiert. Beobachtungen aus der Praxis lassen jedoch vermuten, dass die Berechnungsmethoden die Kugelkinematik unter radialer Belastung nur unzureichend abbilden und die kinematische Belastung überschätzen. Eine Aussage über die Wirkung radialer sowie prozessähnlicher Lasten auf die Belastung von Spindellagern unter Berücksichtigung der komplexen Lagerkinematik konnte bisher nicht durch experimentelle Ergebnisse getroffen werden. Aus dieser Wissenslücke leiten sich die zwei wesentlichen Aufgabenschwerpunkte der vorliegenden Arbeit ab:

Zur ganzheitlichen Analyse der Belastungen im Lager umfasst der erste Aufgabenschwerpunkt die Entwicklung geeigneter Systeme zur Messung der auf die Lager wirkenden Belastungen sowie die Messung der Kugel- und Käfigbewegung. Die Anforderungen an die Systeme leiten sich insbesondere aus einer hohen Integrierbarkeit ab, sodass der Einsatz in Prüfständen oder Hauptspindeln ohne die Veränderung der Einbau- und Betriebsbedingungen ermöglicht wird. Eine präzise zeitliche Synchronisierung der Signale der jeweiligen Systeme ergänzt die Anforderungen.

Der zweite Aufgabenschwerpunkt umfasst die rechnerische Analyse der Spindellager unter statischen und dynamischen Belastungen und die Validierung mit den erarbeiteten experimentellen Daten. Der Schwerpunkt liegt hierbei auf den orbitalen Kugelgeschwindigkeiten, beziehungsweise dem KvKn. Hierzu ist die Entwicklung einer Berechnungsumgebung erforderlich, welche die gemessenen Lagerlasten nutzt und die Bewegung der Kugeln mit den Methoden der quasistatischen Wälzlagerberechnung vergleicht. Ergänzend soll eine anwenderorientierte, dynamische Berechnungsmethode entwickelt werden, welche die Kugelbewegung in der Lagerebene unter Berücksichtigung der Trägheitskräfte und -momente sowie der Schmierstoffeigenschaften abbildet.

Die Erkenntnisse dienen der Verbesserung von Methoden und Kriterien für eine anwendungsorientierte Auslegung von Spindellagern unter Berücksichtigung einer verbesserten Vorhersage des KvKn unter radialen Belastungen.

Beobachtungen aus der Praxis zeigen, dass Werkzeugmaschinenhauptspindeln häufig Belastungen betriebssicher ertragen, die nach aktuellen Auslegungskriterien zu einem frühzeitigen Ausfall der Lagerung führen. Hieraus leitet sich die zentrale Forschungshypothese ab:

Quasistatische Berechnungsmethoden unter der Annahme einer Außenringführung überschätzen den Kugelvor- und -nachlauf sowie dessen Wirkung auf ein Käfigversagen signifikant.

Die folgenden fünf Forschungsfragen unterstützen die Überprüfung der Hypothese:

1. Wie kann die Kugelbewegung zur Analyse des KvKn ohne Veränderung des Lagereinbauzustandes gemessen werden?
2. Wie können die tatsächlichen Lagerlasten erfasst werden?
3. Welche Methode eignet sich zur Berechnung des Geschwindigkeitsverlaufs der Kugeln in radial belasteten Spindellagern?
4. Führt ein hoher KvKn unmittelbar zu einem frühzeitigen Ausfall des Käfigs?
5. Wie wirken sich radiale dynamische Belastungen auf den Geschwindigkeitsverlauf der Kugeln und damit auf den KvKn aus?

Der zentrale Bestandteil dieser Arbeit ist die experimentelle Analyse der wirkenden mechanischen und kinematischen Lagerlasten. Hierzu werden in Kapitel 4 Messsysteme und Auswertemethoden erarbeitet, die eine ganzheitliche Analyse der Kugel- und Käfigbewegung sowie der auf die Lager wirkenden Kräfte ermöglichen. Weiterhin werden Prüfstände für die experimentelle Analyse der Lagerlasten unter statischen und dynamischen Belastungen sowie die Integration der Messsysteme in die Prüfstände und in Hauptspindeln beschrieben.

Kapitel 5 thematisiert die Methodenentwicklung zur rechnerischen Analyse. Auf Basis der gemessenen Wellenverlagerung werden die Pressungen und Druckwinkel in den Wälzkontakten berechnet. Aufbauend auf diesen Belastungswerten wird ein dynamisches Berechnungsverfahren erarbeitet, das sowohl die Trägheitskräfte und -momente der Kugeln sowie die Schmierstoffeigenschaften zur Berechnung der Kugelgeschwindigkeiten berücksichtigt. Die Berechnungsumgebung umfasst ergänzend die Methoden der quasistatischen Wälzlagerberechnung zur Bestimmung der Kugelgeschwindigkeiten, um vergleichende Analysen zwischen den verschiedenen Berechnungsmethoden und den Messungen vorzunehmen. Zur Analyse der Käfigbelastung durch den KvKn wird ein elastisches FEM-Käfigmodell entwickelt.

Kapitel 6 umfasst die Vorgehensweise sowie die Ergebnisse der experimentellen Untersuchungen auf den Prüfständen. Ausgehend von den Messungen unter statischer Radiallast für verschiedene Lagerausprägungen werden die erzielten Ergebnisse mit den verschiedenen Berechnungsmethoden verglichen. Nachfolgende Untersuchungen analysieren den Einfluss auf das Bewegungsverhalten der Kugeln unter dynamischer Belastung. In anschließenden Langzeitversuchen wird die Wirkung radialer Lasten auf den Verschleiß des Käfigs unter hohem KvKn sowie die Entwicklung von Laufspuren auf den Kugeln ermittelt.

Die ganzheitliche Anwendung der entwickelten Methoden erfolgt in Kapitel 7 durch die Analyse der Lagerlasten in Fräsprozessen. Unter Berücksichtigung der Spindeldynamik werden die Lagerlasten berechnet und die gemessene und berechnete Kugelkinematik verglichen.

4 Prüftechnik

Testing technology

Die Prüftechnik und die damit ausführbaren experimentellen Untersuchungen bilden den zentralen Bestandteil dieser Arbeit. Die Berechnungsmethoden in Kapitel 5 vervollständigen das Vorgehen zur umfassenden Analyse der Lagerlasten. Die Untersuchung der wirkenden Lagerlasten unter statischer und dynamischer Belastung erfordert geeignete Prüf- und Belastungssysteme sowie eine umfassende Messtechnik. Nachfolgend werden die Entwicklung und der Aufbau dieser Systeme beschrieben.

4.1 Messsysteme und -methoden

Measurement systems and methods

Die Messtechnik umfasst das System zur Messung der auf die Lager wirkenden Belastungen (äußere Lagerlasten) sowie Systeme zur Messung der Kugel- und Käfigbewegung im Orbit.

4.1.1 Äußere Lagerlasten

Outer bearing forces

Die äußeren Lagerlasten werden durch die relative Verschiebung des inneren zum äußeren Lagerring definiert (vgl. Kapitel 5.1). Zur vollständigen Beschreibung der wirkenden Belastung müssen vom Innenring die drei translatorischen und die zwei rotatorischen Verschiebungen senkrecht zur Lagerachse erfasst werden. Ergänzend ist die Kenntnis der Winkelposition der Spindelwelle und damit deren Drehzahl zur Analyse der Lagerkinematik notwendig.

Zur Messung der Verschiebungen werden berührungslos messende Verlagerungssensoren auf Wirbelstrombasis eingesetzt [BREC17b]; [BREC18]; [FEY20]. Eine mögliche Anordnung der Sensoren ist in Bild 4.1 gezeigt, bei der die axialen und radialen Sensoren einen relativen Winkel von 120° zueinander aufweisen.

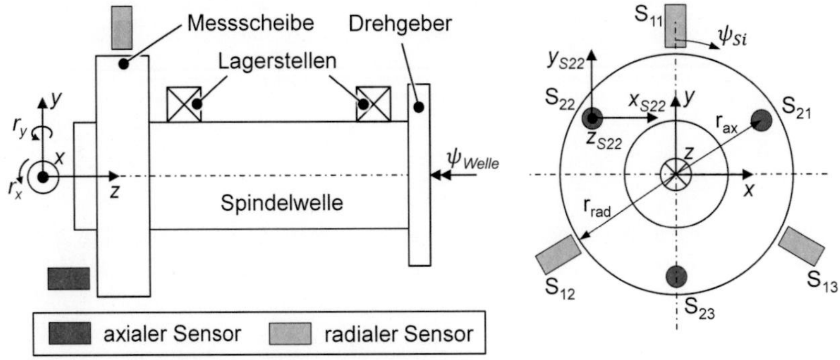

Bild 4.1: Positionen der Verlagerungssensoren

Arrangement of the displacement sensors

Die Berechnung der radialen Verlagerungen u_x und u_y erfolgt auf Basis der drei radial messenden Sensoren durch die Anwendung der Umkreisgleichung für Dreiecke in Gleichung (4.1).

$$u_x = \frac{(x_{S11}^2 + y_{S11}^2) \cdot (y_{S12} - y_{S13}) + (x_{S12}^2 + y_{S12}^2) \cdot (y_{S13} - y_{S11}) + (x_{S13}^2 + y_{S13}^2) \cdot (y_{S11} - y_{S12})}{2 \cdot (x_{S11} \cdot (y_{S12} - y_{S13}) + x_{S12} \cdot (y_{S13} - y_{S11}) + x_{S13} \cdot (y_{S11} - y_{S12}))}$$
$$u_y = \frac{(x_{S11}^2 + y_{S11}^2) \cdot (x_{S13} - x_{S12}) + (x_{S12}^2 + y_{S12}^2) \cdot (x_{S11} - x_{S13}) + (x_{S13}^2 + y_{S13}^2) \cdot (x_{S12} - x_{S11})}{2 \cdot (x_{S11} \cdot (y_{S12} - y_{S13}) + x_{S12} \cdot (y_{S13} - y_{S11}) + x_{S13} \cdot (y_{S11} - y_{S12}))} \quad (4.1)$$

Die jeweiligen Koordinaten x_{S1i} und y_{S1i} der Messpunkte errechnen sich aus der Summe des Messradius der radialen Verlagerungssensoren r_{rad} und dem Messwert u_{S1i} projiziert in die x- und y-Achsen:

$$\begin{aligned} x_{S1i} &= (r_{rad} + u_{S1i}) \cdot \sin \psi_{S1i} \\ y_{S1i} &= (r_{rad} + u_{S1i}) \cdot \cos \psi_{S1i} \end{aligned} \quad (4.2)$$

Unter der Annahme einer rotationssymmetrischen Temperaturverteilung kompensiert die Auswertung in radialer Richtung die fliehkraftbedingte und thermische Dehnung des Messrings sowie die thermische Dehnung des Gehäuses, in dem die Sensoren befestigt sind [BREC19b].

Die axiale Verlagerung u_z sowie die Gier- und Nickbewegung r_x und r_y werden mit den drei axial messenden Sensoren erfasst. Zwischen den Messpunkten wird die Ebene E mit dem Ortsvektor $\vec{p}$ und dem Normalenvektor $\vec{n}$ nach Gleichung (4.3) bis (4.5) aufgespannt.

$$E: (x - p_x) \cdot n_x + (y - p_y) \cdot n_y + (z - p_z) \cdot n_z = 0 \quad (4.3)$$

$$\vec{p} = \begin{pmatrix} p_x \\ p_y \\ p_z \end{pmatrix} = \begin{pmatrix} x_{S21} \\ y_{S21} \\ z_{S21} \end{pmatrix} \quad (4.4)$$

$$\vec{n} = \begin{pmatrix} n_x \\ n_y \\ n_z \end{pmatrix} = \begin{pmatrix} (y_{S22} - y_{S21}) \cdot (z_{S23} - z_{S21}) - (y_{S23} - y_{S21}) \cdot (z_{S22} - z_{S21}) \\ (x_{S23} - x_{S21}) \cdot (z_{S22} - z_{S21}) - (x_{S22} - x_{S21}) \cdot (z_{S23} - z_{S21}) \\ (x_{S22} - x_{S21}) \cdot (y_{S23} - y_{S21}) - (x_{S23} - x_{S21}) \cdot (y_{S22} - y_{S21}) \end{pmatrix} \quad (4.5)$$

mit:

$$\begin{aligned} x_{S2i} &= r_{ax} \cdot \sin \psi_{S2i} \\ y_{S2i} &= r_{ax} \cdot \cos \psi_{S2i} \\ z_{S2i} &= u_{S2i} \end{aligned} \quad (4.6)$$

Die Werte z_{Si} entsprechen den Messwerten u_{S2i} der axialen Sensoren. Der Schnittpunkt von E bei x = 0 und y = 0 liefert die axiale Verlagerung der Spindelwelle:

$$u_z = \frac{p_x \cdot n_x + p_y \cdot n_y + p_z \cdot n_z}{n_z} \quad (4.7)$$

Die Gier- und Nickwinkel werden über die Neigung der Ebene beziehungsweise deren Normalenvektor bestimmt:

$$r_x = \tan^{-1}\left(\frac{n_y}{n_z}\right) \qquad r_y = -\tan^{-1}\left(\frac{n_x}{n_z}\right) \tag{4.8}$$

Das Gesamtsignal u_{mess} von jedem Sensor besteht nach Gleichung (4.9) aus einer Überlagerung der kraftbedingten Verlagerung u_F sowie der Störgröße $u_{stör}$. Zur Beschreibung der Lagerlasten auf Basis der Verlagerungsdaten müssen die Störanteile aus Gleichung (4.10) aus dem Messsignal entfernt werden, sodass u_F isoliert vorliegt.

$$u_{mess} = u_F + u_{stör} \tag{4.9}$$

$$u_{stör} = u_{abw} + u_{kin} + u_{therm} \tag{4.10}$$

Der Anteil u_{abw} beschreibt die Summe aus dem mechanischen Rund- beziehungsweise Planlauffehler der Messfläche und dem elektrischen Signalfehler, der in der Literatur als „electrical runout“ bezeichnet wird [KNAP13]. Der elektrische Signalfehler entsteht durch die variablen elektromagnetischen Eigenschaften des Messrings, welche die Wirbelstromsensoren als Abstandsänderung erfassen [PETR09]. Diese entstehen beispielsweise durch Inhomogenitäten im Material. Messobjekte aus nicht ferromagnetischen Materialien, beispielsweise Aluminium, führen zu geringen elektrischen Signalfehlern [KNAP13]. Die gesamte Abweichung u_{abw} wird für jeden Sensor im lastfreien Zustand bei konstanter Drehzahl entlang mehrerer Spindelumdrehungen gemessen. Durch die simultane Erfassung der Verlagerungen und des Drehgebersignals können die Abweichungen über dem Umfang der Spindelwelle berechnet und als Kennfeld zur Korrektur verwendet werden [BREC17b].

Die Abweichung u_{kin} beschreibt die Änderungen durch die axiale kinematische Verlagerung der Spindelwelle bei einer Drehzahländerung. Diese Verlagerung ist insbesondere bei Spindeln mit elastischer Lageranstellung ausgeprägt. Die drehzahlabhängige Verlagerung wird entlang eines schnellen Spindelhochlaufs oder durch die Berechnung des gesamten Welle-Lager-Systems ermittelt und als Kennlinie bei der Korrektur berücksichtigt.

Der thermische Anteil u_{therm} berücksichtigt die thermisch bedingten Abweichungen der Verlagerungssignale. Diese werden durch die thermische Dehnung des Messtargets, der Welle sowie des Gehäuses, das die Sensoren aufnimmt, hervorgerufen. Während die thermischen Dehnungen in radialer Richtung weitgehend durch die Sensorverteilung und die Berechnung des Wellenorbits nach Gleichung (4.1) kompensiert werden, beeinflussen die axialen Abweichungen der Verlagerungssignale unmittelbar die berechnete axiale Position der Spindelwelle.

Zur Steigerung der Messqualität und Minimierung der thermischen Einflüsse erfolgt in Kurzzeitversuchen die Messung von $u_{stör}$ im Gesamten unmittelbar vor jeder Belastungsphase. Die Korrekturtabellen beinhalten somit alle vorliegenden Anteile aus Gleichung (4.10). Das Vorgehen zum Einmessen von $u_{stör}$ entspricht dem Verfahren zur Bestimmung von u_{abw}.

Bild 4.2 zeigt exemplarisch für einen Sensor die Wirkung der Korrektur im Leerlauf und während der Zerspanung. Dargestellt sind jeweils die unkorrigierten und korrigierten

Verlagerungswerte für mehrere Umdrehungen der Spindelwelle. Das Beispiel verdeutlicht, dass wiederkehrende Abweichungen zuverlässig auch während der Zerspanung kompensiert werden. Die Methode setzt simultan erfasste Verlagerungs- und Drehgeberwerte für eine fehlerfreie Korrektur, auch bei Drehzahländerungen, voraus.

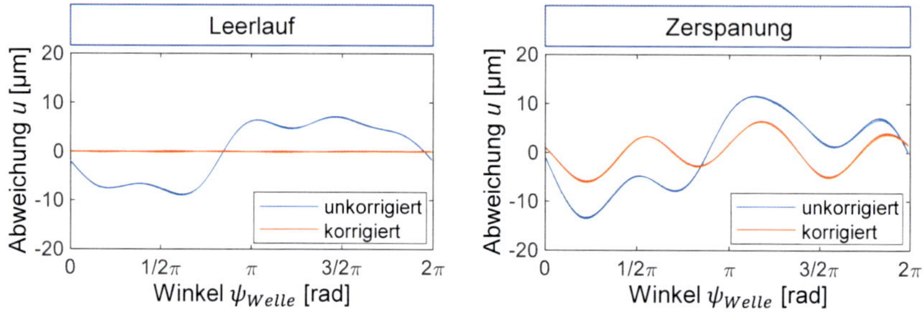

Bild 4.2: Anwendung der Verlagerungskorrektur an einer exemplarischen Sensorposition

Application of the displacement correction to an exemplary sensor position

4.1.2 Orbitale Kugelbewegung

Orbital ball motion

Die wesentlichen Anforderungen an das System zu Messung der orbitalen Kugelbewegung um die Lagerachse sind die vollständige Integrierbarkeit, ohne die Einbau- und Betriebsbedingungen des Lagers zu beeinflussen und die Verträglichkeit mit der Öl-Luft-Minimalmengenschmierung. Das System muss zudem die Kugeln unabhängig vom Kugelwerkstoff erfassen können. Die Messung der Lage der Kugelrotationsachse und deren Drehwinkelgeschwindigkeit sind nicht Gegenstand der Entwicklung.

Zur Detektion der Kugelpositionen können kontinuierlich oder diskret messende Sensoren eingesetzt werden. Den kontinuierlich messenden Sensoren sind Kamerasysteme sowie Wegsensoren nach dem Wirbelstrom oder kapazitiven Wirkprinzip zuzuordnen. Die Sensoren ermöglichen eine vollständige oder zwischen Sensorpositionen intermittierende, kontinuierliche Messung der Kugelpositionen entlang des Lagerumfangs. Hingegen erfassen diskret messende Sensoren, beispielsweise induktive Abstandsensoren oder optische Lichtschranken nach dem Durchlicht- oder Reflexionsprinzip, den Zeitpunkt der Anwesenheit der Kugeln an den Sensorpositionen. Der Einsatz mehrerer am Umfang verteilter Sensoren ermöglicht es, die Bewegung der Kugeln kontinuierlich nachzubilden.

Bedingt durch die spezifischen Eigenschaften der Systeme können induktive und kapazitive Sensoren sowie Kamerasysteme ausgeschlossen werden. Induktive Sensoren eignen sich nur für Messobjekte aus elektrisch leitenden Werkstoffen und sind daher nicht für keramische Kugeln in Hybrid-Lagern geeignet. Kapazitive Sensoren hingegen werden durch den Ölnebel, welcher die dielektrischen Eigenschafften im Messspalt ändert, beeinflusst [IBS22]. Kamerasysteme sind für den Einsatz in der Hauptspindel aufgrund ihrer Größe und der erschwerten Integrierbarkeit ungeeignet.

Daher werden optische Sensoren für das System zur Messung der Kugelbewegung gewählt, die nach dem Prinzip einer Lichtschranke im Durchlichtverfahren arbeiten (Bild 4.3). Hierzu durchleuchten Lichtquellen das Lager zwischen dem Lagerinnenring und dem Käfig mit einem fokussierten Lichtstrahl. Gegenüberliegend erfassen Fotodetektoren die Lichtsignale, welche mit der Rotation des Wälzkörpersatzes durch die Kugeln intermittierend abgeschattet werden. Die Fotodetektoren erzeugen somit ein Rechtecksignal, das die Auswertung der Zeit, an der sich die Kugeln an den Sensorpositionen befinden, ermöglicht.

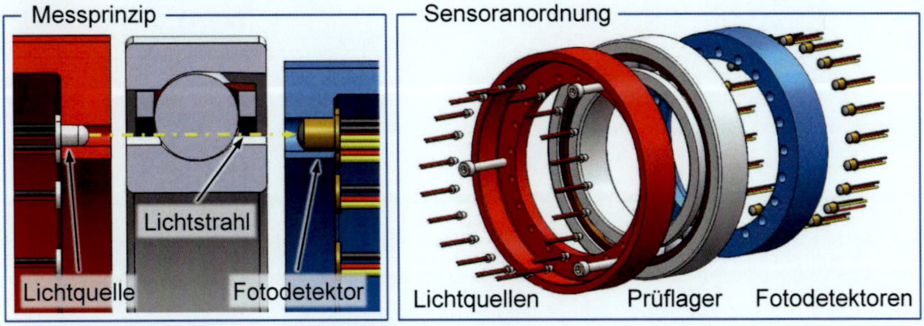

Bild 4.3: System zur Messung der Kugelpositionen
System to measure the ball positions

Zur Realisierung einer hohen Ortsauflösung der Kugelbewegung sind möglichst viele Sensoreinheiten, bestehend aus Lichtquelle und Fotodetektor, erforderlich. Die Anzahl der Sensoreinheiten wird dabei durch den Teilkreisumfang des Lagers begrenzt. Die Anzahl der Sensoreinheiten beträgt für die Prüflager der Baugröße 7014 (21 und 18 Kugeln) 21 und für das Prüflager der Baugröße 7016 (19 Kugeln) 38.

Für die Detektion einer Kugel wird die mittlere Zeit zwischen dem Ein- und Austritt der Kugel in den Lichtstrahl bestimmt (Bild 4.4). Dieser Mittelwert entspricht somit der Zeit, an dem sich der Kugelmittelpunkt an der Sensorposition (S 1 bis S 21), unabhängig auf welchem Teilkreisradius ein Sensor die Kugel abtastet, befindet. Diesem Zeitpunkt t_{Si} wird der Kugel die entsprechende Sensorposition zugeordnet. Somit liegen alle Informationen zur Beschreibung der Kugelbewegung vor. Für die Auswertung des zeitlichen Bewegungsverlaufs werden die Kugeln entlang der Sensorpositionen beobachtet. Am Beispiel von Kugel 1 (WK 1) wird diese fortlaufend von S 1 bis S 21 und erneut ab S 1 verfolgt.

In der nachgelagerten Auswertung erfolgt eine Interpolation der Kugelposition entlang der Sensorpositionen im Takt der analogen Messdaten, mit der beispielsweise die Verlagerungssensoren zur Bestimmung der Lagerlasten abgetastet werden. Die einfache und zweifache Ableitung der so ermittelten Kugelposition nach der Zeit liefert die Geschwindigkeit und die Beschleunigung der Kugeln um die Lagerachse.

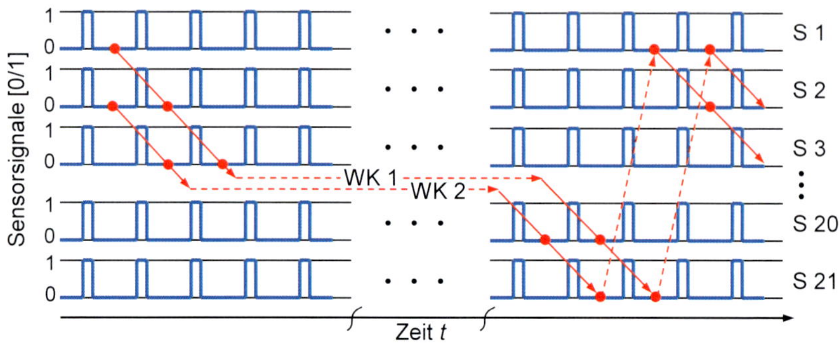

Bild 4.4: Beobachtung der Kugeln entlang der Sensorpositionen

Observation of the balls along the sensor positions

Durch die toleranzbehaftete Positionierung der Lichtquellen (Leuchtdioden) und der Fotodetektoren sowie deren interne Toleranzen weichen die realen Positionen von den gleichverteilten Soll-Positionen ab. Diese Fehlausrichtungen müssen durch einen geeigneten Referenzlauf ohne radiale Belastung erfasst und in der Auswertung berücksichtigt werden. Die Kugeln erfahren im Betrieb ohne radiale Belastung des Lagers keine signifikante Modulation ihrer Geschwindigkeiten. Bei einer idealen Ausrichtung der Sensoren müssen daher die Zeiten zwischen den Detektionen einer Kugel an aufeinander folgenden Sensoren identisch sein. Eine Abweichung der detektierten Zeit vom theoretischen Wert bei ideal verteilten Sensoren beschreibt die Fehlausrichtung des Sensors.

Für die Bestimmung der Fehlausrichtung ist die Betrachtung einer Kugel ausreichend. Zunächst wird in Gleichung (4.11) die mittlere Zeit $\bar{t}_m$ berechnet, welche die Kugel für die Bewegung zwischen zwei aufeinanderfolgenden Sensoren benötigt.

$$\bar{t}_m = \frac{1}{z_S - 1} \sum_{i=1}^{i=z_S-1} t_{Si+1} - t_{Si} \tag{4.11}$$

Aus dieser folgt die mittlere Winkelgeschwindigkeit $\bar{\omega}_K$ nach Gleichung (4.12).

$$\bar{\omega}_K = \frac{2\pi}{z_S} \cdot \frac{1}{\bar{t}_m} \tag{4.12}$$

Die Fehlausrichtung $\Delta\psi_{Si}$ von jedem Sensor wird mittels der gemessenen Zeiten t_{Si}, die der fortlaufenden Zeit einer Kugel entlang der Sensorpositionen entspricht, bestimmt. Hierbei werden die Fehlausrichtungen in Gleichung (4.13) aller Sensoren auf Sensor S 1 referenziert:

$$\Delta\psi_{Si} = (t_{Si} - t_{S1}) \cdot \bar{\omega}_K - \frac{2\pi}{z_S} \cdot (i - 1) \tag{4.13}$$

Die exakten Sensorpositionen entsprechen schließlich der Summe aus der idealen Sensorverteilung und der Fehlausrichtung:

$$\psi_{Si} = \frac{2\pi}{z_S} \cdot (i-1) + \Delta\psi_{Si} \tag{4.14}$$

Bild 4.5 zeigt links exemplarisch die gemessenen Abweichungen an den Sensorpositionen für vier Umläufe (R 1 bis R 4) einer Kugel um die Lagerachse. Die dargestellten Abweichungen entsprechen den Fehlausrichtungen der Sensoren, die auf den Teilkreis als Produkt aus $\Delta\psi_{Si}$ und $\frac{d_m}{2}$ projiziert sind. Rechts im Bild ist die korrigierte Abweichung einer Kugel (WK 1) für etwa 25 Käfigumdrehungen über der Zeit dargestellt. Die Ergebnisse zeigen, dass die Bewegung der Kugeln über mehrere Käfigumdrehungen reproduzierbar erfasst wird und bestätigen die Funktionsfähigkeit der Korrekturmethode. Messungen weisen die Eignung des Systems bis zur Maximaldrehzahl des verwendeten Prüfstandes von 30.000 1/min für die Prüflager mit 90 mm Teilkreisdurchmesser unter Öl-Luft-Minimalmengenschmierung nach.

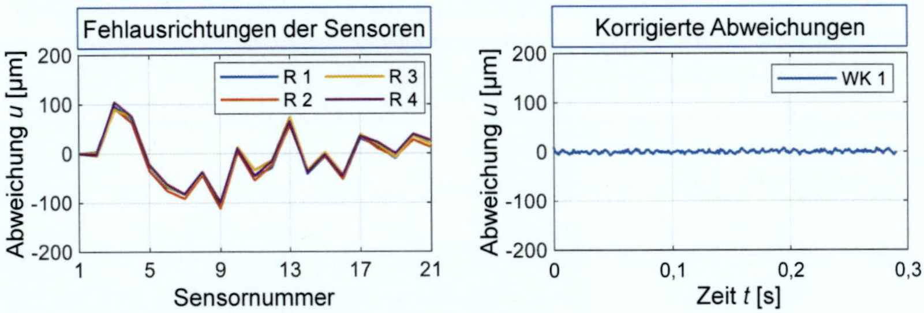

Bild 4.5: Korrektur der Sensor Fehlausrichtung

Correction of the sensor misalignment

Die Genauigkeit des Systems beruht auf der Abweichung zwischen der tatsächlichen Zeit einer Kugel an der Sensorposition und der gemessenen Zeit, welche um die Schaltverzögerung der gesamten Messkette verzögert ist. Der verwendete Sensor vom Typ SFH551/1-1 der Firma Avago Technologies Fiber weist maximale Schaltzeiten zwischen optischem Eingang und elektrischem Ausgang für das Einschalten t_{phl} = 120 ns und für das Ausschalten t_{plh} = 270 ns auf [AVAG07]. Die maximale Verzögerung der Eingänge der Datenerfassungskarte vom Typ NI 9401 der Firma National Instruments beträgt für steigende und fallende Flanken $t_{rs,Di}$ = 100 ns [NATI23]. Die größte Abweichung liegt vor, wenn der Einschaltvorgang ohne Verzögerung stattfindet und der Ausschaltvorgang mit der Summe aus t_{plh} und $t_{rs,Di}$ maximal verzögert wird. Aufgrund der Mittelwertbildung zwischen der erfassten Ein- und Ausschaltzeit (vgl. Bild 4.4) beträgt der mögliche Fehler 185 ns. Dies entspricht einem Fehler von etwa 9 µm für das Prüflager mit 90 mm Teilkreisdurchmesser bei einer Drehzahl von 24.000 1/min. Unter der Annahme gleichbleibender Sensor- und Hardwareeigenschaften werden diese Verzögerungen mit dem Prüflauf zur Ermittlung der Sensor-Fehlausrichtungen erfasst und kompensiert. Die relative Bewegung jeder Kugel innerhalb des Kugelsatzes unterliegt somit nicht dem Einfluss abweichender Schaltzeiten, was die korrigierten Abweichungen in Bild 4.5 bestätigen.

Die diskrete Erfassung der Kugeln an den Sensorpositionen führt systembedingt zu einer begrenzten Ortsauflösung und Dynamik beziehungsweise Bandbreite bei der Messung der Kugelbewegung. Die Bandbreite beschreibt hierbei den Verlauf der Geschwindigkeitsänderung zwischen zwei Sensoren, der insbesondere unter dynamischer Belastung einen verstärkt nichtlinearen Charakter aufweisen kann.

Die erreichbare Auflösung der Kugelposition wird durch die Abtastfrequenz der Sensorsignale bestimmt. Die Abtastfrequenz beträgt 40 MHz und entspricht der Grundfrequenz des verwendeten Field Programmable Gate Array (FPGA). Für das Prüflager mit 90 mm Teilkreisdurchmesser resultiert eine Positionsauflösung von 1,2 µm bei einer Drehzahl von 24.000 1/min. Die erreichbare Genauigkeit und Auflösung liegen unter 1 % des maximal möglichen KvKn von etwa 1.100 µm für die Prüflager.

Die Abschätzung der zulässigen Bandbreite des Messsystems erfolgt anhand des Shannon-Abtasttheorems. Das Theorem besagt, dass die Abtastfrequenz mindestens dem Zweifachen der zu messenden Signalfrequenz betragen muss, um das Signal exakt rekonstruieren zu können [SHAN49]. Unter der Annahme einer harmonischen Modulation der Kugelbewegung infolge einer dynamischen Belastung beschreibt die Anzahl der Modulationen je Käfigumdrehung die Signalfrequenz. Die Anzahl der Sensoren ist daher das Äquivalent zur Abtastfrequenz. Somit darf die Anzahl der Modulationen je Käfigumdrehung nicht größer als die halbe Anzahl der Sensoren sein, um das Abtasttheorem zu erfüllen. Die Drehzahl selbst hat keinen Einfluss auf die erfassbare Modulationsfrequenz der Kugelbewegung. Am Beispiel des Aufbaus für das Prüflager der Baugröße 7014 mit 21 Sensoren ergibt sich eine maximale Anzahl von etwa 4,5 Modulationen je Innenringumdrehung. Somit können dynamische Belastungen bis zur vierfachen Wellendrehfrequenz untersucht werden. Dies erlaubt dem Einsatz vierschneidiger Werkzeuge im Prozess.

4.1.3 Radiale Käfigbewegung

Radial Cage motion

Die Messung der Käfigdrehzahl und damit der Kugelsatzdrehzahl mit optischen Messsystemen ist bekannt, vgl. Kapitel 2.4. Bei diesem Verfahren dienen auf der Stirnseite des Käfigs radial angeordnete Hell-Dunkelfelder als Maßverkörperung, welche von einem Reflexionssensor abgetastet werden. Aus dieser Information kann die Drehzahl beziehungsweise die inkrementelle Drehwinkellage des Käfigs errechnet werden.

Zur Messung der orbitalen Position des Käfigs, also dessen radiale Auslenkung im Lager, wurde ein System auf Basis optischer Sensoren entwickelt, die inkrementell nach dem Reflexionsverfahren arbeiten. Dieses Prinzip findet beispielsweise in Linearmaßstäben zur Messung der linearen Position Verwendung. Auf dem Käfig wird hierzu stirnseitig ein Maßstab aufgebracht. Bild 4.6 zeigt die Maßverkörperung, welche aus konzentrisch angeordneten, reflektierenden und nicht reflektierenden Kreisen besteht. Die Inkremente der Maßverkörperung und damit die Messrichtung sind somit in radialer Richtung angeordnet. Eine zentrische Drehung des Käfigs bewirkt keine Signaländerung.

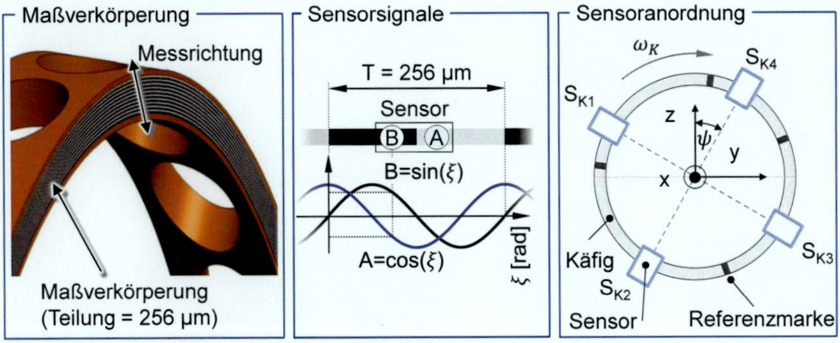

Bild 4.6: Messung der radialen Käfigbewegung
Measuring of the radial cage motion

Das Trägermaterial des Maßstabes besteht aus Polycarbonat mit einer Materialstärke von 0,8 mm. Das Gewicht des Käfigs von Lager L 2.1 (Tabelle 3 in Kapitel 6.1) erhöht sich durch die Applikation des Maßstabes mit einer Masse von 1,71 g um 8,5 %. Der Einfluss ist daher gering im Vergleich zu anderen Verfahren [ARYA22].

Jeder Sensor trägt zur Richtungserkennung zwei Leseköpfe, die bezogen auf die Teilung des Maßstabs um 90° phasenverschoben sind. Wird der Sensor entlang der Inkremente verschoben, generieren die Leseköpfe in Abhängigkeit der Position die ebenfalls um 90° phasenverschobenen Signale *A* und *B*. Diese entsprechen dem Cosinus beziehungsweise dem Sinus der aktuellen Messposition innerhalb der Teilung T, die über den Phasenwinkel ξ definiert ist:

$$\xi = \tan^{-1} \cdot \left(\frac{B}{A}\right) \tag{4.15}$$

Die Verlagerung u wird schließlich über T bestimmt:

$$u = T \cdot \xi / 2\pi \tag{4.16}$$

Das Sensorkonzept sieht vier dieser Sensoren im Abstand von 90° zueinander vor. Zur Berechnung der Käfigbewegung in der x-y-Ebene werden die Daten der jeweils gegenüberliegenden Sensoren gemittelt und auf die Hauptachsen in die y- und z-Richtung projiziert:

$$\begin{aligned} y_K &= \frac{u_{K4} + u_{K2}}{2} \cdot \cos(\psi_{S,K4}) \\ z_K &= \frac{u_{K3} + u_{K1}}{2} \cdot \cos(\psi_{S,K3}) \end{aligned} \tag{4.17}$$

Auf dem Maßstab sind überlagert radiale Referenzmarken zur Messung der Drehwinkellage des Käfigs eingebracht, die eine Störung der kreisförmigen Maßverkörperung darstellen. Werden die Referenzmarken von einem Sensor überstrichen, entsteht eine starke, eindeutig detektierbare Signalstörung. Der Winkelabstand zwischen den ersten beiden Referenzmarken beträgt 36°, alle weiteren Abstände betragen 108°. Die spezifische, ungleichmäßige Anordnung der Marken ermöglicht die Berechnung der absoluten Winkellage des Käfigs. Zur selben Zeit erfasst maximal ein Sensor eine Referenzmarke. Dies führt zu einem Muster, welches die Interpolation der Käfigrotation mit 20 Stützstellen je Käfigumdrehung ermöglicht.

Die Positionierung beim Aufkleben des Maßstabs auf den Käfig unterliegt stets Abweichungen, sodass der Maßstab einen Lauffehler zum Käfigmittelpunkt aufweist. Dieser Fehler würde die gemessene Bewegung des Käfigs signifikant beeinflussen und muss korrigiert werden. Analog zum Vorgehen bei der Messung der Wellenverlagerung wird der Lauffehler initial eingemessen und bei der Auswertung berücksichtigt. Zur Bestimmung des Fehlers wurde der Käfig auf einem Rundtisch aufgenommen und der Rundlauf am äußeren Führungsbord mechanisch ausgerichtet. Die unter Rotation gemessene Abweichung mit dem optischen Sensor ist der Lauffehler des Maßstabes bezogen auf die Käfiggeometrie. Über die radialen Markierungen wird dieser Fehler auf die absolute Winkelposition des Käfigs referenziert. Die Lauffehler werden durch eine Mittelwertbildung über mehrere Käfigumdrehungen berechnet und liegen für die Korrektur der Messdaten in der Auswertung als Kennfeld vor.

Die Validierung des Messsystems und der Rundlauffehlerkorrektur erfolgt über die Hauptspindel einer Fräsmaschine. Die Spindel nimmt den Käfig am Außendurchmesser in einem Werkzeug auf und versetzt diesen in Rotation. Stirnseitig tastet ein Sensor, der auf dem Maschinentisch befestigt ist, den Maßstab ab. Die Maschinenachsen bilden eine bekannte Relativbewegung zwischen Sensor und Käfig ab, die in diesem Fall einer Schrittweite von 10 µm folgt. Bild 4.7 zeigt die unkorrigierte u_{roh}, sowie die korrigierte Verlagerung u_{korr}. Die Schrittweite von 10 µm wird präzise erfasst und die Amplitude des verbleibenden Rauschanteils beträgt weniger als 5 µm. Die Ergebnisse bestätigen die Eignung des Messsystems und die Wirksamkeit der Korrektur.

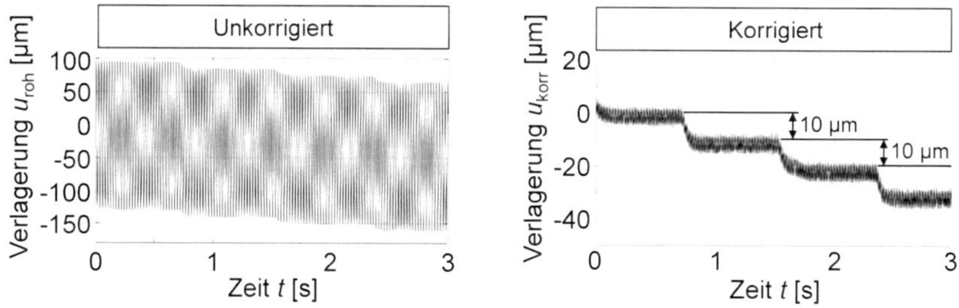

Bild 4.7: Korrektur des Lauffehlers zwischen Käfig und Maßstab

Compensation of the runout-error between cage and scale

Fazit der entwickelten Messsysteme

Es wurden Systeme zur Messung der Lagerlasten über die Messung der relativen Verlagerung der rotierenden Spindelwelle zum Gehäuse, der orbitalen Kugelbewegung und der radialen Käfigbewegung entwickelt und aufgebaut. Die Kopplung dieser Messgrößen ermöglicht es erstmals, detaillierte Analysen der Kugelbewegung bei bekannten Lagerlasten unter beliebigen statischen und dynamischen Belastungen durchführen zu können. Die hohe Integrierbarkeit dieser Systeme erlaubt deren Integration in Prüfstände, ohne den Betriebs- und Einbauzustand der Lager zu verändern. Die erarbeiteten Ergebnisse beantworten somit die erste und zweite der in Kapitel 3 formulierten Forschungsfragen.

4.2 Prüfstandstechnik

Test rig technology

Die Untersuchung von Spindellagern mit den aufgeführten Messmethoden erfolgt auf Prüfständen unter statischer und dynamischer Belastung sowie unter realen Lastbedingungen in Fräsmaschinen während der Zerspanung. Hierzu wird auf je einem Prüfstand die elastische und starre Lageranstellung realisiert. In den entsprechenden Maschinenversuchen kommen in den Hauptspindeln Prüflager vom gleichen Typ und gleicher Anstellungsart wie in den Prüfstandsversuchen zum Einsatz. Diese Spindeln decken die Bereiche der HSC-Zerspanung unter hohen Drehzahlen und der HPC-Zerspanung unter geringen Drehzahlen und hohen Kräften ab.

4.2.1 Lagerprüfstand mit elastischer Lageranstellung für hohe Drehzahlen

Bearing test rig with elastic bearing arrangement for high speeds

Die Untersuchung der Lagerlasten mit elastischer Anstellung erfolgt auf Basis eines Prüfstandskonzepts, dass von FALKER entwickelt wurde [FALK20] und nachfolgend als Prüfstand 1 bezeichnet wird. Das Prinzip gleicht dem Aufbau einer fremdgetriebenen Spindel mit einer Maximaldrehzahl von 30.000 1/min für ein Prüflager der Baugröße 7014. Die Prüf- und Stützlager sind in Analogie zum Einsatz der Lager in einer Hauptspindel in einem rotationssymmetrischen Gehäuse aufgenommen, sodass thermisch bedingte, asymmetrische Verformungen reduziert werden. Bild 4.8 und Bild 4.9 zeigen den gesamten Prüfstand und die Details im Bereich des Prüflagers.

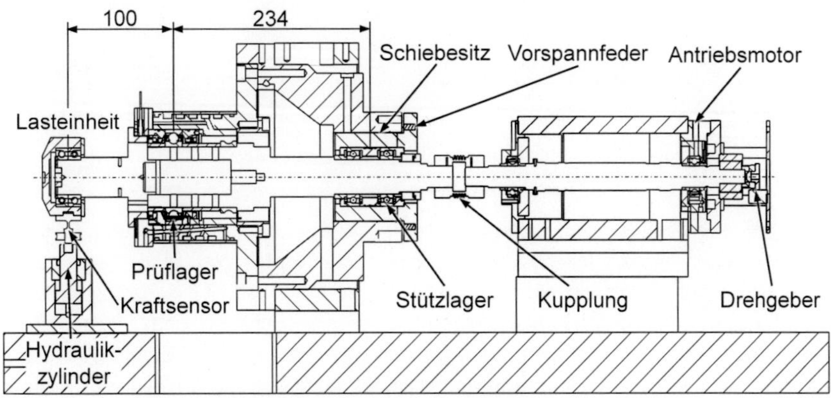

Bild 4.8: Lagerprüfstand mit elastischer Lageranstellung

Bearing test rig with elastic bearing arrangement

Das ursprüngliche axiale Belastungssystem mit drei hydraulischen Einschraubzylindern, die auf die Schiebebuchse der Loslagerseite wirken, wurde gegen Druckfedern ausgetauscht. Somit ist eine gleichmäßige axiale Belastung sichergestellt und das Risiko des Verklemmens der Schiebebuchse wird reduziert. Die Vorspannkraft wird über die Anzahl der Federn im Bereich von 538 N bis 2.150 N eingestellt.

Um ein Abheben des Prüflagerinnenrings von der Welle unter hohen Drehzahlen zu vermeiden, beträgt das Übermaß der Welle am Lagersitz 24 µm. Eine Mantelkühlung um die Prüflagerbuchse temperiert das Prüflager über den Außenring. Dessen Temperatur wird über ein in den Lagersitz eingelassenes Kupferelement erfasst. Die Schmierung des Prüflagers erfolgt axial mittels Öl-Luft-Minimalmengenschmierung, wobei das überschüssige Öl an der Unterseite abgesaugt wird.

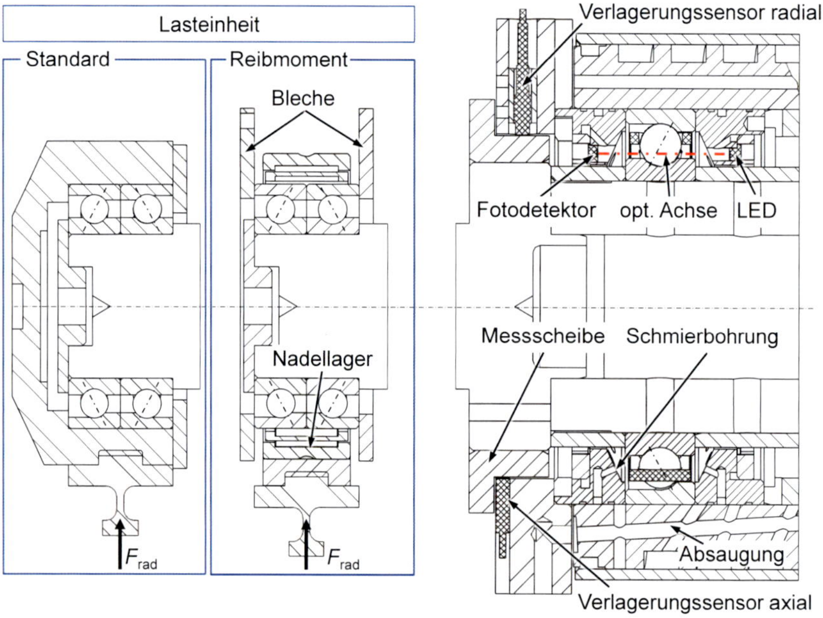

Bild 4.9: Detailansichten der Lasteinheiten und der Messsysteme

Detail views of the load units and the measuring systems

Die radiale Belastung des Prüflagers erfolgt in Analogie zur Belastung in einer Hauptspindel fliegend über ein an die Welle angeflanschtes Werkzeug, das nachfolgend als Lasteinheit bezeichnet wird. Das Prüflager erfährt somit gleichzeitig eine Radialkraft und ein Biegemoment beziehungsweise eine Schiefstellung. Insbesondere eine Schiefstellung scheint die Lagerkinematik signifikant zu beeinflussen [KAKU64]. Die Kraft wird von einem Hydraulikzylinder erzeugt und über die Lasteinheit, die über ein Spindellagerpaket die Drehung der Welle entkoppelt, in die rotierende Welle eingeleitet. Ein Kraftsensor auf Basis von Dehnmessstreifen zwischen Hydraulikzylinder und Lasteinheit erfasst die wirkende Kraft, die als Prozessgröße zur Kraftregelung zurückgeführt wird. Die maximale Radialkraft an der Lasteinheit beträgt 3.000 N, was einer radialen Belastung am Prüflager von ca. 4.500 N entspricht [BREC20].

Das Verlagerungsmesssystem (Kapitel 4.1.1), bestehend aus je drei axial und radial messenden Sensoren, erfasst die Verlagerung der rotierenden Spindelwelle relativ zum Gehäuse als Maß für die wirkende Belastung auf das Prüflager. Die axiale und radiale Messfläche auf der rotierenden Welle werden durch eine auf das Werkzeug aufgeschrumpfte Messscheibe aus Aluminium erwirkt (Bild 4.9). Die Sensoren sind entsprechend im Gehäusedeckel befestigt. Die Messung der rotatorischen Position der Welle beziehungsweise der Drehzahl erfolgt mit einem Zahnradgeber. Diese Informationen sind für die Kompensation der mechanischen und elektrischen Lauffehler der Messflächen und die präzise Analyse der Lagerkinematik notwendig.

Das System zur Messung der Kugelbewegung besteht aus 21 Fotodetektoren und gegenüberliegend angeordneten Leuchtdioden (LED). Die Detektoren und LED sind in die Ringe vor und hinter dem Prüflager integriert. Deren optische Achse liegt zwischen dem Innenring und dem Käfig.

In einer weiteren Konfiguration ermöglicht der Prüfstand das belastungsabhänge Reibmoment des Prüflagers zu erfassen. Hierzu wird zwischen der Prüfwelle und dem Motor ein Drehmomentsensor montiert, der das gesamte Drehmoment des Stütz- und Prüflagers sowie der Lasteinheit erfasst. Das Reibmoment der Lasteinheit muss für die isolierte Betrachtung des Prüflagers erfasst und kompensiert werden. Hierzu wälzen die Außenringe der Lager der Lasteinheit in einem Nadellager ab. Die Radialkraft wird über ein Koppelelement auf den Außenring des Nadellagers aufgebracht. Durch diese zusätzliche Entkopplung können die Außenringe der Spindellager der Lasteinheit frei drehen, ohne dass die Radialkraft eine Stütze darstellt. Ein Kraftsensor stützt das Drehmoment über die seitlichen Bleche ab, die fest mit den Lageraußenringen verspannt sind. Somit ist das Reibmoment der Lasteinheit bekannt und kann bei der Auswertung des Reibmomentes des Prüflagers berücksichtigt werden.

Zur dynamischen Belastung des Prüflagers werden zwei vorgespannte, piezoelektrische Stapelaktoren verwendet (Bild 4.10). Die Aktoren eignen sich für die präzise Abbildung hochfrequenter Kraftsignale. Der nutzbare Frequenzbereich ist stark von der geforderten Kraftamplitude und den dynamischen Eigenschaften der zu belastenden Struktur abhängig. Im Rahmen der experimentellen Untersuchungen (Kapitel 6.6.2) konnten Frequenzen von bis zu 600 Hz bei einer Kraftamplitude von 500 N abgebildet werden. Aufgrund des geringen Stellweges piezoelektrischer Stapelaktoren von etwa 1 ‰ der Aktorlänge, der bei den verwendeten Aktoren etwa 120 µm beträgt, müssen diese in Kraftrichtung mit hoher Steifigkeit an den Prüfstand angebunden werden [BREC17c]. Dies reduziert die Stellwegverluste durch die Verformung der im Kraftfluss liegenden Bauteile und erhöht das Nutzsignal für die dynamische Belastung. Zur steifen Abstützung am Gehäuse sind die Aktoren um 90° zueinander versetzt in einem Vorsatzkopf befestigt, der stirnseitig mit dem Prüflagerflansch verschraubt ist.

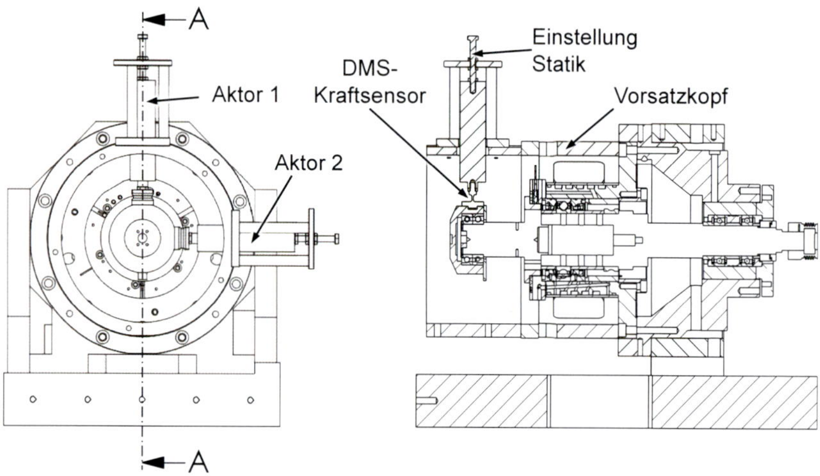

Bild 4.10: Prüfstandskonfiguration für dynamische Belastungen

Test rig configuration for dynamic loads

Die Anbindung an die Lasteinheit erfolgt durch Festkörpergelenke, die zur Kraftmessung mit DMS bestückt sind. Die Gelenke weisen eine hohe Steifigkeit in Kraftrichtung von 1.500 N/µm auf und sind zur Entkopplung von Scherkräften auf die Aktoren quer zur Lastrichtung biegeweich [FEY20]. Ein weiterer Vorteil der Ankopplung über die Festkörpergelenke ist die Möglichkeit, Zug- und Druckkräfte spielfrei einzuleiten. Dies ermöglicht die Abbildung von beliebigen dynamischen Kraftprofilen mit stationären und umlaufenden Belastungen. Der statische Kraftanteil wird über ein Gewinde am hinteren Ende der Aktoren eingestellt. Bild 4.11 zeigt den aufgebauten Prüfstand in der Standard-Konfiguration mit hydraulischem Zylinder und in der Konfiguration mit den piezoelektrischen Aktoren.

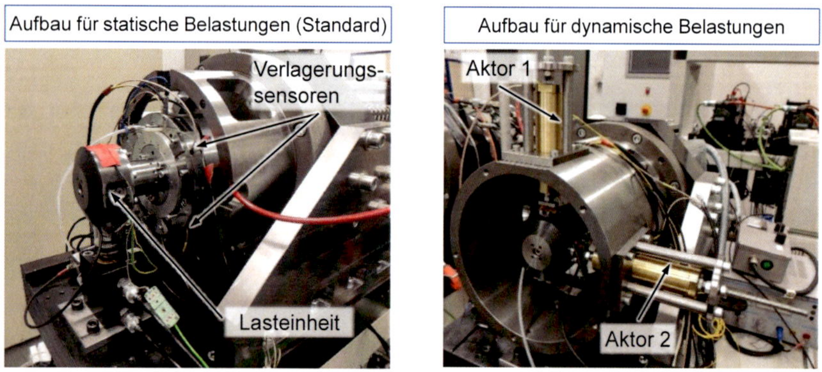

Bild 4.11: Prüfstandsaufbau für die statische und die dynamische Belastung

Test rig setup for the static and the dynamic load

4.2.2 Lagerprüfstand mit starrer Lageranstellung für hohe Lasten

Bearing test rig with rigid bearing arrangement for high loads

Der Wellenaufbau für den Prüfstand mit der starren Lageranstellung, der nachfolgend als Prüfstand 2 bezeichnet wird, entspricht dem aus einem Bearbeitungszentrum mit fremdgetriebener Spindel (Bild 4.12). Somit kann das Betriebsverhalten der Lager mit der gleichen Welleneinheit detailliert auf dem Prüfstand und im Prozess untersucht werden. Das werkzeugseitige Lager der Baugröße 7016 (Prüflager) ist über eine äußere und eine auf der Welle sitzende innere Distanzhülse gegen das hintere Lager der Baugröße 7014 starr angestellt. Die Gehäusekühlung erfolgt durch eine Umspülung der äußeren Distanzhülse. Die maximale Drehzahl beträgt 10.000 1/min.

Die Messtechnik und Aktorik entsprechen grundlegend den Systemen des Prüfstandes mit der elastischen Lageranstellung. Die Prüflagergröße ermöglicht es, 38 Fotodetektoren zur Messung der Kugelbewegung zu verwenden, was der zweifachen Kugelanzahl entspricht. Ergänzend kann das System zur Messung der Käfigbewegung (Kapitel 4.1.3) installiert werden.

Im Rahmen des IGF-Vorhabens 18900 N DYNALAST wurden zwei dieser Prüfstände aufgebaut, um das Ausfallverhalten der Spindellagerung unter dynamischer Belastung zu erforschen. Die dynamische Langzeitbelastung erfolgt mit Kurvenscheibenerregern, die im Rahmen des Projekts entwickelt wurden. Bei diesem System treibt ein zusätzlicher Servomotor eine Kurvenscheibe an, auf der eine mit Blattfedern aufgehängte Gegenrolle abrollt. Die Bewegung der Gegenrolle wird in die Lasteinheit eingeleitet und bewirkt aufgrund der anliegenden Steifigkeit eine dynamische Belastung. Die statische Kraftkomponente wird über einen im Kraftfluss liegenden Hydraulikzylinder eingestellt und zusätzlich mit Tellerfedern vorgespannt, um ein Abheben der Gegenrolle von der Kurvenscheibe zu verhindern (Bild 4.12). [FEY20]

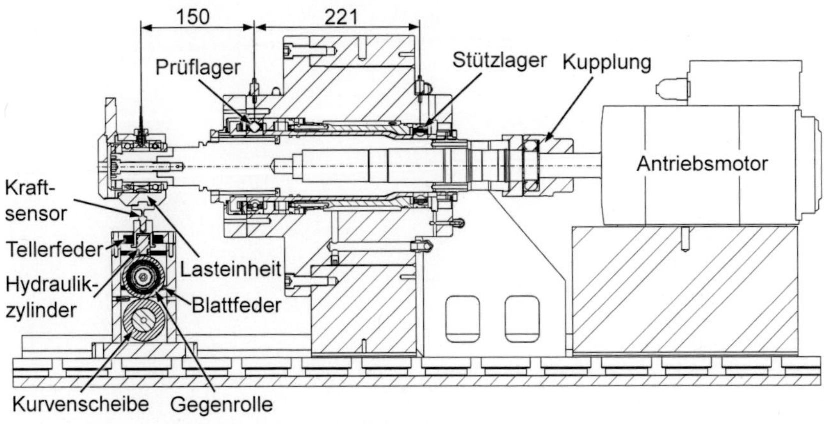

Bild 4.12: Lagerprüfstand mit starrer Lageranstellung

Bearing test rig with rigid bearing arrangement

Für die aufgeführten Prüfstände wurde eine Software in LabVIEW entwickelt, welche die Prüfstandsteuerung, Datenverarbeitung und Datenspeicherung beinhaltet. Die Hardware vom Typ cRIO der Firma National Instruments basiert auf einem echtzeitfähigen Linux Computer mit FPGA, der einen eigenständigen und sicheren Betrieb der Prüfstände ermöglicht. Die Datenerfassung, die Korrektur der Rundlauffehler und die Vorverarbeitung der Digitalsignale der Kugelmessung erfolgen auf dem FPGA. Dabei werden die Digitalsignale im Takt des FPGA mit 40 MHz abgetastet und auf die Schaltzeitpunkte reduziert, bei denen die Kugeln den Lichtstrahl abschatten beziehungsweise freigeben. Für die dynamischen Messungen ist eine präzise Synchronisierung der Kräfte und Verlagerungen als kontinuierliche Analogsignale mit äquidistanten Signalabstand mit den diskontinuierlichen Schaltzeitpunkten der Kugelsensoren erforderlich. Zur Synchronisierung dient ein softwareseitig erzeugter Zeitkanal im Takt der analogen Messdaten, der zu Beginn einer Messung simultan zum Zähler für die Schaltzeitpunkte zurückgesetzt wird.

Die Kraftregelung der piezoelektrischen Aktoren wird durch die Totzeit beziehungsweise die Phasenverschiebung zwischen dem Steuersignal und dem Leistungsausgang der Verstärker erschwert. Daher erfolgt die Kraftregelung nicht im Zeitbereich, sondern frequenzdiskret [FEY20]. Hierzu wird das Kraftsignal in den Frequenzbereich transformiert und die Amplituden der geforderten Frequenzanteile bestimmt. Ein PI-Regler gleicht die Amplituden frequenzdiskret dem Soll-Signal an, die abschließend wieder in ein Zeitsignal transformiert und dem Verstärker bereitgestellt werden.

5 Methoden zur Bestimmung der Lagerlasten

Methods for determining the bearing loads

Dieses Kapitel stellt die Berechnungsmethoden zur Analyse und Beschreibung der wirkenden Lagerlasten unter statischen und dynamischen Belastungen vor. Drei Schritte gliedern das Vorgehen. Im ersten Schritt erfolgt die Ermittlung der auf das Lager wirkenden Belastung auf Basis der gemessenen, kraftbedingten Verlagerung der Welle. Der nächste Schritt umfasst die Berechnung der Druckwinkel und Normalkräfte in den Wälzkontakten mit den bekannten Belastungen. Im letzten Schritt werden die auf die Kugel wirkenden Kräfte sowie deren Geschwindigkeiten bestimmt und die Belastung des Käfigs infolge der Interaktion mit den Lagerkomponenten berechnet.

5.1 Lagerlast auf Basis der gemessenen Wellenverlagerung

Bearing load based on the measured shaft displacement

Die Bestimmung und Analyse der wirkenden Lagerlasten setzen die Kenntnis der Kräfte voraus, die auf das Welle-Lager-System einwirken. Diese sind insbesondere in Fräsprozessen häufig unzureichend bekannt. Daher wird die gemessene Verlagerung der Spindelwelle (Kapitel 4.1.1) zur Bestimmung der Lagerlasten verwendet.

Die relative Einfederung zwischen dem inneren und äußeren Lagerring definiert die Belastung des Lagers. Diese Einfederung entspricht der Verlagerung der Spindelwelle relativ zum Gehäuse in der Lagerstelle. Für beliebige Lastzustände müssen die linearen Verlagerungen u_x, u_y und u_z sowie die Rotationen r_x und r_y im Spindel-Koordinatensystem bekannt sein (vgl. Bild 4.1). Die Messung dieser Verlagerungen kann nicht direkt im Lager, sondern nur in einem Messpunkt mit möglichst geringem axialem Abstand erfolgen. Dies erfordert die Projektion der gemessenen radialen Verlagerungen und Rotationen auf die Lagerstelle nach dem in Bild 5.1 skizzierten Prinzip.

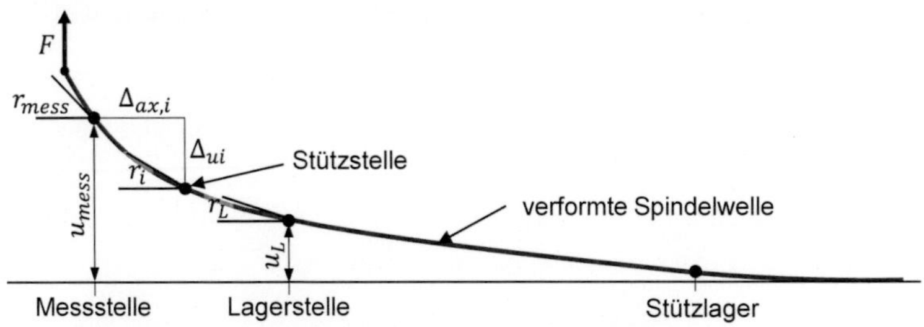

Bild 5.1: Projektion der gemessenen Verlagerung auf die Lagerstelle

Projection of the measured displacement onto the bearing

Die skizzierte dynamische Projektion berücksichtigt neben der statischen Verformung die frequenzabhängigen Schwingformen der Spindelwelle. Hierzu werden die Rotationen in den axialen Stützstellen zwischen der Messstelle sowie der Lagerstelle berechnet. Dies erfolgt nach Gleichung (5.1) durch die Multiplikation im Frequenzbereich der

Übertragungsfunktionen $G_{r,i/r,mess}$ mit der gemessenen Rotation in der Messstelle R_{mess}. $G_{r,i/r,mess}$ beschreibt die Übertragungsfunktion zwischen der Rotation in der jeweiligen Stützstelle bezogen auf die Messstelle und bildet sich drehzahl- sowie werkzeugspezifisch für eine vorgegebene Krafteinleitungsstelle aus. Die Berechnung von $G_{r,i/r,mess}$ erfolgt daher über das Verhältnis aus $G_{r,i/F}$ und $G_{r,mess/F}$, also der jeweiligen Rotation bezogen auf die radiale Belastung am Werkzeug. Die Rücktransformation in den Zeitbereich mittels inverser FFT (iFFT) führt zu den Rotationen in den Stützstellen und in der Lagerstelle. Die radiale Verlagerung in der Lagerstelle errechnet sich nach Gleichung (5.2) durch die sukzessive Addition der relativen Verlagerung zwischen zwei Stützstellen, ausgehend von der gemessenen Verlagerung in der Messstelle. Die Methode wird getrennt in den beiden radialen Richtungen angewendet.

$$R_i(j\omega) = G_{r,i/r,mess}(j\omega) \cdot R_{mess}(j\omega) \xrightarrow{iFFT} r_i(\mathrm{t}) \tag{5.1}$$

$$u_L = u_{mess} + \sum_{i=1}^{i=n-1} \tan\frac{(r_{i+1} + r_i)}{2} \cdot \Delta_{ax,i} \tag{5.2}$$

Bei bekannten Prozesskräften kann alternativ die Belastung in der Lagerstelle analog zum Vorgehen nach Gleichung (5.2) berechnet werden. Hierzu müssen die Übertragungsfunktionen zwischen der Kraft am Werkzeug und der Einfederung in der Lagerstelle bekannt sein [FEY20]. Die ermittelte Einfederung in der Lagerstelle bildet schließlich die Basis für die Berechnung der im Lager wirkenden Belastungen.

5.2 Kontaktnormalkräfte und Druckwinkel

Contact normal loads and contact angles

Mit der Software Mesys Wälzlagerberechnung erfolgt basierend auf den Methoden der quasistatischen Wälzlagerberechnung die Ermittlung der Lastverteilung und Druckwinkel im Lager [MESY22]. Die Software stellt eine externe Schnittstelle bereit, über die der effiziente Lösungsalgorithmus genutzt werden kann. Die Lastverteilung ist nach FOORD und GUPTA unempfindlich gegenüber Geschwindigkeitsänderungen der Kugel und damit unempfindlich gegenüber der gewählten Kugelführung [FOOR06]; [GUPT20], sodass für die Berechnungen der Lastverteilung die Außenringkugelführung (ARF) verwendet wird.

5.2.1 Bestimmung des Betriebsdruckwinkels und der Innenringtemperatur

Determination of the operating contact angle and the inner ring temperature

Ausgehend vom Fertigungsdruckwinkel α_0 bildet sich der Einbaudruckwinkel α_1 durch die Passungen in den Lagersitzen sowie durch die axiale Vorspannung aus. Die äußeren und inneren Druckwinkel sind für alle Kugeln identisch. Unter dem Einfluss von äußeren Lasten, Temperaturen und der Drehzahl stellt sich der Betriebsdruckwinkel α_2 spezifisch für jeden Kugel-Ring-Kontakt ein. Bei hohen Drehzahlen und Belastungen baut sich eine Druckwinkelschere zwischen dem inneren und äußeren Kontakt auf, sodass die Angabe eines mittleren Druckwinkels nicht zulässig ist.

Die Analyse der Lagerkinematik setzt präzise bekannte Druckwinkel im Betrieb voraus, die dem Einfluss der Einbau- und Betriebssituation unterliegen. Die gesamte Wirkkette zur Bestimmung des Betriebsdruckwinkels unterliegt daher einer Vielzahl von Fertigungstoleranzen und Einflussfaktoren aus dem Betrieb. Insbesondere die Temperatur des inneren Lagerrings ist häufig nicht bekannt.

Die in Kapitel 4.1.2 vorgestellten Systeme messen präzise die Winkelgeschwindigkeit des Käfigs auf Basis der gemessenen Kugelpositionen sowie die Winkelgeschwindigkeit der Welle. Diese Messgrößen ermöglichen es, den Einbau- beziehungsweise den Betriebsdruckwinkel bei geringer Drehzahl unter der Annahme gleicher Druckwinkel am inneren und äußeren Kontakt zu bestimmen. Die Grundlage bildet Gleichung (5.3) zur Berechnung der Käfigwinkelgeschwindigkeit bei bekanntem Druckwinkel [BREC17a]. Alternativ führt Gleichung (2.19) unter der Voraussetzung $\alpha_{AR} = \alpha_{IR}$ zum gleichen Ergebnis.

$$\omega_k = \frac{\omega_{IR}}{2} \cdot \left(1 - \frac{2 \cdot r_w}{d_m} \cdot \cos\alpha_1\right) \tag{5.3}$$

Gleichung (5.4) liefert schließlich den Einbaudruckwinkel, die in patentierten Verfahren basierend auf Schwingungsmessungen [HIRO99] oder optischen Messmethoden [VITO11] Anwendung findet.

$$\alpha_1 = \cos^{-1}\left(\left(1 - \frac{2 \cdot \omega_k}{\omega_{IR}}\right) \cdot \left(\frac{d_m}{2 \cdot r_{WK}}\right)\right) \tag{5.4}$$

Unter der Voraussetzung einer homogenen und bekannten Lagertemperatur sowie einer geringen Prüfdrehzahl entspricht der so ermittelte Betriebsdruckwinkel in guter Näherung dem Einbaudruckwinkel, der eine Bestimmung des Fertigungsdruckwinkels bei bekannten Überdeckungen an den Lagersitzen zulässt. Hierzu wird der Druckwinkel um den vom Hersteller angegebenen Fertigungsdruckwinkel variiert und die entsprechende Käfigwinkelgeschwindigkeit ω_K berechnet (Bild 5.2). Die Interpolation in diesem Kennfeld bei der gemessenen Käfigwinkelgeschwindigkeit $\omega_{K,mess}$ führt zu dem tatsächlichen Fertigungsdruckwinkel.

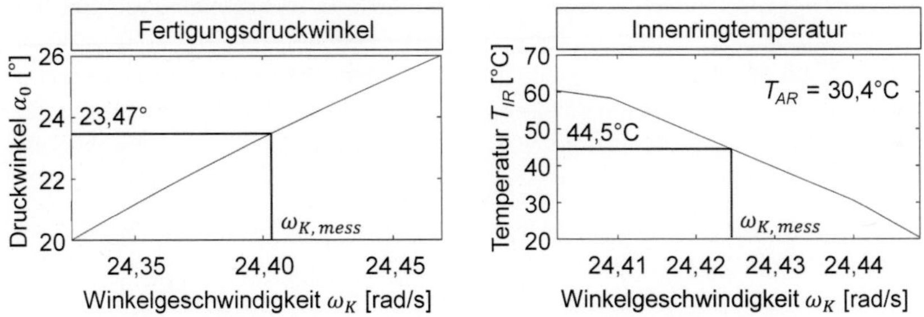

Bild 5.2: Bestimmung des Fertigungsdruckwinkels und der Innenringtemperatur
Estimation of the manufacturing contact angle and the inner ring temperature

Die wesentliche Anwendung von diesem Verfahren liegt in der Bestimmung der Temperatur des Lagerinnenrings im thermischen Beharrungszustand. Hierzu wird ein Warmlauf mit der geforderten Stufendrehzahl durchgeführt. Anschließend wird die Welle auf die Prüfdrehzahl von 500 1/min abgebremst und die Käfig- und Wellendrehzahl gemessen. Durch die kurze Abbremszeit verändert sich der thermische Zustand der Lagerkomponenten nur geringfügig, der sich für die Stufendrehzahl eingestellt hat. Somit kann mit Gleichung (5.4) der thermisch bedingte Betriebsdruckwinkel berechnet werden. Die für diesen Druckwinkel zugrundeliegende Innenringtemperatur wird erneut mit einem Kennfeld, bei dem T_{IR} variiert und ω_K berechnet wird, durch Interpolation bei $\omega_{K,mess}$ bestimmt. Bild 5.2 zeigt das Vorgehen nach einem Warmlauf bei einer Drehzahl von 15.000 1/min. Die so ermittelte Übertemperatur ΔT zwischen Innen- und Außenring nach Gleichung (5.5) fließt in die Auswertung der Messungen drehzahlspezifisch ein.

$$\Delta T = T_{IR} - T_{AR} \tag{5.5}$$

5.2.2 Berechnung der Druckwinkel und der Kontaktnormalkräfte

Calculation of the contact angles and the contact normal forces

Die Berechnung der Druckwinkel und der Kontaktnormalkräfte erfordert die Lösung des vollständigen Lagermodells in jedem Zeitschritt für zeitkontinuierliche Analysen. Hierzu werden die auf Basis der gemessenen Wellenverlagerung ermittelten Verlagerungen in der Lagerstelle auf das Lagermodell aufgeprägt. Die gemessene axiale Verlagerung muss für die Berechnung um den Anteil durch die axiale Vorspannung sowie der kinematischen, drehzahlspezifischen Verlagerung korrigiert werden. Für jeden Zeitschritt werden somit die Belastung und die aktuellen Kugelpositionen berücksichtigt. Als Ergebnis stehen die Druckwinkel und Normalkräfte für jede einzelne Kugel für die weiteren Analysen zur Verfügung.

5.3 Kinematik und Kinetik der Kugel

Kinematic and kinetic of the ball

Ein grundlegendes Gebiet der technischen Mechanik zur Beschreibung von Bewegungen ist die Dynamik, welche die Teilgebiete der Kinematik und der Kinetik beinhaltet. Die Kinematik bildet die reine Bewegung eines Körpers ohne die Berücksichtigung von Kräften und Momenten ab. Die Kinetik beschreibt die Änderung der Bewegungsgrößen eines Körpers unter dem Einfluss von Kräften und Momenten und berücksichtigt dessen Massenträgheiten.

Zur Berechnung der Kugelkinematik für statische, stationäre Belastungen wurden zahlreiche Berechnungsverfahren entwickelt und experimentell für axiale Belastungen validiert [vgl. Kapitel 2.3.3]. Ein instationäres Bewegungsverhalten der Kugeln wird nicht berücksichtigt. Bereits unter dem Einfluss statisch wirkender Radialkräfte und Momentenlasten bildet sich über dem Lagerumfang ein instationärer Verlauf der Kugel-Orbitalgeschwindigkeit aus. Die benötigten Kräfte für diese Beschleunigungs- und

Verzögerungsvorgänge müssen über den inneren und äußeren Wälzkontakt sowie einen möglichen Kontakt zum Käfig bereitgestellt werden.

5.3.1 Kinematik im Schrägkugellager

Kinematic in the angular contact ball bearing

Die Kinematik der Kugel im Schrägkugellager ist geometrisch nicht eindeutig definiert, sondern unterliegt last- und schmierstoffabhängigen Einflüssen in den Wälzkontakten. Diese bestimmen die Lage der Wälzwinkelachse, die um den Winkel β zur Lagerachse geneigt ist und damit die Winkelgeschwindigkeiten der Kugel. Ergänzend zur makroskopischen Beschreibung der Kugelbewegung im Lager dient die Kinematik der Analyse der Relativgeschwindigkeiten in den Kontakten, die zur Berechnung der Schmierstoffeigenschaften notwendig sind.

Die Kugelbewegung beschreibt GUPTA mit einer Überlagerung der Bewegung des Wälzkörperschwerpunktes und der Drehbewegung des Wälzkörpers um dessen Schwerpunkt [GUPT75]. Hierzu werden das ortsfeste, relativ zum Referenzsystem verschobene, zylindrische Koordinatensystem (x, r, ψ) und das mitbewegte, kartesische Koordinatensystem (x^{WK}, y^{WK}, z^{WK}), dessen Ursprung O^{WK} im Kugelmittelpunkt liegt, eingeführt (Bild 5.3). Die Achse z^{WK} liegt auf der Verbindungsline zwischen den Ursprüngen der beiden Koordinatensysteme.

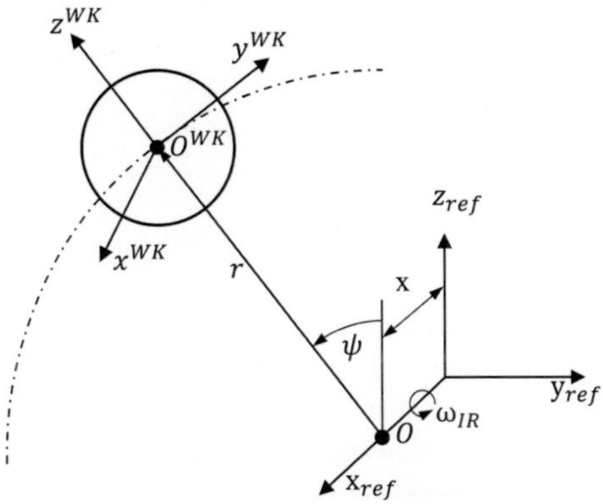

Bild 5.3: Koordinatensysteme im Kugellager. Nach [GUPT75]

Coordinate systems in the ball bearing. According to [GUPT75]

Die Beschreibung der makroskopischen Kugelgeschwindigkeiten erfolgt mittels Gleichung (2.19) und (2.20) unter Berücksichtigung der Geometrie aus Bild 2.6. Die Gültigkeit der Gleichungen beschränkt sich auf die Führung der Kugel ohne makroskopischen Schlupf, also einer schlupffreien Rollbewegung in den Momentanpolen. Die für die Beschleunigung der Kugel notwendigen Kräfte erfordern jedoch, unter der Voraussetzung eines trennenden Schmierfilms, eine Scherung des Schmierstoffes in den Kontakten zur Kraftübertragung. Der für diese Scherbewegung vorliegende Schlupf verändert die Kinematik der Kugel. Dieser wird in Gleichung (5.6) durch die

Schlupffaktoren s_{ω_K} und $s_{\omega_{WK}}$ der Winkelgeschwindigkeiten ω_K und ω_{WK} in Relation zur Kugelführung nach Gleichung (2.19) und (2.20) berücksichtigt. Die Korrekturfaktoren definieren eindeutig den makroskopischen Schlupf am inneren und äußeren Kontakt.

$$\begin{aligned} \omega_{K,s} &= \omega_K \cdot s_{\omega_K} \\ \omega_{WK,s} &= \omega_{WK} \cdot s_{\omega_{WK}} \end{aligned} \tag{5.6}$$

Die vom Schmierstoff übertragbare Kraft basiert sowohl auf der Kontaktpressung als auch auf den Oberflächen- und Relativgeschwindigkeiten der Kontaktpartner (vgl. Kapitel 2.3.4). Diese Werte variieren innerhalb der Kontaktzone und erfordern daher eine positionsabhängige Berechnung. Hierzu wird der Wälzkontakt in diskrete Felder mit jeweils konstanten Werten unterteilt. Die Winkel Φ und Θ adressieren diese Felder (Bild 5.4). Auf Basis des diskretisierten Wälzkontaktes formuliert ROSSAINT ein Modell zur Berechnung der jeweiligen Relativgeschwindigkeit und leitet daraus die lokalen Schmierstoffeigenschaften ab [ROSS13].

Im ersten Schritt werden die Oberflächengeschwindigkeiten auf der Kugel und den Laufbahnen, unter der Annahme einer ortsfest rotierenden Kugel in Anlehnung an die Überlegungen von HARRIS zur Herleitung der Kugelkinematik in Gleichung (2.19), bestimmt [HARR07a].

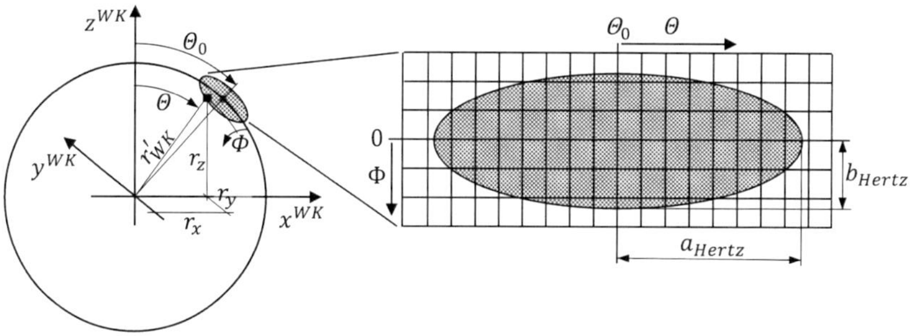

Bild 5.4: Diskretisierung der Kontaktellipse nach HERTZ. Nach [ROSS13]
Discretization of the contact ellipse according to HERTZ. According to [ROSS13]

Die Geschwindigkeiten auf der Kugeloberfläche errechnen sich nach Gleichung (5.7) vektoriell aus dem Kreuzprodukt der Kugelwinkelgeschwindigkeit $\vec{\omega}_{WK}$ und dem Abstand $\vec{r}$ zwischen Kugelmittelpunkt und Kontaktstelle. Der Abstandsvektor $\vec{r}$ beschreibt den auf das Kugel-Koordinatensystem projizierten deformierten Kugelradius r'_{WK} nach Gleichung (2.18) für jedes Flächenelement im Kontakt.

$$\begin{pmatrix} v_x^{WK} \\ v_y^{WK} \\ v_z^{WK} \end{pmatrix} = \begin{pmatrix} \omega_y^{WK} \cdot r_z - \omega_z^{WK} \cdot r_y \\ -\omega_x^{WK} \cdot r_z + \omega_z^{WK} \cdot r_x \\ \omega_x^{WK} \cdot r_y - \omega_y^{WK} \cdot r_x \end{pmatrix} \tag{5.7}$$

$$\begin{pmatrix} \omega_x^{WK} \\ \omega_y^{WK} \\ \omega_z^{WK} \end{pmatrix} = \omega_{WK} \cdot \begin{pmatrix} \cos(\beta) \cdot \cos(\beta') \\ \cos(\beta) \cdot \sin(\beta') \\ \sin(\beta) \end{pmatrix} \tag{5.8}$$

$$\begin{pmatrix} r_x \\ r_y \\ r_z \end{pmatrix} = r'_{WK} \cdot \begin{pmatrix} \sin(\theta) \\ -\cos(\theta) \cdot \sin(\phi) \\ \cos(\theta) \cdot \cos(\phi) \end{pmatrix} \tag{5.9}$$

Analog errechnen sich die Geschwindigkeiten am inneren und äußeren Lagerring:

$$\begin{pmatrix} v_x^{IR} \\ v_y^{IR} \\ v_z^{IR} \end{pmatrix} = \begin{pmatrix} 0 \\ -(\omega_{IR} - \omega_K) \cdot \left(\frac{d_m}{2} + r_z\right) \\ (\omega_{IR} - \omega_K) \cdot r_y \end{pmatrix} \tag{5.10}$$

$$\begin{pmatrix} v_x^{AR} \\ v_y^{AR} \\ v_z^{AR} \end{pmatrix} = \begin{pmatrix} 0 \\ \omega_K \cdot \left(\frac{d_m}{2} + r_z\right) \\ -\omega_K \cdot r_y \end{pmatrix} \tag{5.11}$$

Die Subtraktion der Geschwindigkeitsvektoren der Kugel- und Laufbahnoberfläche führt zum relativen Geschwindigkeitsvektor $\vec{v}_{rel}$ für jedes Flächenelement, der die Beschreibung der kinematischen Verhältnisse im Kontakt vervollständigt.

5.3.2 Reibung im EHD-Kontakt

Friction in the EHL-contact

Die Reibkraft für jedes diskretisierte Flächenelement innerhalb der Kontaktellipse errechnet sich aus dem Produkt des lokalen Reibwertes und der Normalkraft, die Gleichung (5.12) über die Pressung und die Elementgröße definiert. Gleichung (2.16) liefert die entsprechende Pressungsverteilung innerhalb der Kontaktellipse.

$$F_r = \mu \cdot \sigma \cdot dA \quad \text{mit} \quad dA = {r_{WK}}^2 \cdot d\Phi \cdot d\Theta \tag{5.12}$$

Reibmodelle für spindellagertypische Belastungen unter hohen Oberflächengeschwindigkeiten in einem weiten Pressungsbereich sind unzureichend verfügbar. Einen pragmatischen Ansatz für die Berechnung der lokalen Reibwerte in Abhängigkeit der Oberflächengeschwindigkeit, des Schlupfes sowie der Pressung leitet ROSSAINT durch Extrapolation verfügbarer Werte bei niedrigen Oberflächengeschwindigkeiten her [ROSS13]. Das Modell führt zu einer verbesserten Vorhersage der Kugelgeschwindigkeiten sowie der Lagerreibung unter statischer Axialbelastung und wird daher zur Beschreibung der Reibkräfte in den Wälzkontakten als prinzipiell geeignet angesehen und nachfolgend verwendet. Die Gleichungen (5.13) bis (5.16) beschreiben dieses Reibmodell, das qualitativ dem bekannten Verlauf aus Bild 2.10 folgt.

$$\mu = \mu_l \cdot S \tag{5.13}$$

$$\mu_l = a_1 + a_2 \cdot {a_3}^v + a_4 \cdot \sigma^{a_5} + a_6 \cdot v \quad \text{mit} \quad v = \frac{v_y^{IR/AR} + v_y^{WK}}{2} \tag{5.14}$$

$$S = \frac{b_1}{b_1 - b_2} \cdot e^{-b_2 \cdot s} - e^{-b_1 \cdot s} \tag{5.15}$$

$$s = \frac{\Delta v}{v} = \frac{\sqrt{(v_x^{rel})^2 + (v_y^{rel})^2 + (v_z^{rel})^2}}{v} = \frac{|\vec{v}_{rel}|}{v} \quad \text{mit} \quad v_y \gg v_x, v_z \tag{5.16}$$

Der Reibwert μ wird durch das Produkt aus dem maximalen Reibwert μ_l sowie dem schlupfabhängigen Reduktionsfaktor S bestimmt. Der maximale Reibwert μ_l, als Analogiegröße der Grenzschubspannung τ_l (Bild 2.9), ist eine Funktion der mittleren Oberflächengeschwindigkeit v sowie der Kontaktpressung σ. Der schlupfabhängige Reduktionsfaktor S berücksichtigt den relativen Schlupf s der Kontaktpartner. Die entsprechenden Konstanten fasst Tabelle 1 zusammen und Bild 5.5 stellt die Funktionen grafisch dar.

Tabelle 1: Parameter des Reibmodells [ROSS13]

Parameters of the friction modell [ROSS13]

a_1	a_2	a_3	a_4	a_5	a_6	b_1	b_2
0,02	0,02	0,8	0,003	0,33	-0,00025	0,004· σ	0,00001· σ

Die Parameter in Tabelle 1 basieren auf Messdaten bei einer Temperatur von 20 °C eines Esteröls mit einer kinematischen Viskosität $\nu_{40°C}$ von 23 mm/s². Aufgrund der Abweichung zum verwendeten Standard-Schmierstoff S 1.1 mit einer kinematischen Viskosität $\nu_{40°C}$ von 32 mm/s² (Tabelle 4) ist die Funktion als Musterfunktion zu verstehen, um das grundlegende Reibverhalten abzubilden.

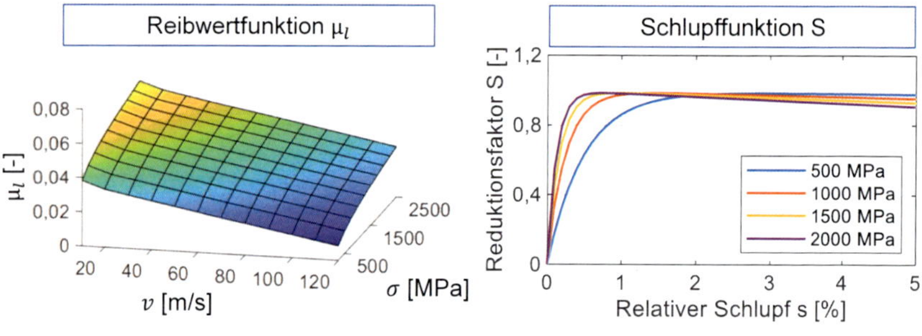

Bild 5.5: Visualisierung des EHD-Reibmodells. Nach [ROSS13]

Visualization of the EHD-friction model. According to [ROSS13]

Bei diesem Modell werden die Geometrien der Kontaktpartner nur indirekt über die Pressungen und Relativgeschwindigkeiten berücksichtigt. Eine Abbildung der Wechselwirkungen der Schmierstoffeigenschaften zwischen angrenzenden Flächenelementen erfolgt nicht. Komplexere Modelle, beispielsweise nach BADER, berücksichtigen die Schmierfilmhöhe und damit detaillierter die Kontaktgeometrien sowie den Einfluss der Schmierstoffeigenschaften benachbarter Flächenelemente [BADE18]. Die Vielzahl der benötigten Parameter, die für die verwendeten Schmierstoffe (Tabelle 4 in Kapitel 6.1) unzureichend bekannt sind, lässt die Anwendung mit den verfügbaren Daten nicht zu.

Das Integral der einzelnen Reibkräfte über die gesamte Kontaktellipse mit der Fläche A bildet die vollständige Reibkraft, die Gleichung (5.17) im Kugel-Koordinatensystem beschreibt.

$$\begin{pmatrix} F_{r,x}^{WK} \\ F_{r,y}^{WK} \\ F_{r,z}^{WK} \end{pmatrix} = \int_A \left(\frac{-F_r}{\sqrt{\left(u_{rel,x}^{WK}\right)^2 + \left(u_{rel,y}^{WK}\right)^2 + \left(u_{rel,z}^{WK}\right)^2}} \cdot \begin{pmatrix} u_{rel,x}^{WK} \\ u_{rel,y}^{WK} \\ u_{rel,z}^{WK} \end{pmatrix} \right) dA \tag{5.17}$$

Das Kreuzprodukt aus den Reibkräften und den effektiven Hebelarmen aus Gleichung (5.9) berechnet die auf die Kugel wirkenden Momente. Die Kräfte und Momente müssen jeweils für den inneren und äußeren Kontakt berechnet werden.

$$\begin{pmatrix} M_{r,x}^{WK} \\ M_{r,y}^{WK} \\ M_{r,z}^{WK} \end{pmatrix} = \int_A \begin{pmatrix} -F_{r,y}^{WK} \cdot r_z + F_{r,z}^{WK} \cdot r_y \\ F_{r,x}^{WK} \cdot r_z - F_{r,z}^{WK} \cdot r_x \\ -F_{r,x}^{WK} \cdot r_y + F_{r,y}^{WK} \cdot r_x \end{pmatrix} dA \tag{5.18}$$

5.3.3 Kinetik der beschleunigten Kugel

Kinetic of the accelerated ball

Beschleunigungsvorgänge der Kugel, also eine Änderung der translatorischen und rotativen Geschwindigkeiten, erfordern die Wirkung externer Kräfte und Momente. Die über den Schmierstoff übertragenen Schubspannungen im Wälzkontakt liefern die benötigten Kräfte und stellen das Kräfte- und Momentengleichgewicht an der Kugel her.

Die Methode der quasistatischen Wälzlagerberechnung (Kapitel 5.2) bilanziert die Kräfte in x- und z-Richtung sowie das Moment um die y-Achse. Die instationäre Bewegung erfordert zusätzlich die Berücksichtigung der Kräfte in y-Richtung sowie der Momente in der x-z-Ebene und deren Bilanzierung mit den Reibkräften und Reibmomenten.

Die innere, der Bewegung entgegengesetzte Kraft in y-Richtung $F_{tr,y}^{WK}$ entspricht nach Gleichung (5.19) dem Produkt aus der Kugelmasse und der Tangentialbeschleunigung des Kugelschwerpunktes entlang des Teilkreises. Gleichung (5.20) und (5.21) definieren die wirkenden Momente für den Beschleunigungsvorgang [GUPT75].

$$F_{tr,y}^{WK} = m_{WK} \cdot \frac{d_m}{2} \dot{\omega}_K \tag{5.19}$$

$$M_{tr,x}^{WK} = -J \cdot \dot{\omega}_x^{WK} \tag{5.20}$$

$$M_{tr,z}^{WK} = -J \cdot \left(\dot{\omega}_z^{WK} + \omega_y^{WK} \cdot \omega_K\right) \tag{5.21}$$

Für die nachfolgenden Berechnungen wird vereinfachend angenommen, dass sich das Kreiselmoment vollständig an den Kontakten abstützt, sodass β' zu Null wird [KOCH96]; [TÜLL99]; [WAGN17]. Hierdurch wird auch ω_y^{WK} zu Null und Gleichung (5.21) vereinfacht sich um den entsprechenden Term.

Mittels Kräftegleichgewicht in y-Richtung und Momentengleichgewicht um die Wälzwinkelachse lassen sich mittels Gleichung (5.22) bis (5.25) die bei der

Beschleunigung wirkenden Trägheitskräfte und -momente auf die Kräfte in y-Richtung am inneren $F^{WK}_{tr,y,i}$ und äußeren $F^{WK}_{tr,y,a}$ Kontakt reduzieren [SPEC02]. Bild 5.6 definiert die entsprechenden geometrischen Verhältnisse.

$$\sum F^{WK}_{tr,y} = F^{WK}_{tr,y,i} + F^{WK}_{tr,y,a} + F_m = 0 \tag{5.22}$$

$$\sum M_{tr,\omega_{WK}} = M^{WK}_{tr,x} \cdot \cos(\beta) - M^{WK}_{tr,z} \cdot \sin(\beta) + F^{WK}_{tr,y,i} \cdot r_i - F^{WK}_{tr,y,a} \cdot r_a = 0 \tag{5.23}$$

$$F^{WK}_{tr,y,i} = \frac{-M_{tr,x} \cdot \cos(\beta) + M_{tr,z} \cdot \sin(\beta) - F_m \cdot r_a}{r_i + r_a} \tag{5.24}$$

$$F^{WK}_{tr,y,a} = \frac{M_{tr,x} \cdot \cos(\beta) - M_{tr,z} \cdot \sin(\beta) - F_m \cdot r_i}{r_i + r_a} \tag{5.25}$$

Die Hebelarme der Kräfte r_i und r_a zur Momentenbildung um die Wälzwinkelachse liefern Gleichung (5.26) und (5.27). Die in y-Richtung im Schwerpunkt der Kugel wirkende Kraft F_m setzt sich nach Gleichung (5.28) aus der Trägheitskraft sowie einer optionalen Kontaktkraft zum Käfig F_K zusammen.

$$r_i = r_{WK} \cdot \cos(\alpha_i - \beta) \tag{5.26}$$

$$r_a = r_{WK} \cdot \cos(\beta - \alpha_a) \tag{5.27}$$

$$F_m = F^{WK}_{tr,y} + F_K \tag{5.28}$$

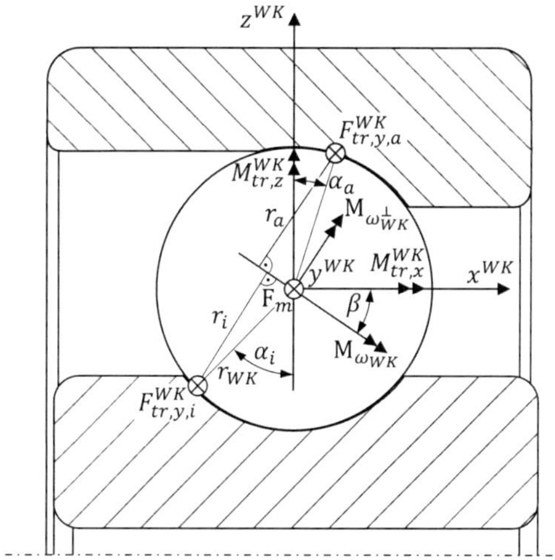

Bild 5.6: Kräfte und Momente an der Kugel. Nach [SPEC02]

Forces and moments on the ball. According to [SPEC02]

Zur vollständigen Bilanzierung ist ein weiteres Momentengleichgewicht in der x-z-Ebene erforderlich. Dieses wird um die Achse $\omega^{\perp}_{WK}$ senkrecht zur Wälzwinkelachse gebildet. Gleichung (5.29) bilanziert um $\omega^{\perp}_{WK}$ die für die Beschleunigung notwendigen Momente mit den wirkenden Reibmomenten.

$$\sum M_{\omega_{WK}^{\perp}} = \left(M_{tr,x}^{WK} + M_{r,x}^{WK}\right) \cdot \sin(\beta) + \left(M_{tr,z}^{WK} + M_{r,z}^{WK}\right) \cdot \cos(\beta) = 0 \quad (5.29)$$

5.4 Zeitvariante Berechnung

Time variant calculation

Die zeitvariante Lagerberechnung erweitert die robuste Kontaktberechnung quasistatischer Methoden um die Berücksichtigung transienter Kugelgeschwindigkeiten. Der Fokus liegt auf der Beschreibung der Kugelgeschwindigkeiten zur Berechnung des auftretenden KvKn. Den grundlegenden Berechnungsablauf zeigt Bild 5.7.

Ausgehend von einer bekannten Belastung des Lagers durch die Verlagerung des Innenrings, den Startwerten für die Kugelpositionen ψ_{WK} und deren initiale Wälzwinkel β_{init}, werden die Druckwinkel und Normalkräfte in den Wälzkontakten mit den Methoden der quasistatischen Berechnung bestimmt (Kapitel 5.2).

Im nächsten Abschnitt erfolgt die Bestimmung der Kugelgeschwindigkeiten sowie des Wälzwinkels. Der Berechnung liegt die Annahme zugrunde, dass bei einem vollständig trennenden Schmierfilm Relativgeschwindigkeiten in den Kontakten zur Übertragung von Reibkräften notwendig sind [ROSS13]. Die Reibkräfte am inneren und äußeren Kontakt bestimmen den Wälzwinkel und das Beschleunigungsvermögen der Kugel. Unter der Annahme eines zu vernachlässigenden Gier-Wälzwinkels β' definieren ω_K, ω_{WK} und β eindeutig nach Gleichung (2.19) und (2.20) die Kugelgeschwindigkeiten und damit die Relativgeschwindigkeiten am inneren und äußeren Kontakt zur Berechnung der übertragbaren Reibkräfte.

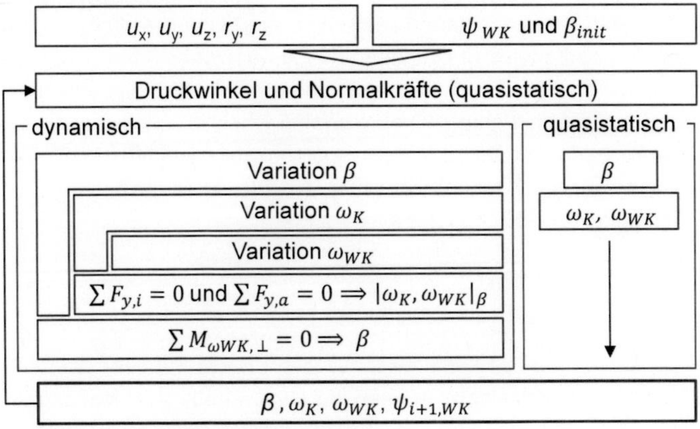

Bild 5.7: Berechnungsablauf der Kugelkinematik
Calculation process of the ball kinematic

Änderungen von ω_K, ω_{WK} und β führen zu Geschwindigkeitsänderungen der Kugel und damit zu Trägheitskräften und -momenten, die im Gleichgewicht zu den Reibkräften in den Wälzkontakten stehen müssen. Die Lösung dieses analytisch nicht direkt lösbaren Problems erfolgt daher durch eine Variation von ω_K, ω_{WK} und β um deren Startwerte im aktuellen Zeitschritt. Die Winkelgeschwindigkeiten ω_K und ω_{WK} werden über die Schlupffaktoren in Gleichung (5.6) variiert. Für jede Kombination dieser Parameter werden die entstehenden Beschleunigungen sowie die Reibkräfte bestimmt.

Im ersten Schritt werden für ein gegebenes β die Winkelgeschwindigkeiten ω_K und ω_{WK} variiert und die Kombination aus ω_K und ω_{WK} ermittelt, sodass die Kräftegleichgewichte in y-Richtung zwischen den erforderlichen Beschleunigungskräften nach Gleichung (5.24) und (5.25) und den Reibkräften in Gleichung (5.30) gleichzeitig am inneren und äußeren Kontakt erfüllt werden. Die gleichzeitige Erfüllung der Kräftegleichgewichte an beiden Kontakten liefert ein korrektes Verhältnis von ω_K und ω_{WK} für ein vorgegebenes β, das unabhängige Schlupfzustände in den Kontakten abbildet.

$$\sum F_{y,i}^{WK} = F_{tr,y,i}^{WK} + F_{r,y,i}^{WK} = 0 \wedge \sum F_{y,a}^{WK} = F_{tr,y,a}^{WK} + F_{r,y,a}^{WK} = 0 \tag{5.30}$$

Zur Bestimmung von β wird das Moment um die Achse $\omega_{WK}^{\perp}$ nach Gleichung (5.29) für jede Variation von β mit dem entsprechenden Wertepaar aus ω_K und ω_{WK} verwendet. Innerhalb der Variationen von β wird das β gesucht, welches das Momentengleichgewicht herstellt. Somit sind alle Größen zur Beschreibung der Kugelkinematik bekannt. Abschließend werden die Kugelpositionen $\psi_{WK,ti+1}$ mit Gleichung (5.31) für den nachfolgenden Zeitschritt unter Berücksichtigung der aktuellen Geschwindigkeit und des Zeitintervalls dt bestimmt.

$$\psi_{WK,ti+1} = \psi_{WK,ti} + \omega_K \cdot dt \tag{5.31}$$

Für die experimentelle Validierung der in Kapitel 2.3.3 aufgeführten Kugelführungsmethoden wird im Berechnungsablauf die jeweilige Wälzwinkelbestimmung anstelle der beschriebenen Vorgehensweise integriert und die Kugelgeschwindigkeiten berechnet. Das Vorgehen wurde in MATLAB umgesetzt und ermöglicht somit den effizienten Vergleich der verschiedenen Kugelführungsmethoden. Das Zeitintervall dt beträgt 0,02 ms entsprechend der Abtastrate der Analogsignale von 50 kHz. Die erarbeitete Methode wird in Kapitel 6.3 zur Beantwortung der dritten Forschungsfrage im Rahmen der experimentellen Untersuchungen angewendet.

5.5 Definition des KvKn

Definition of the KvKn

Der KvKn beschreibt die Differenz zwischen den Kugeln mit dem größten Vor- und Nachlauf im gesamten Kugelsatz. Ausgehend von den aus der Messung oder Rechnung bekannten Positionen jeder i-ten Kugel ψ_i werden diese im ersten Schritt durch die Subtraktion der Teilung normiert, Gleichung (5.32).

$$\psi_{norm,i} = \psi_i - \frac{2\pi}{z}(i-1) \tag{5.32}$$

Hieraus leitet sich die mittlere Position des Kugelsatzes ψ_{mean} nach Gleichung (5.33) ab.

$$\psi_{mean} = \frac{1}{z} \cdot \sum_{i=1}^{z} \psi_{norm,i} \tag{5.33}$$

Die absolute Abweichung jeder Kugel $\Delta\psi_{abs,i}$ von ihrer Soll-Position wird auf die mittlere Position des Kugelsatzes bezogen und beschreibt den jeweiligen winkelbezogenen Vor- und Nachlauf:

$$\Delta\psi_{abs,i} = \psi_{norm,i} - \psi_{mean} \tag{5.34}$$

Die absolute Abweichung gemessener Kugelpositionen umfasst Signalanteile, die für eine isolierte Analyse des kraftbedingten KvKn eliminiert werden müssen. Diese sind in Bild 5.8 exemplarisch für eine Kugel mit einer harmonischen Belastung mit 1 Hz im Prüfstand abgebildet. Durch die zufällige, initiale Ausrichtung der Kugeln liegt ein statischer Versatz zwischen den ideal gleichverteilten Kugeln und den tatsächlichen Positionen vor. Dies kann zu einem hohen, gleichbleibenden KvKn führen. Das um den Mittelwert $\overline{\Delta\psi}_{abs,i}$ korrigierte Signal $\Delta\psi_{mean,i}$ eliminiert diese Fehlausrichtungen:

$$\Delta\psi_{mean,i} = \Delta\psi_{abs,i} - \overline{\Delta\psi}_{abs,i} \tag{5.35}$$

Zusätzlich zu einer gleichbleibenden Abweichung der Kugelposition können niederfrequente Modulationen dieser Abweichungen auftreten. Diese Anteile sind nicht auf eine lastbedingte Ursache zurückzuführen, bei der die Modulation innerhalb jeder Käfigumdrehung stattfindet. Mittels Hochpassfilter wird dieser niederfrequente Anteil entfernt. Als Ergebnis liegt die gefilterte Abweichung $\Delta\psi_{filt}$ vor, die eine isolierte Analyse des kraftbedingten KvKn ermöglicht. Die Eckfrequenz des Hochpassfilters entspricht der halben Käfigdrehfrequenz.

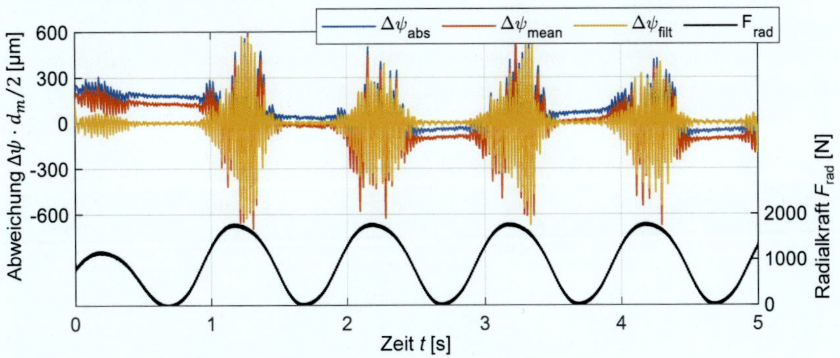

Bild 5.8: Abweichungen einer Kugel bei *n* = 6.000 1/min

Deviation of a ball at n = 6,000 1/min

Gleichung (5.36) definiert den auf den Teilkreis projizierten KvKn im gesamten Kugelsatz.

$$KvKn = (\max(\Delta\psi) - \min(\Delta\psi)) \cdot \frac{d_m}{2} \tag{5.36}$$

Die über den Teilkreisradius auf den Umfang projizierte Abweichung einer einzelnen Kugel ist durch Δu_{WK} definiert:

$$\Delta u_{WK} = \Delta\psi \cdot \frac{d_m}{2} \tag{5.37}$$

Für die Auswertung des KvKn unter statischer Belastung werden nachfolgend die Abweichungen $\Delta\psi_{filt}$ verwendet, um den lastbedingten Anteil isoliert zu bewerten.

5.6 Modelle zur Beschreibung der Käfigposition und -belastung

Models describing cage position and loading

Die Bewegung und Belastung des Käfigs wird durch dessen Interaktionen mit den Kugeln und im Fall eines ringgeführten Käfigs mit dem führenden Lagerring bestimmt. Die grundlegenden Interaktionen des Käfigs zeigt Bild 5.9 für einen außenringgeführten Käfig für eine Berechnung der Kugelführung nach der IRF und ARF.

Im lastfreien Ausgangszustand befindet sich der Käfig zentrisch im Lager und die Kugeln mittig in den Käfigtaschen. Unter radialer Belastung erfahren die Kugeln einen Vor- und Nachlauf relativ zu den Käfigtaschen. Unter hohem Vor- und Nachlauf verlagern sich die Kugeln um das halbe Käfigtaschenspiel und treten in Interaktion mit dem Käfig. Dieser wird schließlich durch die Normalkräfte F_n^{K-WK} zwischen Kugeln und Käfig um das Käfigführungsspiel verlagert, sodass sich die Kontaktnormalkraft F_n^{K-AR} zwischen Käfig und Außenring ausbildet. Die vor- und nachlaufenden Kugeln folgen jeweils dieser Verlagerung des Käfigs um das Käfigführungsspiel. Der maximal geometrisch mögliche KvKn entspricht daher der Summe aus Käfigführungs- und Käfigtaschenspiel. Die in den Käfig-Kugel- und Käfig-Außenring-Kontakten wirkenden Normalkräfte führen zu den tangential wirkenden Reibkräften F_t^{K-WK} und F_t^{K-AR}, welche die Kontaktstelle des Käfigs am Außenring relativ zur wirkenden Kraft verschieben. Die Abbildung zeigt weiter deutlich, dass je nach gewählter Kugelführung der Käfig eine abweichende Position im Lager einnimmt.

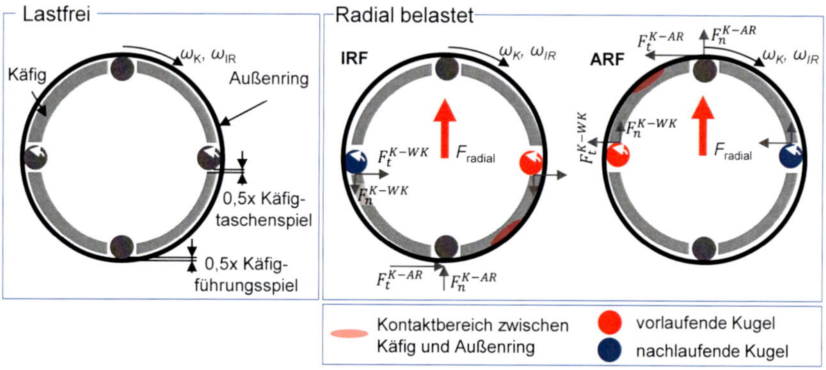

Bild 5.9: Interaktionen zwischen Kugeln, Käfig und Außenring

Interactions between balls, cage and outer ring

Zur Auswertung der Messungen kommt ein geometrisches Verfahren zum Einsatz, dass die Käfigposition auf Basis der gemessenen Kugelpositionen abschätzt. Dieses Verfahren ermöglicht es, den durch die Kugeln begrenzten Bewegungsspielraum des Käfigs anzuzeigen. Eine zweite Methode modelliert den Käfig als elastischen Körper mittels FEM zur Berechnung der Käfigbelastung. Dabei wird die globale Verformung des Käfigs durch die Kontakte zu den Kugeln und zum Außenring berücksichtigt. Beide Methoden modellieren einen außenringgeführten Käfig mit zylindrischen Taschen.

5.6.1 Starres Modell zur Abschätzung der Käfigposition

Rigid model to estimate the cage position

Die Methode zur Abschätzung der Käfigposition basiert auf bekannten Kugelpositionen, die als Ergebnis aus einer Messung oder Berechnung resultieren. Die grundlegende Annahme sieht vor, dass der Käfig im stationären Zustand durch die Kontakte mit den Kugeln in den Käfigtaschen einen Zustand einnimmt, in dem die inneren Spannungen durch die Kontaktbelastungen minimal sind. Hierzu wird der Käfig schrittweise innerhalb seines möglichen planaren Bewegungsfreiraums, dem Käfigführungsspiel, verlagert und die Durchdringungen mit den Kugeln in den jeweiligen Käfigtaschen bestimmt. Bild 5.10 zeigt die Geometrie für die Kontaktanalyse und verdeutlicht die inkrementelle Translation des Käfigs. Vollständigkeitshalber sind alle Koordinatensysteme dreidimensional dargestellt. Die betrachtete Käfigbewegung ist jedoch auf die Bewegung in der y-z-Ebene reduziert.

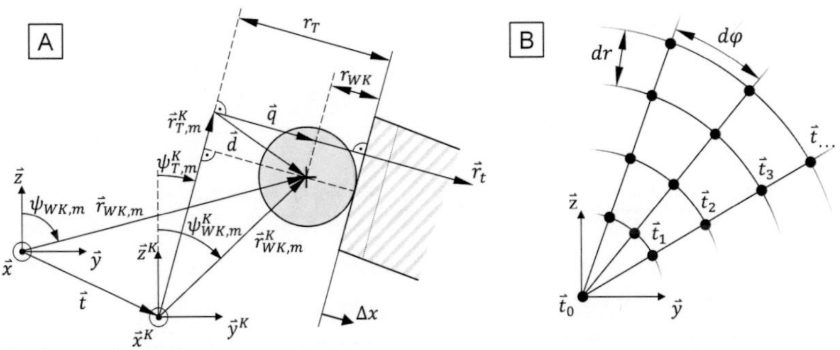

Bild 5.10: Geometrien zur Kontaktanalyse (A) und Translationen des Käfigs (B)

Geometries for the contact analysis (A) and translations of the cage (B)

Für jeden Kugelmittelpunkt ist der Winkel $\psi_{WK,m}^{\square}$ im Lager-Koordinatensystem bekannt. Daraus resultieren die Ortsvektoren $\vec{r}_{WK,m}^{\square}$ unter der Annahme, dass der Betrag von $\vec{r}_{WK,m}$ konstant bleibt und dem Radius des Teilkreises $d_m/2$ entspricht. Für die jeweilige Translation $\vec{t}$ des Käfigs sind somit auch alle Ortsvektoren der Kugelmittelpunkte $\vec{r}_{WK,m}^{K}$ im Käfig-Koordinatensystem bekannt:

$$\vec{r}_{WK,m}^{K} = \vec{r}_{WK,m}^{\square} - \vec{t} \tag{5.38}$$

Die Kugel mit dem maximalen Vorlauf (Index ref) bestimmt die initiale Lage des Käfigs. Hierzu wird der Käfig an dieser Kugel mit einer Durchdringung von $\Delta x = 0$ ausgerichtet. Es ergeben sich nach Gleichung (5.39) und (5.40) die Winkel der Kugel $\psi^K_{WK,m,ref}$ und der Käfigtasche $\psi^K_{T,m,ref}$ im Käfig-Koordinatensystem.

$$\psi^K_{WK,m,ref} = cos^{-1}\left(\frac{\langle \vec{z}^K, \vec{r}^K_{WK,m,ref} \rangle}{\left\|\vec{r}^K_{WK,m,ref}\right\|_2}\right) \tag{5.39}$$

$$\psi^K_{T,m,ref} = \psi^K_{WK,m,ref} - sin^{-1}\left(\frac{r_T - r_{WK}}{\left\|\vec{r}^K_{WK,m,ref}\right\|_2}\right) \tag{5.40}$$

Mithilfe von $\psi^K_{T,m,ref}$ lässt sich der erste Ortsvektor $\vec{r}^K_{T,m}$ bestimmen, da unter der Annahme eines starren Käfigs $\left\|\vec{r}^K_{T,m}\right\|_2$ für jede Käfigtasche dem mittleren Käfigradius entspricht. Die Ortsvektoren der weiteren Taschen werden durch ihre Teilung über den Käfigumfang bestimmt. Nach Bildung des Differenzvektors $\vec{d}$ in Gleichung (5.41) lässt sich der Betrag des Vektors $\vec{q}$ als Orthogonalprojektion von $\vec{d}$ auf den Tangentialvektor $\vec{r}_t$ berechnen.

$$\vec{d} = \vec{r}^K_{WK,m} - \vec{r}^K_{T,m} \tag{5.41}$$

Übersteigt die Länge von $\vec{q}$ das Käfigtaschenspiel im Radius, liegt eine Durchdringung zwischen der betrachteten Paarung von Kugel und Käfigtasche mit $\Delta x > 0$ vor:

$$\Delta x = \|\vec{q}\|_2 - (r_T - r_{WK}) \tag{5.42}$$

Die Wirkrichtung des Kontaktes ist der Bewegungsrichtung der Kugeln gleichgerichtet, falls die Determinante $\left|\left(\vec{r}^K_{WK,m} \quad \vec{r}^K_{T,m}\right)\right| > 0$ und entgegengerichtet, wenn $\left|\left(\vec{r}^K_{WK,m} \quad \vec{r}^K_{T,m}\right)\right| < 0$ ist.

Ausgehend von der initialen Käfigposition in der betrachteten Translation $\vec{t}_j$ wird $\psi^K_{T,m,ref}$ variiert, bis die Summe der Durchdringungen über alle n Kontakte im Kugelsatz $\sum|\Delta x_n|$ minimal wird. Die resultierende Belastung des Käfigs wird durch die mittlere Durchdringung $\frac{\sum|\Delta x_n|}{\text{Anzahl der Kontakte}}$ ausgedrückt. Diese iterative Minimierung wird für jedes $\vec{t}_j$ innerhalb des Käfigführungsspiels wiederholt. Das Ziel ist die minimale, gemittelte Durchdringung, die der Käfig für jede mögliche Translation $\vec{t}$ innerhalb des Käfigführungsspiels erfährt.

Das Ergebnis für einen Zeitschritt zur Bestimmung der möglichen Käfigposition ist in Bild 5.11 links gezeigt. Die Auswertung basiert auf der Kugelverteilung im rechten Bildteil, die unter dem Einfluss einer Radialkraft gemessen wurde. Die Darstellung der gemittelten Durchdringung erfolgt farblich abgestuft, als interpolierte Werte zwischen den diskreten Translationen. Jedes Feld beschreibt somit die gemittelte Durchdringung des Käfigs mit den Kugeln bei der betrachteten Translation (vgl. Bild 5.10). Als Stützpunkte wurden 3.541 Translationen innerhalb der Kreisfläche mit Schrittweiten von

dr = 5,83 µm und $d\varphi = \frac{\pi}{30}$ berechnet. Die orangene Begrenzung zeigt das Käfigführungsspiel c_{KF} an, innerhalb der sich der Schwerpunkt des starren Käfigs geometrisch aufhalten kann. Die erweiterte Darstellung über das Käfigführungsspiel hinaus, bis zur schwarzen, kreisförmigen Begrenzung, verbessert die Interpretierbarkeit der Ergebnisse in den Randbereichen.

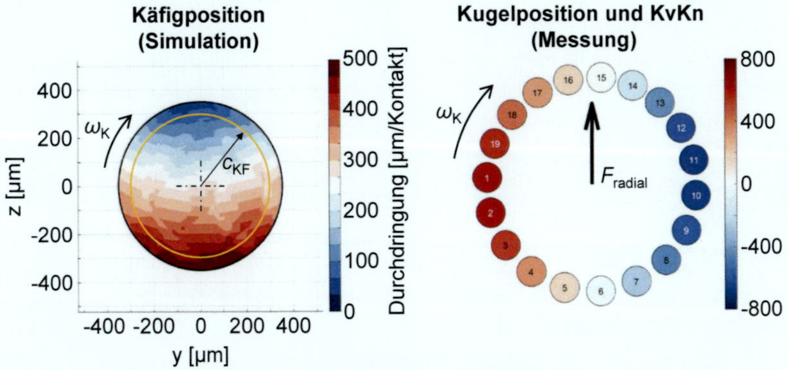

Bild 5.11: Exemplarische Analyse der Käfigposition auf Basis gemessener Kugelpositionen

Exemplary analysis of the cage position based on measured ball positions

Die Farbskalierung der Kugeln im rechten Bildteil zeigt deren Vor- beziehungsweise Nachlauf bezogen auf den mittleren Winkel des Kugelsatzes ψ_{mean} an. Im gezeigten Beispiel führen die vor- und nachlaufenden Kugeln zu einer Verschiebung des Käfigschwerpunktes überwiegend in positive z-Richtung. Die Bereiche mit minimaler Durchdringung (dunkelblaue Felder) sind physikalisch als wahrscheinliche Aufenthaltsorte des Käfigs mit minimalen inneren Spannungen zu interpretieren. Das Beispiel verdeutlicht, dass der Aufenthaltsort des Käfigs durch die Kugeln mit einem hohen KvKn stark eingeschränkt werden kann und dessen Schwerpunkt statisch verschoben wird. Eine gleichmäßigere Kugelverteilung würde größere Bereiche mit minimaler Durchdringung hervorrufen und damit den verbleibenden Bewegungsspielraum des Käfigs weniger stark einschränken.

5.6.2 Elastisches Modell zur Berechnung der Käfigbelastung

Elastic model to calculate the cage load

Die auf den Käfig wirkenden mechanischen und thermischen Lasten verändern dessen Geometrie und somit die Position und Form der Käfigtaschen. Diese Größen definieren, bei welchem Vor- und Nachlauf einer Kugel ein Kontakt zwischen Kugel und Käfigtasche auftritt und daher den geometrisch möglichen KvKn innerhalb des Kugelsatzes. Eine geschlossen analytische Berechnung ist aufgrund der zahlreichen Nichtlinearitäten, welche sich aus den Käfigführungs- und Käfigtaschenspielen sowie der nichtlinearen globalen Käfigsteifigkeit bei mehreren Kugelkontakten ergibt, nicht möglich. Daher wird für die Modellierung des Käfigs sowie dessen Interaktionen mit den Kugeln und dem Außenring ein statischer FEM-Ansatz gewählt. Eine dynamische Betrachtung erfolgt nicht, da der Einfluss hoher KvKn-Werte isoliert betrachtet werden soll. Nachfolgend werden der Modellaufbau, die Käfig-Kugel- und Käfig-Außenring-Kontakte sowie die iterative Berechnungsvorschrift im Detail vorgestellt.

Modellaufbau

Die Vernetzung des Käfigs erfolgt mittels viereckigen Scheibenelementen in zwei Freiheitsgraden in den radialen Richtungen y und z. Diese Vereinfachung der Käfigbewegung in der Lagerebene ist aufgrund der zu erwartenden, geringen axialen Bewegung [ARYA22] möglich und erfüllt die Anforderungen zur Analyse der Käfigbelastung bei ausgeprägtem KvKn. Die Rotation um die Lagerachse als dritten Freiheitsgrad in der Ebene wird durch die globale Verdrehung des Käfigs berücksichtigt.

Wie Bild 5.12 zeigt, schwächen die Taschen den Käfig um ΔB durch eine Reduktion auf die effektive Käfigbreite B_{eff}. Diese errechnet sich nach Gleichung (5.43) und (5.44) entlang des Käfigumfangs. Der Mittelwert von B_{eff} benachbarter Knoten Kn_i und Kn_{i+1} am Umfang definiert die Dicke der Scheibenelemente und damit die jeweilige Elementensteifigkeitsmatrix.

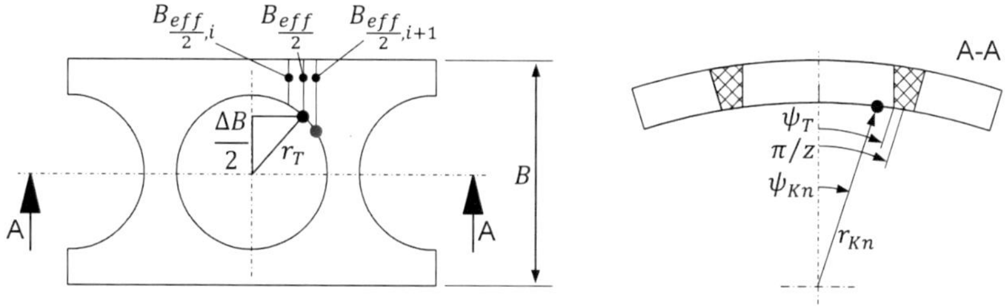

Bild 5.12: Geometrie zur Berechnung der effektiven Käfigbreite

Geometry to calculate the effective cage width

Die Elementsteifigkeitsmatrix der viereckigen Scheibenelementen mit vier Knoten weist die Dimension 8x8 auf und wird in beispielsweise [GRIF94] angegeben.

$$B_{eff}(\psi_{Kn}) = \begin{cases} B & |\psi_T| \leq |\psi_{Kn}| \leq \pi/z \\ B - \Delta B & |\psi_{Kn}| < |\psi_T| \end{cases} \tag{5.43}$$

$$\frac{\Delta B}{2} = \sqrt{r_T^2 - (\sin\psi_{Kn} \cdot \mathrm{r}_{Kn})^2} \tag{5.44}$$

Die Vernetzung des Käfigs erfolgt automatisch auf Basis der Käfiggeometrie, die durch den inneren und äußeren Durchmesser, die Breite sowie die Größe und Anzahl der Käfigtaschen definiert ist. Das Netz besteht aus Knoten an den Käfigtaschenstegen sowie innerhalb jeder Käfigtasche äquidistant verteilten Knoten. Die Knoten sind auf dem inneren und äußeren Käfigradius sowie auf dazwischenliegenden Radien angeordnet, wobei ein Radius dem halben Teilkreisdurchmesser entspricht (Bild 5.13). An die Knoten der Käfigtaschenstege auf dem Teilkreis werden die Kugeln gekoppelt. Aufgrund der zu erwartenden geringen Kräfte im Käfig-Kugel-Kontakt ist die Kopplung an einen Käfigknoten zulässig [KIEK17].

Für die Belastung unter Drehzahl wird die wirkende Fliehkraft F_F in jedem Knoten nach Gleichung (5.45) unter Berücksichtigung der Knotenmasse m_{Kn} bestimmt.

$$F_F = m_{Kn} \cdot r_{Kn} \cdot \omega_K^2 \tag{5.45}$$

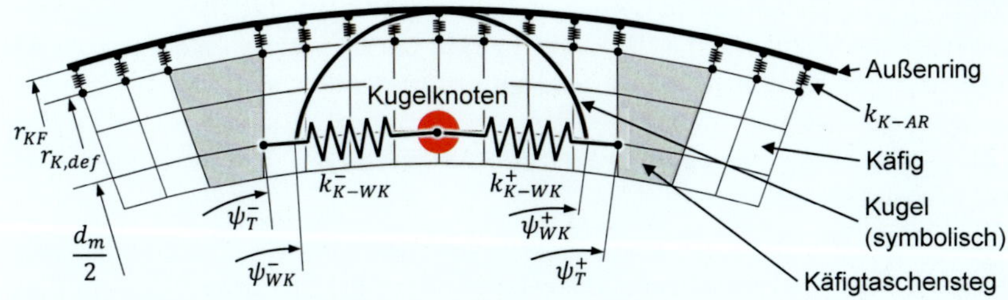

Bild 5.13: Käfigmodell und Geometrie zur Analyse der Käfigkontakte

Cage model and geometry to analyze the cage contacts

Die Berechnung des elastischen Käfigmodells erfolgt isotherm. Daher wird die thermische Dehnung des Käfigs vorab durch eine Anpassung auf den thermischen Käfigradius $r_{K,therm}$ in Gleichung (5.46) bestimmt, welche die Knotenpositionen temperaturabhängig definiert. Entsprechend wird die thermische Aufweitung des Führungsbords am Außenring berücksichtigt, die das Käfigführungsspiel beeinflusst.

$$r_{K,therm} = r_k \cdot (1 + \alpha_K \cdot \Delta T_K) \qquad r_{KF,therm} = r_{KF} \cdot (1 + \alpha_{AR} \cdot \Delta T_{AR}) \tag{5.46}$$

Tabelle 2 zeigt den Vergleich der berechneten, fliehkraftbedingten radialen Aufweitung des Käfigs am Führungsbord mit dem beschriebenen Verfahren, das in MATLAB implementiert wurde, sowie der nicht vereinfachten Käfiggeometrie mittels FEM. Die Berechnungen der nicht vereinfachten Käfiggeometrie erfolgten mit der kommerziellen FE-Software ANSYS. Als Materialkennwerte wurden ein E-Modul von 7.000 MPa sowie eine Dichte von 1.300 kg/m³ angenommen [ROTE15]. Die zugrundeliegende Käfigdrehzahl entspricht 43 % der Innenringdrehzahl. Die Ergebnisse zeigen eine Abweichung von maximal 4,7 % bezogen auf die Berechnung mit ANSYS. Die gute Übereinstimmung stellt die Basis für die Anwendung des Modells auf die Verformung des Käfigs durch einen ausgeprägten KvKn dar. Die Korrektur analytisch berechneter Aufweitungen durch Fliehkraft eines geschwächten Ringes mit empirischen Korrekturfaktoren entfällt [GROT18]; [ROSS13].

Tabelle 2: Fliehkraftbedingte Dehnung des Käfigs von Lager L 1.1

Centrifugal force-induced strain of the cage of bearing L 1.1

Geometrie					Berechnete radiale Aufweitung			
$r_{K,i}$ [mm]	$r_{K,a}$ [mm]	B [mm]	z [-]	r_T [mm]	Drehzahl [1/min]	12.000	24.000	36.000
45,25	49,00	17,40	21	6,25	MATLAB [µm]	6,5	26,2	59,0
					ANSYS [µm]	6,8	27,5	61,9
					Abw. [%]	4,4	4,7	4,7

Käfig-Kugel-Kontakte

Die Kugeln werden als zusätzliche Knoten in das Gesamtsystem eingefügt. Deren Verschiebung entspricht dem jeweiligen Vor- und -nachlauf auf dem Teilkreis. Die Kontakte zu den Käfigtaschenstegen werden durch Federn mit der Steifigkeit k_{K-WK} zwischen den Kugelknoten und den jeweiligen Knoten der Käfigstege definiert. Diese Steifigkeiten wirken normal zum Käfig-Kugel-Kontakt. Der tangentiale Anteil, welcher die Reibkraft in den Kontakten darstellt, wird als zusätzliche Kraft auf die Knoten der Käfigtaschenstege aufgeprägt. Aufgrund der zweidimensionalen Modellierung des Käfigs in der y-z-Ebene wird die Lage der Wälzwinkelachse, welche die Richtung der Reibkraft beeinflusst, nicht berücksichtigt.

Im Ausgangszustand, bei dem keine Kontakte vorliegen, wird k_{K-WK} mit einer geringen Steifigkeit von 1 N/m angenommen. Die Verwendung der Steifigkeit mit einem Wert größer Null im kontaktfreien Zustand gewährleistet ein statisch überbestimmtes System und damit eine stabile Berechnung. Im Fall eines detektierten Kontaktes wird die Steifigkeit erhöht.

Die Analyse der Kontakte erfolgt jeweils in vorlaufender ‚+' und nachlaufender ‚-' Richtung über die Winkellagen der Knoten der Käfigtaschenstege ψ_T^+ und ψ_T^- und die durch die Winkel ψ_{WK}^+ und ψ_{WK}^- definierte Kugelaußenkontur nach Gleichung (5.47). Die Kontaktanalyse nutzt die belastete, verformte Geometrie, sodass Änderungen der Käfigtaschengeometrie bei der Kontaktdetektion berücksichtigt werden.

$$\text{Kontakt} = \begin{cases} -1 & \psi_T^- \geq \psi_{WK}^- \\ 0 & \psi_T^- < \psi_{WK}^-,\ \psi_T^+ > \psi_{WK}^+ \\ 1 & \psi_T^+ \leq \psi_{WK}^+ \end{cases} \tag{5.47}$$

Die Steifigkeiten k_{K-WK}^+ und k_{K-WK}^- werden entsprechend der Kontaktdetektion geschaltet:

$$k_{K-WK}^+, k_{K-WK}^- = \begin{cases} 1 & k_{eff} & \text{Kontakt} = -1 \\ 1 & 1 & \text{Kontakt} = \ \ 0 \\ k_{eff} & 1 & \text{Kontakt} = \ \ 1 \end{cases} \tag{5.48}$$

Die effektive Kontaktsteifigkeit k_{eff} bildet sich, in Anlehnung an das Vorgehen von BOESIGER [BOES92], aus der Reihenschaltung der Stegsteifigkeit k_S und der Kontaktsteifigkeit k_H des Kugel-Zylinder-Kontaktes zwischen Kugel und Käfigtasche nach HERTZ, Gleichung (5.49).

$$k_{eff} = \left(\frac{1}{k_S} + \frac{1}{k_H}\right)^{-1} \tag{5.49}$$

Bild 5.14 zeigt für den Käfig von Lager L 1.1 die Verformung des Steges bei einer aufgeprägten Kontaktkraft und fixierten Stirnflächen. Die daraus resultierende Steifigkeit k_S im Kontaktbereich beträgt etwa 0,25 N/µm. Die Kontaktsteifigkeit k_H nach HERTZ ist im relevanten Kraftbereich etwa eine Zehnerpotenz größer, sodass k_S die effektive Kontaktsteifigkeit dominiert.

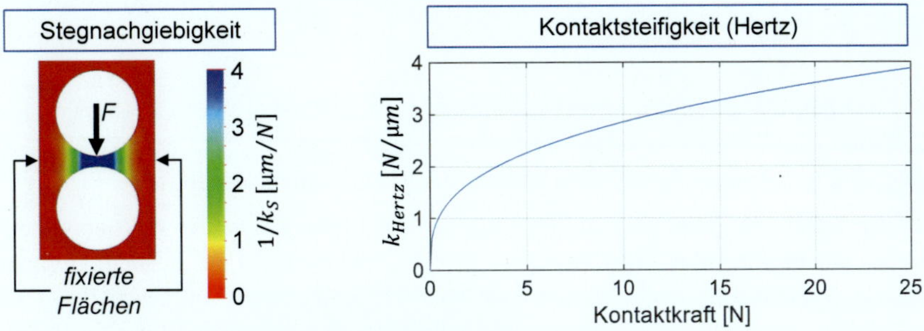

Bild 5.14: Effektive Steifigkeit im Käfig-Kugel-Kontakt

Effective stiffness in the cage-ball-contact

Die Reibung in den Käfig-Kugel-Kontakten wird auf Basis der Messungen von BERTRAND und WEINZAPFEL angenommen [BERT04]; [WEIN09]. Die Bedingung eines konstanten Reibwertes ab einer Relativgeschwindigkeit von 1 m/s erfüllen die Prüflagern aus Tabelle 3 bereits bei einer Drehzahl ab 250 1/min, sodass diese Vereinfachung zulässig ist. Der Reibwert μ_{K-WK} wird daher konstant mit 0,1 angegeben.

Käfig-Außenring-Kontakte

Unter Belastung durch einen ausgeprägten KvKn wird der Käfig an den Außenring verlagert und durch die vor- und nachlaufenden Kugeln gegen diesen verspannt (Bild 5.9). Dies bewirkt eine Deformation der ursprünglich zylindrischen Käfiggeometrie. Aufgrund des geringen Käfigführungsspiels schmiegt sich der Käfig an den Führungsbord am Außenring an und es bildet sich ein Kontaktbereich über dem Umfang aus. Durch diese zusätzliche Stützwirkung wird die Deformation des Käfigs über den Außenring begrenzt. Dies führt zu einer progressiven Steigerung der globalen Käfigsteifigkeit bei zunehmender Belastung.

Zur Berücksichtigung der Anschmiegung an den Außenring wird der Käfig mit radial wirkenden Federn mit der Steifigkeit k_{K-AR} an den Außenring angekoppelt. Diese Kontaktformulierung entspricht dem Penalty-Verfahren und wird für biegedominierte Systeme empfohlen [NASD10]. Die rein radiale Wirkrichtung der Federn lässt eine Verdrehung des Käfigs am Außenring und damit die Modellierung von tangential wirkenden Reibkräften in den Kontakten zu.

Die Kontaktanalyse erfolgt über den Vergleich des deformierten äußeren Käfigradius $r_{K,def}$ mit dem Radius des Führungsbords am Außenring r_{KF} nach Gleichung (5.50).

$$\text{Kontakt}_{K-AR} = \begin{cases} 0 & r_{K,def} < r_{KF} \\ 1 & r_{K,def} \geq r_{KF} \end{cases} \tag{5.50}$$

Entsprechend werden die Kontaktsteifigkeiten in Gleichung (5.51) geschaltet, um die Käfigknoten mit detektierten Kontakten in radialer Richtung an den Außenring zu verschieben.

$$k_{K-AR} = \begin{cases} k_{weich} & \text{Kontakt}_{K-AR} = 0 \\ k_{Kontakt} & \text{Kontakt}_{K-AR} = 1 \end{cases} \tag{5.51}$$

Wie im Käfig-Kugel-Kontakt wird k_{weich} mit der geringen Steifigkeit von 1 N/m zur Verbesserung der Berechnungsstabilität gewählt. Die Steifigkeit $k_{Kontakt}$ im Kontaktfall ist aufgrund der großen Kontaktfläche hoch und wird auf 1 N/µm gesetzt.

Die zur Bestimmung der Reibung im Käfig-Außenring-Kontakt bekannte Theorie des kurzen Gleitlagers liefert nach ROSSAINT zu hohe Reibwerte für spindellagertypische Schmierungszustände bei hoher Drehzahl [ROSS13] und berücksichtigt nicht die elastische Anschmiegung des Käfigs an den Außenring. Das nachfolgend beschriebene Messverfahren ermöglicht es, die Reibung im Käfig-Außenring-Kontakt mit nachgebildetem KvKn isoliert zu quantifizieren. Bild 5.15 zeigt den Mesaufbau, der zudem die Validierung des beschriebenen elastischen Käfigmodells ermöglicht (Bild 5.18).

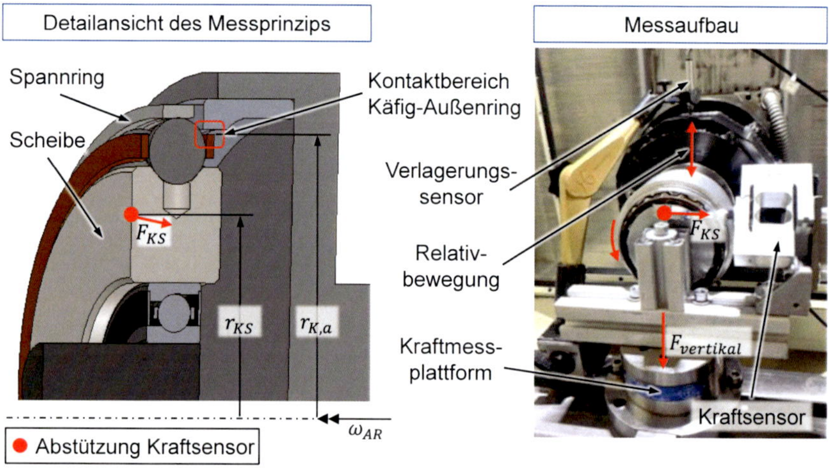

Bild 5.15: Messung der Reibung und elastischen Verformung des Käfigs
Measuring the friction and elastic deformation of the cage

Eine Scheibe mit Kegelsenkungen positioniert die Kugeln äquidistant wie im Lager, sodass der Käfig seinen Bewegungsspielraum beibehält. Die Scheibe ist mit einem innenliegenden Wälzlager drehbar gelagert. Der Außenring des Lagers wird in einer Hauptspindel eines Bearbeitungszentrums aufgenommen und über diese angetrieben. Die Belastung zwischen Käfig und Außenring wird über die Relativbewegung mit der vertikalen Maschinenachse aufgebracht. Dies entspricht einem nachgebildeten, sinusförmigen KvKn. Die dabei entstehende Reibkraft prägt ein Drehmoment auf den Käfig auf, das über die Kugeln auf die drehbar gelagerte Scheibe übertragen wird. Ein Kraftsensor stützt dieses Drehmoment mit der Kraft F_{KS} am Radius r_{KS} ab. Die Basis des Messaufbaus bildet eine Kraftmessplattform, welche die vertikal aufgebrachte Belastung $F_{vertikal}$ misst, die näherungsweise der summierten Kontaktkraft zwischen Käfig und Außenring entspricht. Gleichung (5.52) führt schließlich zum Reibwert im Käfig-Außenring-Kontakt.

$$\mu = \frac{F_{KS}}{F_{vertikal}} \cdot \frac{r_{KS}}{r_{K,a}} \tag{5.52}$$

Bild 5.16 stellt die ermittelten Reibwerte im relevanten Kraft-Drehzahl-Bereich dar. Die angegebene Käfigdrehzahl entspricht der im Versuch eingestellten Außenringdrehzahl über die Hauptspindel. Die in Klammern angegebene Ringdrehzahl entspricht der theoretischen Innenringdrehzahl, die bei der jeweiligen Käfigdrehzahl im Lager vorliegt. In einem weiten Drehzahlbereich stellt sich ein gleichmäßiger Verlauf des Reibwertes ein, der nur geringfügig durch die Belastung beeinflusst wird. Eine signifikante Änderung mit steigender Kraft, die zu einem ausgeprägten Kontaktbereich zwischen Käfig und Außenring führt, tritt nicht auf. Auf Basis der Ergebnisse wird nachfolgend ein konstanter Reibwert μ_{K-AR} von 0,2 für das Öl der Viskosität ISO VG 32 angewendet.

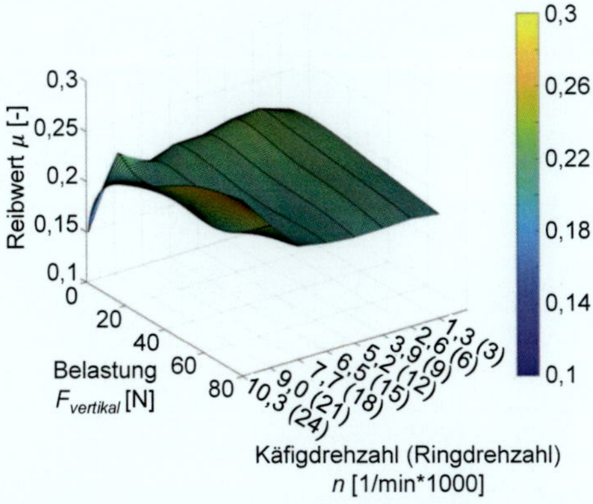

Bild 5.16: Reibwert im Käfig-Außenring-Kontakt, Lager L 1.1, Öl 1 ($\nu_{40°C}$ = 32 mm²/s)

Friction coefficient in the cage-outer ring-contact, bearing L 1.1, oil 1 ($\nu_{40°C}$ = 32 mm²/s)

Iterationsvorschrift

Bild 5.17 zeigt die Iterationsvorschrift zur Berechnung der Käfigverformung für einen Zeitschritt. Die gemessenen oder berechneten Kugelpositionen, die den jeweiligen Vor- beziehungsweise Nachlauf enthalten, definieren die Eingangswerte. Während der Iteration wird der Vor- und Nachlauf jeder Kugel schrittweise prozentual erhöht. Dieses Vorgehen ermöglicht es, die Käfig-Kugel-Kontakte iterativ zu detektieren. Aufgrund der Elastizität des Käfigs würde eine direkte Aufprägung der vollständigen Kugelverlagerungen die Anzahl der Kontakte überschätzen und zu fehlerhaften Belastungen führen.

Im nächsten Schritt wird der Käfig an der Kugel mit dem größten Vorlauf und am Außenring durch die Schaltung der entsprechenden Steifigkeiten von k_{K-WK} und k_{K-AR} ausgerichtet. Die Kopplung an den Außenring erfolgt in Richtung des größten Kugelvorlaufs. Die experimentellen Untersuchungen in Kapitel 6.3 bei simultaner Messung der Kugelpositionen und des Käfigorbits bestätigen diese angenommene

Verschiebungsrichtung des Käfigs. Die Käfig-Kugel-Kontakte werden aus dem vorherigen Zeitschritt übernommen und die Steifigkeitsmatrix entsprechend angepasst. Anschließend erfolgt eine weitere Iteration zur Kontaktanalyse zwischen Käfig und Außenring mit dem Ziel, die Käfigverformung am Außenring zu begrenzen. Abschließend werden die Reibkräfte in den Käfig-Kugel- und Käfig-Außenring-Kontakten aufgeprägt. Nachgelagert findet eine erneute Prüfung statt, ob weitere Kugeln im aktuellen Iterationsschritt Kontakt zum Käfig aufweisen. Diese Information steht dem nachfolgenden Iterationsschritt zur Verfügung.

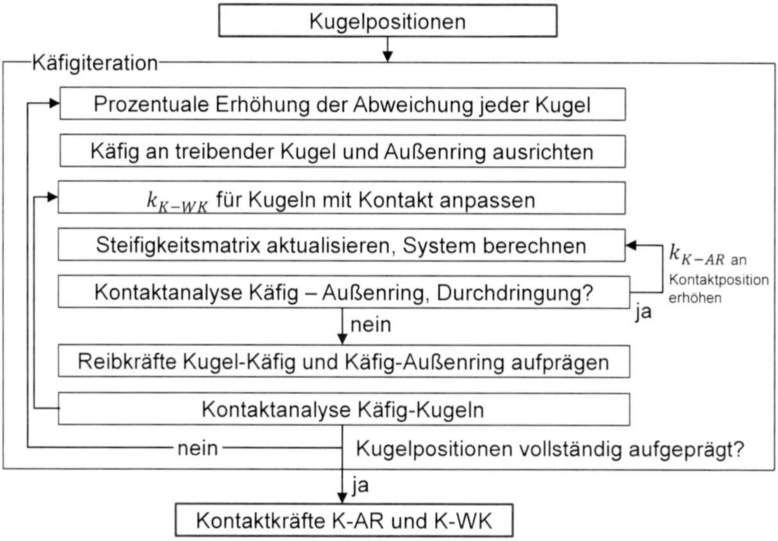

Bild 5.17: Iterationsvorschrift für das elastische Käfigmodell
Iteration rule for the elastic cage model

Berechnungsbeispiele und Validierung

Die messtechnische Validierung der elastischen Käfigberechnung erfolgt mit dem Messaufbau aus Bild 5.15 bei einer Käfigdrehzahl von 1.290 1/min, die eine Innenringdrehzahl von 3.000 1/min abbildet. Für die Berechnung wurde μ_{K-WK} zu Null gesetzt, da bei diesem Messaufbau keine Relativbewegung zwischen den Kugeln und dem Käfig vorliegt. Als Vergleichsgröße dient der Verlauf der Käfigbelastung in vertikaler Richtung über dem aufgeprägten KvKn. Der aufgeprägte KvKn durch die relative radiale Verschiebung zwischen dem Außenring und dem Käfig über die Maschinenachse gleicht einem sinusförmigen KvKn und bildet die tatsächliche Belastung im Lager näherungsweise ab.

Bild 5.18 stellt im oberen Bereich die berechnete und gemessene Kraft zwischen Käfig und Außenring, die in Gleichung (5.52) der Kraft $F_{vertikal}$ entspricht, über der Amplitude des KvKn dar. Ab dem geometrisch möglichen KvKn steigt die Kontaktkraft progressiv an. Bis etwa 700 µm wird der Verlauf von der globalen Käfigdeformation an den Außenring dominiert und zeigt einen nichtlinearen Charakter. Mit weiter steigendem KvKn stellt sich ein linearer Verlauf ein, der maßgeblich durch die Steifigkeit k_{eff} geprägt wird. Die Simulation und Messung weisen eine gute Übereinstimmung auf.

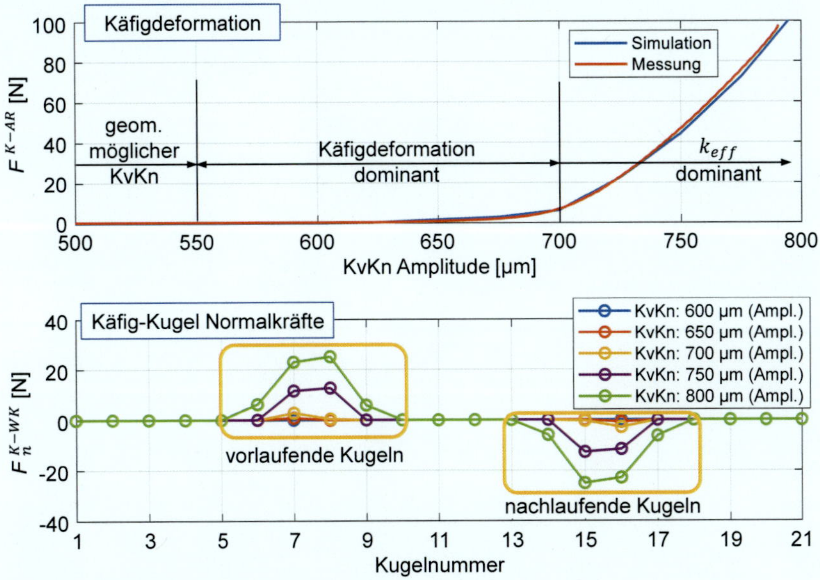

Bild 5.18: Käfigbelastung unter dem Einfluss des KvKn, Lager L 1.1

Cage load under the influence of the KvKn, bearing L 1.1

Das Bild zeigt unten die entsprechenden Kontaktkräfte in den Käfig-Kugel-Kontakten für einen ansteigenden KvKn. Erneut zeichnet sich das nichtlineare Verhalten zwischen der Belastung und dem KvKn ab. Unter hohem KvKn wird der Käfig gleichzeitig von mehreren Kugeln durch die vorlaufenden Kugeln angetrieben und durch die nachlaufenden Kugeln gebremst. Zusammenfassend ermöglicht das elastische Käfigmodell die detaillierte Analyse der wirkenden Belastungen in den Käfig-Kugel- und Käfig-Außenring-Kontakten unter dem Einfluss eines ausgeprägten KvKn mit Berücksichtigung thermischer und fliehkraftbedingter Dehnungen. Das Modell stellt die Basis zur Beantwortung der vierten Forschungsfrage dar, die im Rahmen der experimentellen Untersuchungen in Kapitel 6.7 abschließend beantwortet wird.

6 Experimentelle Analyse des Betriebsverhaltens im Prüfstand

Experimental analysis of the operating behavior in the test rig

Das Kugelbewegungsverhalten wird systematisch in experimentellen Analysen erfasst. Das Ziel der Untersuchungen ist ein erweitertes Verständnis über die Ausbildung des KvKn unter praxisnahen Einsatz- und Lastzuständen. Mit diesen Daten werden bekannte Berechnungsmodelle zur Kugelführung sowie das in Kapitel 5.4 vorgestellte Verfahren für ein breites Spektrum von Belastungen und Lagerausprägungen validiert.

Bild 6.1 zeigt die möglichen Einflussfaktoren auf die Kugelkinematik beziehungsweise den KvKn. Die Untersuchungen im nachfolgenden Abschnitt umfassen den Einfluss der Geometrie, Belastung, Schmierung sowie der Umgebung, die über die starre und elastische Anstellung mit variabler Vorspannung abgebildet wird.

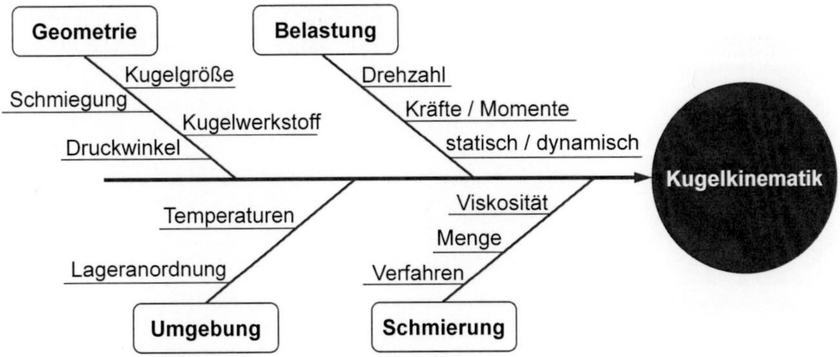

Bild 6.1: Einflussfaktoren auf die Kugelkinematik
Influence factors on the ball kinematics

6.1 Übersicht der Versuchslager und Schmierstoffe

Overview of the test bearings and lubricants

Tabelle 3 listet die relevanten Daten der Versuchslager auf. Prüfstand 1 mit elastischer Anstellung nutzt die Lager der Baugröße 6014. In Prüfstand 2 mit starrer Anstellung kommen vorne die Lager der Baugröße 6016 und hinten die Lager der Baugröße 6014 mit vergleichbarer Geometrie zum Einsatz. Die Ausprägungen ermöglichen die Analyse verschiedener Druckwinkel sowie des Kugelwerkstoffes durch den Einsatz von Standard-Lagern (S) und Hybrid-Lagern (HY). Ergänzend sind in der Tabelle das Käfigtaschenspiel c_{KT} und das Käfigführungsspiel c_{KF} gelistet, deren Summe dem geometrisch möglichen KvKn entspricht.

Tabelle 3: Übersicht der Versuchslager

Overview of the test bearings

Baugröße	Lager	α_0 [°]	$\kappa_i \mid \kappa_a$ [%]	r_{WK} [mm]	z [-]	S/HY [-]	c_{KT} [µm]	c_{KF} [µm]
7014	L 1.1	19	11 | 4,5	5,95	21	HY	600	500
7014	L 1.2	23	4,0 | 4,5	5,95	21	HY	600	500
7014	L 1.3	25	7,0 | 5,0	6,35	18	S	500	600
7014	L 1.4	25	7,0 | 5,0	6,35	18	HY	500	600
7016	L 2.1	25	7,0 | 5,0	7,4	19	S	520	600
7016	L 2.1	25	7,0 | 5,0	7,4	19	HY	520	600

Als Schmierstoffe wurden feinstfiltrierte, synthetische Öle auf Kohlenwasserstoffbasis der Firma Klüber Lubrication München GmbH & Co. KG vom Typ Klübersynth FB 4 eingesetzt (Tabelle 4). Mögliche Effekte durch abweichende Additivierungen werden durch die Verwendung der Öle vom gleichen Typ ausgeschlossen. Die Öle besitzen hochdruck-Zusätze (EP) und verschleißmindernde Zusätze (AW). Auf allen Prüfständen erfolgte die Bereitstellung des Schmierstoffes mittels Öl-Luft-Minimalmengenschmierung.

Tabelle 4: Übersicht der Schmierstoffe / Öle [KLÜB18]

Overview of the lubricants / oils [KLÜB18]

Schmierstoff	$\nu_{40°C}$ [mm²/s]	$\nu_{100°C}$ [mm²/s]	$\rho_{20°C}$ [kg/m³]
Öl 1	32	6	850
Öl 2	46	7,6	860
Öl 3	68	9,6	860

Der eingesetzte Standard-Schmierstoff für Prüfstand 1 entspricht dem Öl 1 mit einer Schmiermenge von 150 µl/h. Bei Prüfstand 2 wurde bei allen Versuchen das Öl 3 mit einer Schmiermenge von 204 µl/h verwendet.

6.2 Messung unter statischer Belastung

Measurement under static load

Die Untersuchungen zum KvKn unter statischer radialer Belastung erfolgten entlang standardisierter Versuchsläufe nach Bild 6.2, mit einer vollfaktoriellen Variation der Drehzahl und Radialkraft. Die Radialkraft wird hierzu bei konstanter Drehzahl nach einer Warmlaufphase variiert. Somit stellt sich ein der Drehzahl entsprechendes Temperaturniveau ein, das bei einer Variation der Drehzahl mit konstanter Radialkraft nicht vorliegen würde.

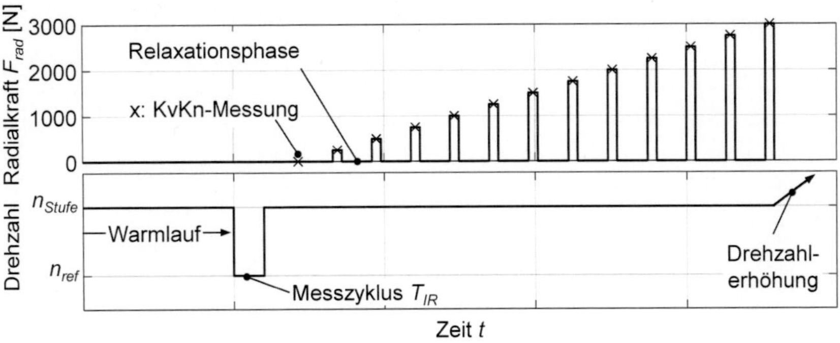

Bild 6.2: Standard-Versuchslauf zur Messung des KvKn

Standard-test sequence for measuring the KvKn

Ein Referenzzyklus mit reduzierter Drehzahl vor der eigentlichen KvKn-Messung ermöglicht die Abschätzung der Innenringtemperatur nach dem Vorgehen aus Kapitel 5.2.1 für die elastische Anstellung. Nach jeder Kraftstufe folgt eine lastfreie Relaxationsphase bei der Stufendrehzahl. Diese Phase stellt die drehzahlspezifische Temperatur wieder her und vermeidet unsymmetrische Temperaturverteilungen im Lager. Auf Prüfstand 1 mit elastischer Anstellung erfolgte ergänzend eine Variation der axialen Vorspannung über die Anzahl der Vorspannfedern mit 538, 1.075, 1.613 und 2.150 N. Die nachfolgend angegebenen Radialkräfte entsprechen der eingeleiteten Kraft an der Lasteinheit.

6.2.1 Ergebnisse zur Kugelbewegung am Beispiel von Lager L 1.1

Results of the ball motion using the example of bearing L 1.1

Am Beispiel von Lager L 1.1 werden im nachfolgenden Abschnitt die Belastungen und die Kugelkinematik im gesamten Kraft-Drehzahl-Bereich unter verschiedenen axialen Vorspannungen vorgestellt.

Innenringtemperatur

Bild 6.3 zeigt exemplarisch die gemessenen Temperaturen am Lageraußenring sowie die auf Basis der Käfigdrehzahl berechneten Innenringtemperaturen und die thermischen Einbaudruckwinkel nach dem Vorgehen aus Kapitel 5.2.1. Die Auswertung basiert auf den Daten des Messzyklus nach Bild 6.2 bei einer Drehzahl von 500 1/min im thermisch stabilen Zustand der jeweiligen Drehzahlstufe.

Mit steigender Drehzahlstufe und damit steigendem Temperaturniveau am Außenring, vergrößert sich die Übertemperatur zwischen Innen- und Außenring. Der Druckwinkel fällt hierbei kontinuierlich ab. Im betrachteten Fall beträgt die maximale Temperaturdifferenz etwa 17°C bei 24.000 1/min. Der qualitative Verlauf entspricht dem zu erwartenden Verhalten anderer Autoren [BREC14b]; [WU16]. Ein quantitativer Vergleich der Übertemperaturen ist aufgrund der abweichenden Einbaubedingungen des Lagers, insbesondere der Gehäusekühlung, nicht möglich, da diese das thermische Verhalten signifikant beeinflussen. Der thermisch bedingte Einbaudruckwinkel fällt um ca. 0,5° im betrachteten, drehzahlspezifischen Temperaturbereich ab.

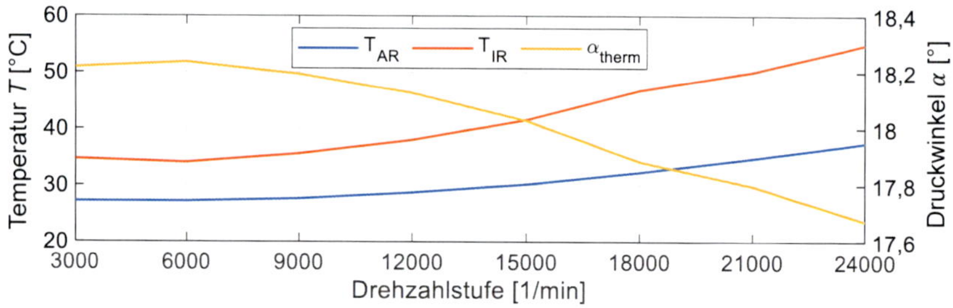

Bild 6.3: Lagertemperaturen und thermischer Einbaudruckwinkel, L 1.1, F_v = 1.075 N

Bearing temperatures and thermal mounting contact angle, L 1.1, F_v = 1,075 N

Die Auswertung weiterer Vorspannungen zeigt einen Anstieg der Übertemperatur mit steigender Vorspannung. Das Vorgehen wird auf alle Lager und Versuchsläufe zur Berücksichtigung der drehzahlspezifischen Innenringtemperatur angewendet und bei der Analyse der Lastverteilung im Lager berücksichtigt.

Analyse des KvKn

Die ausgewerteten KvKn-Verläufe im gesamten Kraft-Drehzahl-Bereich für variierende Vorspannungen fasst Bild 6.4 zusammen. Der jeweilige KvKn beschreibt den Mittelwert in einem Auswertezeitraum über 0,5 Sekunden für einen Lastfall.

Bei den Vorspannungen 538 N und 1.075 N bilden sich plateauförmige Bereiche mit einem hohen KvKn aus, der dem geometrisch möglichen KvKn von etwa 1.100 µm (Tabelle 3) entspricht. Mit steigender Vorspannung verschiebt sich die Lage des Plateaus zu höheren Radialkräften. Der Anstieg des KvKn mit steigender Radialkraft weist einen stark nichtlinearen Verlauf auf. Erst ab einer bestimmten Belastung steigt der KvKn in einem schmalen Kraftbereich auf die Maximalwerte an. Ab 1.613 N Vorspannung werden die Maximalwerte des KvKn nicht mehr erreicht und es bildet sich ein weiter Kraft-Drehzahl-Bereich mit vernachlässigbarem KvKn aus. Bei 2.150 N Vorspannung liegt im gesamten Parameterbereich kein erhöhter KvKn vor.

Die Verläufe zeigen weiterhin, dass eine Drehzahlsteigerung den KvKn reduzieren kann. Dieses Verhalten zeigen insbesondere die Lastfälle mit geringeren Vorspannungen. Bei 538 N Vorspannung bildet sich eine weitere Zone mit höherem KvKn aus. Diese liegt im Bereich hoher Drehzahlen im Radialkraftbereich um 1.500 N. In dieser Zone steigt zunächst der KvKn mit steigender Radialkraft an und fällt schließlich zu höheren Belastungen wieder ab.

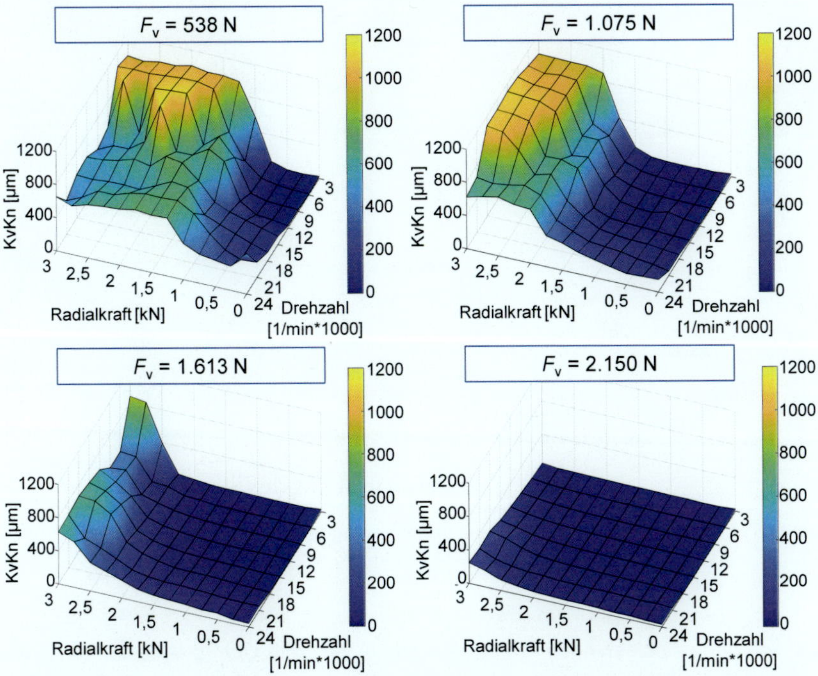

Bild 6.4: KvKn im Kraft-Drehzahl-Bereich für verschiedene Vorspannungen, L 1.1

KvKn in the load-speed range for different axial preloads, L 1.1

Die Lastfälle mit den maximalen KvKn-Werten innerhalb der Plateaus können potenziell zu einer erhöhten Käfigbelastung führen. Entsprechend der Ergebnisse aus Kapitel 5.6.2 muss jedoch der maximale KvKn den geometrisch möglichen KvKn deutlich übersteigen, sodass nennenswerte Käfigbelastungen auftreten.

Die Wirkkette für die Begrenzung des KvKn auf die plateauförmigen Bereiche erklärt Bild 6.5. Das obere Diagramm bildet die gemessene Orbitalgeschwindigkeit einer Kugel als Verhältnis zwischen ω_K und ω_{IR} ab. Das untere Diagramm zeigt die gemessene und die bei exzentrischem Käfig geometrisch mögliche Abweichung Δu_{WK} der Kugel sowie die Pressungen am inneren Kontakt.

Beim Austritt aus der Lastzone (I) ändert die Kugel ihre Geschwindigkeit. Im vorliegenden Fall wird ω_K beim Austritt geringer und folgt der Tendenz einer IRF (vgl. Bild 2.8). Die Abweichung, die das Integral der Geschwindigkeit darstellt, führt zum Auflaufen der Kugel auf die Käfigtasche im Übergang von Bereich (I) nach (II). Die Kugel nimmt hierbei die Geschwindigkeit der Käfigtasche an. Aufgrund der exzentrischen Lage des Käfigs durch den KvKn ist die Geschwindigkeit nicht konstant über dem Umfang, sondern folgt einem um -$\pi/2°$ zum KvKn versetzten sinusförmigen Verlauf. Beim Einlaufen in die Lastzone (III) wird die Kugel wieder abgebremst.

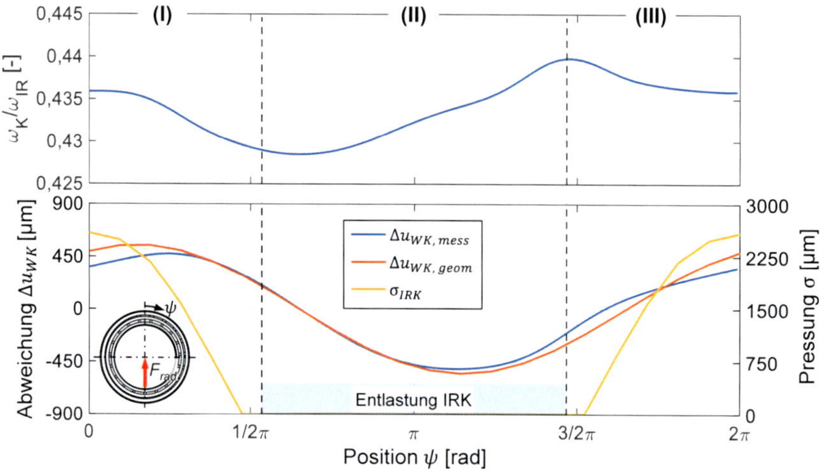

Bild 6.5: **Geschwindigkeit, Abweichung und Pressung über dem Lagerumfang, L 1.1 Parameter: F_v = 1.075 N, n = 12.000 1/min, F_{rad} = 2.500 N**

Speed, deviation and pressure along the bearing circumference, L 1.1 parameters: F_v = 1,075 N, n = 12,000 1/min, F_{rad} = 2,500 N

Die reduzierten Belastungen in den Wälzkontakten beim Übergang in die entlastete Zone (II) begrenzen die übertragbaren Reibkräfte und damit die mögliche Belastung über die Kugeln auf den Käfig. Die Kugeln mit dem höchsten Nachlauf weisen im betrachteten Beispiel keine Normalkraft mehr zum Innenring auf und können daher trotz des ermittelten hohen KvKn den Käfig nicht gegen die vorlaufenden Kugeln mit dem Außenring verspannen.

Für die Entwicklung des KvKn ist das Verständnis über den Verlauf von ω_K sowie die Druckwinkel am inneren und äußeren Kontakt notwendig. Bild 6.6 stellt die gemessenen Verläufe für ω_K/ω_{IR} sowie die berechneten Druckwinkel α_i und α_a am inneren und äußeren Kontakt für ausgewählte Lastfälle bei 1.075 N Vorspannung dar. Im lastfreien Zustand (0 N) steigt ω_K/ω_{IR} mit steigender Drehzahl an und weist jeweils einen konstanten Verlauf auf. Die Erhöhung zeigt die kontinuierliche Verschiebung der Kugelführung zur ARF an und folgt dem zu erwartenden Verhalten. Mit steigender Drehzahl baut sich entsprechend die Druckwinkelschere zwischen dem inneren und äußeren Kontakt auf. Diese wird unter radialer Belastung in der Lastzone signifikant reduziert. Im Bereich geringer Drehzahlen und hoher Belastungen zeigen die Verläufe das zuvor beschriebene Verhalten, bei der die Kugel beim Austritt aus der Lastzone abgebremst wird und damit der Tendenz einer IRF folgt. Die Tendenz einer IRF kann durch die hohen Belastungen in der Lastzone erklärt werden. Mit steigender Drehzahl wird dieser Effekt teilweise durch die erhöhten, fliehkraftbedingten Belastungen am äußeren Kontakt kompensiert.

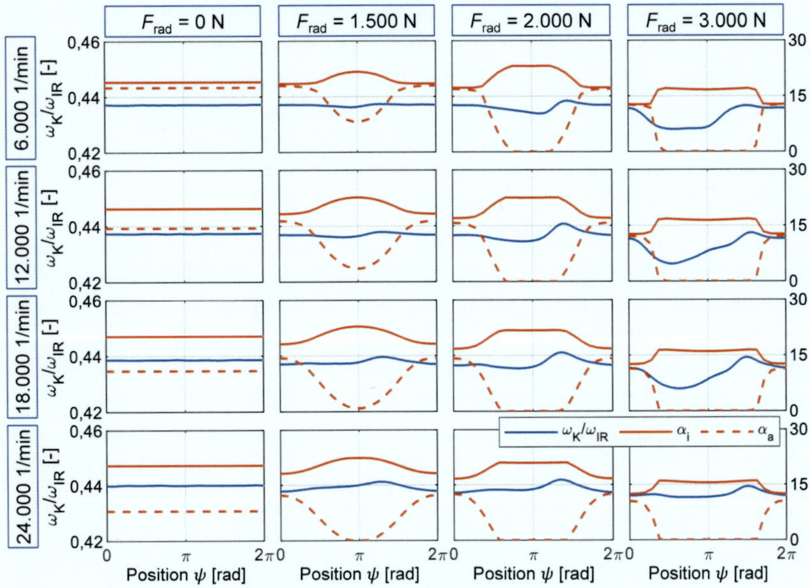

Bild 6.6: Geschwindigkeit und Druckwinkel einer Kugel, L 1.1, F_v = 1.075 N

Speed and contact angles of one ball, L 1.1, F_v = 1,075 N

Im Bereich zwischen 1.500 N und 2.000 N Radialkraft beginnen die Kugeln in der entlasteten Zone am inneren Kontakt abzuheben und der Druckwinkel am äußeren Kontakt wird zu Null. Bei einer quasistatischen Betrachtung unter der Annahme einer ARF stellt sich hierbei ein Wälzwinkel von 0° ein, der eine starke Beschleunigung beim Verlassen der Lastzone hervorrufen müsste. Aufgrund des fehlenden Antriebs am inneren Kontakt kann die Kugel diesem kinematisch vorgegebenen Verlauf jedoch nicht folgen.

6.2.2 Einfluss des Druckwinkels

Influence of the contact angle

Die Ergebnisse in Kapitel 6.2.1 für das Lager L 1.1 mit einem Druckwinkel von 19° weisen auf einen Bereich mit hohem KvKn hauptsächlich bei hoher Radialkraft hin. Aus quasistatischen Berechnungen ist bekannt, dass Lager mit einem erhöhten Druckwinkel einen höheren KvKn ausbilden. Daher werden nachfolgend die Ergebnisse zum KvKn für das Lager L 1.2 mit einem Druckwinkel von 23° vorgestellt. Die Lager L 1.1 und L 1.2 weisen eine vergleichbare Konstruktion auf, die sich nur durch die Schmiegung am inneren Kontakt unterscheidet (Tabelle 3). Aufgrund des erhöhten Druckwinkels im Vergleich zu Lager L 1.1 sind die Normalkräfte in den Kontakten bei gleicher Vorspannkraft geringer. In der Anwendung würde das Lager L 1.2 daher mit einer höheren Vorspannkraft betrieben. Für eine bessere Interpretation und Vergleichbarkeit der Ergebnisse wurden die Vorspannungsstufen jedoch nicht geändert.

Die Entwicklung des KvKn im bekannten Kraft-Drehzahl-Bereich für die Vorspannungsstufen zeigt Bild 6.7, mit einer angepassten Skalierung der Diagramme bei F_V = 538 N und F_V = 1.075 N. Entsprechend der Ergebnisse von Lager L 1.1 bildet sich bei hohen Radialkräften (F_V = 1.075 N) ein plateauförmiger Bereich mit hohem KvKn aus. Die Höhe entspricht wieder dem geometrisch möglichen KvKn von etwa 1.100 µm. Auch bei Lager L 1.2 reduziert eine Drehzahlsteigerung den KvKn bei hohen Belastungen (vgl. F_V = 1.075 N, ab 2.000 N Radialkraft).

In den Verläufen tritt eine zweite Zone mit hohem KvKn auf. Diese liegt im Bereich höherer Drehzahlen und geringerer Radialkräfte. Entgegen der plateauförmigen Bereiche übersteigen diese Werte den geometrisch möglichen KvKn deutlich. Auch die Lage dieser Zone ist stark von der Vorspannung abhängig und verschiebt sich mit steigender Vorspannung zu höheren Radialkräften. Bei geringer Vorspannung ist das Maximum auf einen schmalen Kraftbereich in einem gleichbleibenden, weiten Drehzahlbereich beschränkt. Diese Zone erstreckt sich mit zunehmender Vorspannung auf einen ausgedehnteren Radialkraftbereich und ist bei F_V = 2.150 N nur noch gering ausgeprägt.

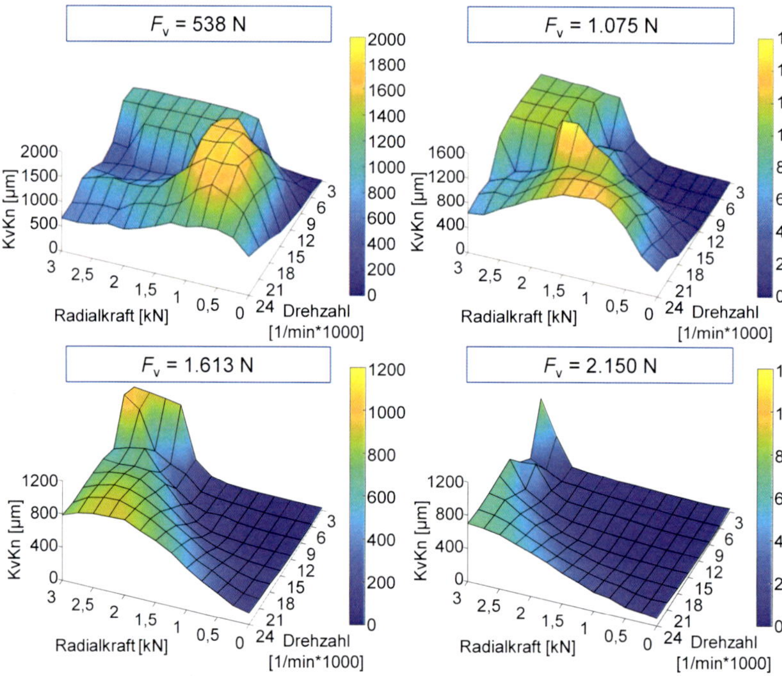

Bild 6.7: KvKn im Kraft-Drehzahl-Bereich für verschiedene Vorspannungen, L 1.2

KvKn in the load-speed range for different axial preloads, L 1.2

Die Wirkkette für das Überschreiten des geometrisch möglichen KvKn stellt Bild 6.8 dar. Beim Austritt aus der Lastzone (I) wird die Kugel beschleunigt und zeigt somit ein inverses Verhalten zu dem Verlauf aus Bild 6.5. Eine Beschleunigung beim Austritt aus der Lastzone weist die verstärkte Tendenz einer ARF nach, die bei hohen Drehzahlen und geringeren Kontaktbelastungen dominiert. Beim erneuten Eintritt in die Lastzone im Bereich von (II) nach (III) wird die Kugel stark abgebremst. Dies kann durch die Kugelkinematik aber auch durch das Auflaufen auf den Käfig hervorgerufenen werden. Dementsprechend weist die Geschwindigkeit einen asymmetrischen Verlauf auf.

Die hohe Modulation von ω_K/ω_{IR} führt zu einer ausgeprägten Abweichung der Kugelbewegung, die im Bereich von $1/2\,\pi$ den maximalen Nachlauf und vor $3/2\,\pi$ den maximalen Vorlauf ausbildet. In den Bereichen des maximalen Vor- und -Nachlaufs weist die Kugel eine reduzierte, aber verbleibende Pressung am inneren Kontakt auf. Somit können die Kugeln eine Kraft auf den Käfig ausüben, diesen verformen und einen erhöhten KvKn hervorrufen.

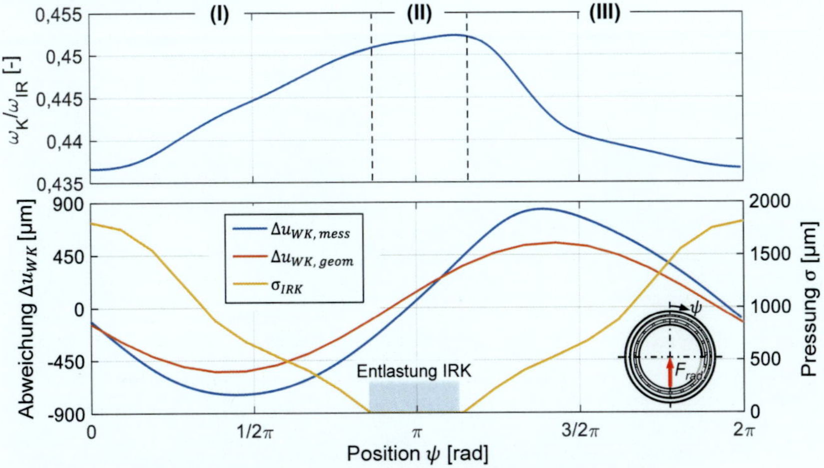

Bild 6.8: Geschwindigkeit, KvKn und Pressungen über dem Lagerumfang, L 1.2 Parameter: F_v = 1.075 N, n = 15.000 1/min, F_{rad} = 1.750 N

Speed, KvKn and pressure along the bearing circumference, L 1.2 parameters: F_v = 1,075 N, n = 15,000 1/min, F_{rad} = 1,750 N

Die Entwicklung von ω_K/ω_{IR} sowie die Druckwinkel für ausgewählte Lastfälle bei 1.075 N Vorspannung zeigt Bild 6.9. Im lastfreien Zustand stellt sich mit steigender Drehzahl erneut eine höheres Geschwindigkeitsverhältnis ω_K/ω_{IR} ein, das im Vergleich zum Lager L 1.1 stärker mit der Drehzahl ansteigt.

Unter radialer Belastung treten je nach Lastfall abweichende Geschwindigkeitsverläufe auf. Am Beispiel der Drehzahlstufe 12.000 1/min führt die Radialkraft von 1.500 N zu einer Beschleunigung der Kugel aus der Lastzone heraus. Mit erhöhter Radialkraft wird diese Beschleunigung reduziert und es kommt mit weiter steigender Kraft zum Abbremsen beim Verlassen der Lastzone. Somit besteht kein direkter Zusammenhang zwischen Drehzahl, Radialkraft und dem Bewegungsverhalten der Kugeln, beziehungsweise dem KvKn. Die häufig angewendete Annahme einer ARF, bei der die Kugel stets beim Austritt aus der Lastzone beschleunigt, scheint für die generelle Abbildung der Kugelgeschwindigkeit unter radialer Belastung nicht geeignet zu sein. Diesen Zusammenhang analysiert Kapitel 6.3 im Detail. Bei hohen Drehzahlen im mittleren Kraftbereich, beispielsweise bei der Drehzahlstufe 24.000 1/min und Radialkräften von 1.500 N und 2.000 N, deuten die Ergebnisse jedoch auf einen qualitativen Zusammenhang zwischen des äußeren Druckwinkels und ω_K/ω_{IR} hin, was auf die Tendenz einer ARF schließen lässt. Dies wird auch bei einer Drehzahlsteigerung im Bereich von 1.500 N und 2.000 N Radialkraft deutlich.

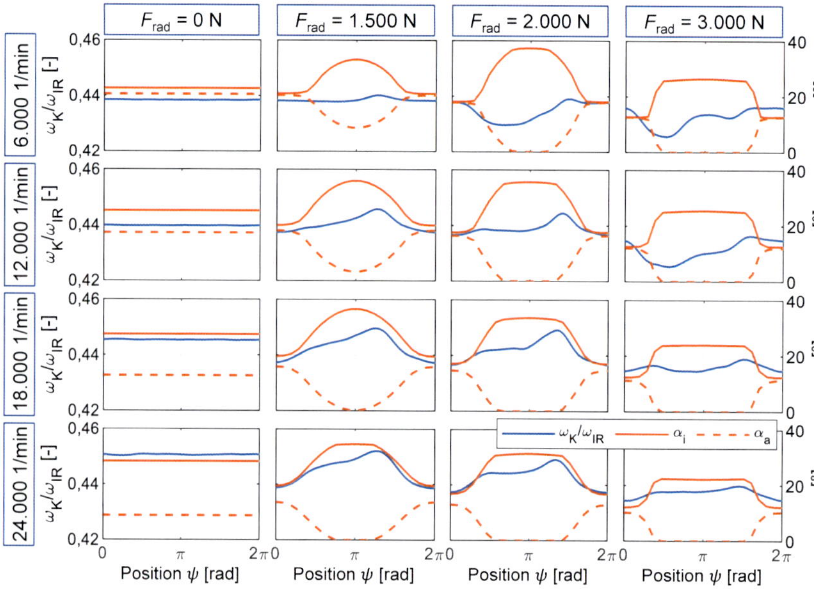

Bild 6.9: Geschwindigkeit und Druckwinkel einer Kugel, L 1.2, F_v = 1.075 N

Speed and *contact angles of one ball, L 1.2, F_v = 1,075 N*

Ergänzend zur Geschwindigkeitsmodulation entlang einer Umdrehung um die Lagerachse reduziert eine erhöhte Radialkraft das mittlere Geschwindigkeitsniveau. Dies tritt verstärkt bei hohen Drehzahlen auf. Im lastfreien Zustand unter hoher Drehzahl baut sich eine Druckwinkelschere zwischen dem inneren und äußeren Kontakt auf. Diese Druckwinkelschere wird unter radialer Belastung in der Lastzone signifikant verringert und beeinflusst die Geschwindigkeitsreduktion in der Lastzone um 0 rad.

Die Druckwinkel zeigen ein Abheben der Kugeln am inneren Kontakt in der entlasteten Zone zwischen 1.500 N und 2.000 N Radialkraft an. In diesem Kraftbereich erreicht der KvKn in Bild 6.7 maximale Werte. Dieser Zusammenhang bestätigt sich auch bei der Vorspannstufe 538 N, wo die Kugeln im Bereich um 1.000 N Radialkraft Kontaktverlust am Innenring aufweisen. Wie Bild 6.9 verdeutlicht, fehlt ab dieser radialen

Belastung das durchgängige Beschleunigungsvermögen, sodass der KvKn mit steigender Belastung reduziert wird.

Weitere experimentelle Analysen baugleicher Lager mit verringertem Druckwinkel bestätigen die beschriebenen Ergebnisse. Ein kleinerer Druckwinkel verschiebt die Lage des KvKn bei gleicher Vorspannungsstufe hin zu höheren Radialkräften. Der zweite dominante Bereich, bei dem der KvKn durch eine Beschleunigung aus der Lastzone heraus hervorgerufen wird und den geometrisch möglichen KvKn übersteigt, tritt stark reduziert oder nicht auf.

Zusammenfassend weisen die Ergebnisse auf einen komplexen Zusammenhang zwischen den Druckwinkeln, der Vorspannung sowie der Radialkraft und der Drehzahl hin. Nur bei Lagern mit hohem Druckwinkel unter hoher Drehzahl im mittleren Radialkraftbereich konnten KvKn-Werte gemessen werden, die den geometrisch möglichen KvKn signifikant übersteigen. Durch eine Steigerung der Vorspannung kann der Bereich eines hohen KvKn effektiv zu hohen Radialkräften verschoben werden.

6.2.3 Einfluss des Kugelwerkstoffes

Influence of the ball material

Die geringere Dichte der keramischen Wälzkörper reduziert die Fliehkraft und somit die Belastung am äußeren Kontakt. Dies führt zu einer veränderten Kugelkinematik unter hohen Drehzahlen, die im Fall der starren Lageranstellung zusätzliche die axiale Vorspannkraft beeinflusst. Der nachfolgende Abschnitt analysiert diese Effekte für den metallischen und keramischen Kugelwerkstoff.

Elastische Anstellung

Die Ausbildung des KvKn für das Standard-Lager L 1.3 und für das Hybrid-Lager L 1.4 mit vergleichbarer Innengeometrie zeigt Bild 6.10. Beide Lager weisen aufgrund des hohen Druckwinkels von 25° die beiden bekannten Bereiche mit erhöhtem KvKn auf. Der plateauförmige Bereich im unteren Drehzahlbereich nimmt den Grenzwert des geometrisch möglichen KvKn an. Beim Standard-Lager ist dieser auf niedrige Drehzahlen beschränkt, während dieser beim Hybrid-Lager auch bei höheren Drehzahlen vorliegt. Die Ursache hierfür liegt in dem deutlich höher belasteten äußeren Kontakt beim Standard-Lager, der die Tendenz der IRF in diesem Bereich teilweise kompensiert.

Der verstärkte KvKn im zweiten Bereich bei erhöhter Drehzahl übersteigt den geometrisch möglichen KvKn deutlich, sodass eine hohe Käfigbelastung wahrscheinlich ist. Die Maximalwerte sind jedoch auf enge Kraft-Drehzahl-Bereiche beschränkt, die beim Standard-Lager bei geringeren Drehzahlen auftreten. Eine dauerhafte Belastung mit hohem KvKn ist aufgrund der lokal begrenzten Entwicklung während der Belastung durch die Zerspanung unwahrscheinlich. Für die Belastung im Betrieb stellt die Möglichkeit den KvKn, ausgehend von diesen Maxima, durch eine Erhöhung der Drehzahl oder der Radialkraft zu reduzieren, eine wichtige Erkenntnis dar. Die grundlegende Entwicklung der beiden Zonen mit hohem KvKn bei den verschiedenen Vorspannstufen folgt den Ergebnissen aus Bild 6.7.

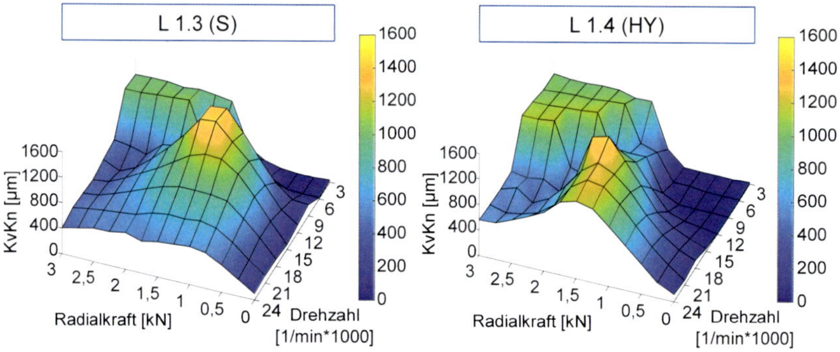

Bild 6.10: KvKn von Lager L 1.3 (S) und L 1.4 (HY), F_v = 1.075 N

KvKn of bearing L 1.3 (S) und L 1.4 (HY), F_v = 1,075 N

Bild 6.11 stellt vergleichend die Geschwindigkeitsverhältnisse ω_K/ω_{IR} beider Lager dar. Erneut nimmt im lastfreien Zustand das Verhältnis mit steigender Drehzahl bei beiden Lagern zu. Die Erhöhung beim Standard-Lager ist deutlich stärker ausgeprägt. Die Verläufe weisen eindeutig die beiden Bereiche mit unterschiedlicher Geschwindigkeitsentwicklung nach. Am Beispiel der Radialkraftstufe von 1.500 N moduliert ω_K/ω_{IR} beim Standard-Lager stärker bei geringeren Drehzahlen und folgt tendenziell der ARF.

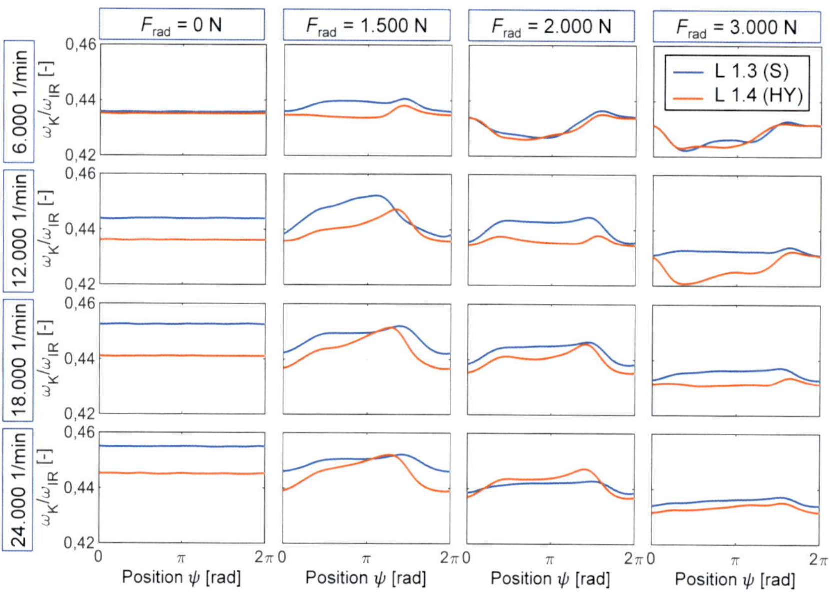

Bild 6.11: Geschwindigkeiten einer Kugel, L 1.3 (S) und L 1.4 (HY), F_v = 1.075 N

Speeds of one ball, L 1.3 (S) und L 1.4 (HY), Fv = 1,075 N

Zusammenfassend entwickeln das Standard- und das Hybrid-Lager hohe KvKn-Werte in zwei charakteristischen Kraft-Drehzahl-Bereichen. Die Maximalwerte bei höheren Drehzahlen, die aufgrund der Überschreitung des geometrisch möglichen KvKn eine potenziell erhöhte Käfigbelastung darstellen, liegen beim Standard-Lager in einem weiteren Parameterbereich vor. Versuchsergebnisse von Lagern mit gleicher Innengeometrie wie L 1.1 und Druckwinkeln von 14° und 21°, jeweils als Standard- und Hybrid-Lager, bestätigen die beschriebene Entwicklung des KvKn der beiden Lagertypen.

Starre Anstellung

Die vergleichenden Untersuchungen zum KvKn bei der starren Anstellung für verschiedene Kugelwerkstoffe erfolgten auf Prüfstand 2. Die Prüflager entsprechen dem Standard-Lager L 2.1 (S) und dem Hybrid-Lager L 2.2 (HY) mit jeweils 25° Druckwinkel. Beide Lager weisen die gleiche Innengeometrie auf, sodass ein direkter Vergleich des KvKn in Abhängigkeit des Kugelwerkstoffes möglich ist. Die Lager wurden gegen das entsprechende Standard- beziehungsweise Hybrid-Lager angestellt (L 1.3 und L 1.4). Als Vergleichskriterium für den Einbauzustand wurde die gleiche axiale Steifigkeit beider Aufbauten eingestellt. Die zugrundeliegenden Vorspannkräfte betragen rechnerisch 800 N für das Standard- und 500 N für das Hybrid-Lager.

Bild 6.12 stellt die Verläufe des KvKn beider Lager dar. Die qualitative Ausbildung des KvKn entspricht dem zuvor beobachteten Verhalten bei elastischer Anstellung in Bild 6.10 für die äquivalenten Lager kleinerer Baugröße. Der plateauförmige Bereich mit erhöhtem KvKn erreicht das Niveau des geometrisch möglichen KvKn, übersteigt diesen aber erneut nicht. Eine stark erhöhte Belastung des Käfigs ist daher unwahrscheinlich. Aufgrund der starren Anstellung steigt bei einer isothermen Berechnung die Vorspannkraft im Drehzahlbereich von 0 1/min bis 10.000 1/min beim Standard-Lager auf 3.000 N und beim Hybrid-Lager auf 1.750 N an. Die beim Standard-Lager stark erhöhte Vorspannung führt entsprechend der Ergebnisse mit elastischer Anstellung zu einer Reduktion des KvKn. Der geringere Anstieg der axialen Vorspannung beim Hybrid-Lager begünstigt die Ausbildung eines hohen KvKn.

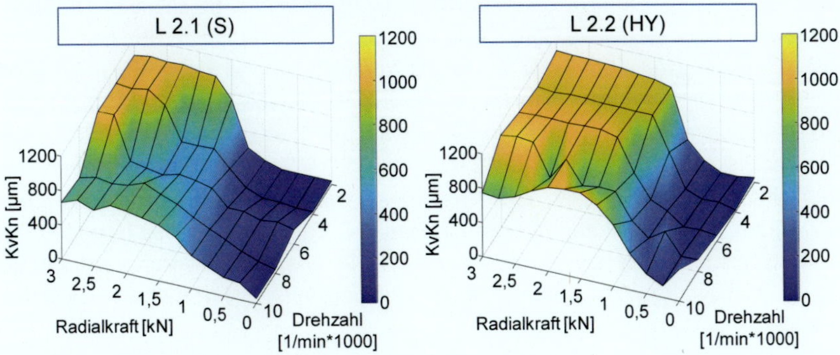

Bild 6.12: KvKn von Lager L 2.1 (S) und L 2.2 (HY)

KvKn of bearing L 2.1 (S) und L 2.2 (HY)

6.2.4 Einfluss der Schmierung

Influence of the lubrication

Die unter radialer Belastung auftreten Modulationen der Kugelgeschwindigkeit erfordern eine Antriebskraft über die Scherung des Schmierfilms. Ein Einfluss der Öl-Viskosität und der Schmiermenge auf das Geschwindigkeitsprofil der Kugeln ist daher wahrscheinlich. Dieser Zusammenhang wird im nachfolgenden Abschnitt auf Basis experimenteller Untersuchungen analysiert.

Die Untersuchungen wurden auf Prüfstand 1 mit Lager L 1.1 durchgeführt. Die Schmierstoffe entsprechen Öl 1, Öl 2 und Öl 3 aus Tabelle 4, jeweils mit einer Schmierstoffmenge von 150, 300 und 450 µl/h, die über die Taktzeiten des Schmieraggregates eingestellt wurden. Der Wechsel auf einen anderen Schmierstoff beinhaltete die Entleerung und Reinigung des Schmieraggregats sowie den Betrieb für 24 Stunden außerhalb des Prüfstandes zum Durchspülen aller Leitungen. Das Lager wurde für den Schmierstoffwechsel aus dem Prüfstand entnommen, zerlegt und gereinigt. Der Messablauf entspricht dem Standard-Versuchslauf bei einer axialen Vorspannung von 1.075 N.

Axiale Belastung

Die experimentellen Untersuchungen von Rossaint weisen einen Einfluss der Schmierstoffmenge auf die Ausbildung des Wälzwinkels und damit auf das Verhältnis von ω_K/ω_{IR} nach [ROSS13]. Die Ergebnisse zeigen größere Wälzwinkel bei hohen Drehzahlen und geringen Schmierstoffmengen. Rossaint führt das Verhalten auf kleinere Reibwerte in den Wälzkontakten bei höheren Schmierstoffmengen zurück [ROSS13]. Die untersuchten Schmierstoffmengen sind mit 120, 30 µl/h und einem undefinierten Mangelschmierungszustand niedrig.

Zunächst erfolgt die Betrachtung des Verhältnisses von ω_K/ω_{IR} ohne radiale Belastung, jeweils mit den Daten der entsprechenden lastfreien Stufe aus dem Versuchslauf. Bild 6.13 zeigt das Verhältnis ω_K/ω_{IR} für die untersuchten Drehzahlen und Schmierparameter. Ergänzend sind die nach der IRF und ARF berechneten Drehzahlverhältnisse abgebildet. Die Ergebnisse heben zwei Effekte hervor. Einerseits steigt ω_K/ω_{IR} mit steigender Drehzahl an und folgt damit prinzipiell dem Verlauf der ARF. Andererseits weisen die Ölviskosität und die Schmiermenge insbesondere bei niedrigen Drehzahlen keinen signifikanten Einfluss auf das Drehzahlverhältnis auf. Bei den Ölen der Viskositätsklasse ISO VG 32 (Öl 1) und ISO VG 46 (Öl 2) tritt auch bei hohen Drehzahlen kein eindeutiger Zusammenhang zwischen der Schmiermenge und ω_K/ω_{IR} auf. Bei dem Öl der Viskositätsklasse ISO VG 68 (Öl 3) steigt hingegen das Drehzahlverhältnis mit steigender Ölmenge. Die absolute Änderung beträgt bei 24.000 1/min jedoch weniger als 0,1 %. Widerholungsversuche bestätigen dieses Verhalten.

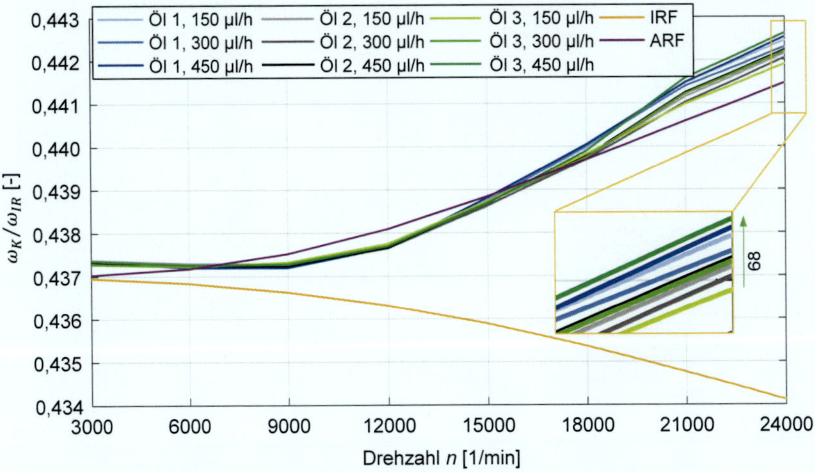

Bild 6.13: Geschwindigkeit ohne Radialkraft bei verschiedenen Schmierparametern
Speed without radial load at different lubrication parameters

Der allgemeine Einfluss der untersuchten Schmierparameter auf ω_K/ω_{IR} ist für den rein axialen Lastfall gering. Im Vergleich zu den untersuchten Parametern von ROSSAINT deuten die Ergebnisse in Bild 6.13 darauf hin, dass bei den Ölen der Viskositätsklasse ISO VG 32 und ISO VG 46 bereits bei der geringsten Schmiermenge ein Sättigungszustand erreicht ist, der eine ausreichende und gleichbleibende Schmierfilmausbildung bewirkt.

Radiale Belastung

Unter radialer Belastung kann die Analyse von ω_K/ω_{IR} nicht mehr als einzelner Wert je Lastfall erfolgen, sondern muss aufgelöst über dem Lagerumfang betrachtet werden. Bild 6.14 stellt ω_K/ω_{IR} exemplarisch bei der Drehzahlstufe 12.000 1/min für eine Radialkraft mit geringem und hohem KvKn (vgl. Bild 6.4) über der Winkelposition dar.

Allgemein zeigen die Ergebnisse keine signifikanten und systematischen Einflüsse der untersuchten Schmierparameter auf ω_K/ω_{IR} auf. Beim Lastfall mit 1.500 N Radialkraft weisen die Kugeln nach der entlasteten Zone (π) gering höhere Geschwindigkeiten bei Ölen niedriger Viskosität auf. Die hohe Belastung bei 2.500 N Radialkraft führt zu einem starken Abbremsen der Kugeln beim Austritt aus der Lastzone (0π). Dieser Effekt ist tendenziell bei niedriger Viskosität und geringer Schmiermenge stärker ausgeprägt. Die Annahme, dass weniger Schmierstoff beziehungsweise eine geringere Viskosität den Schmierfilmaufbau negativ beeinflussen und damit höhere Reibwerte im Kontakt herstellen, ist eine mögliche Erklärung für diesen Effekt. Die beiden aufgeführten Beobachtungen konnten in weiteren Lastfällen und Widerholungsversuchen bestätigt werden. Diese geringen Geschwindigkeitsabweichungen führen jedoch beim KvKn zu keinen signifikanten Abweichungen zwischen den Schmierparametern.

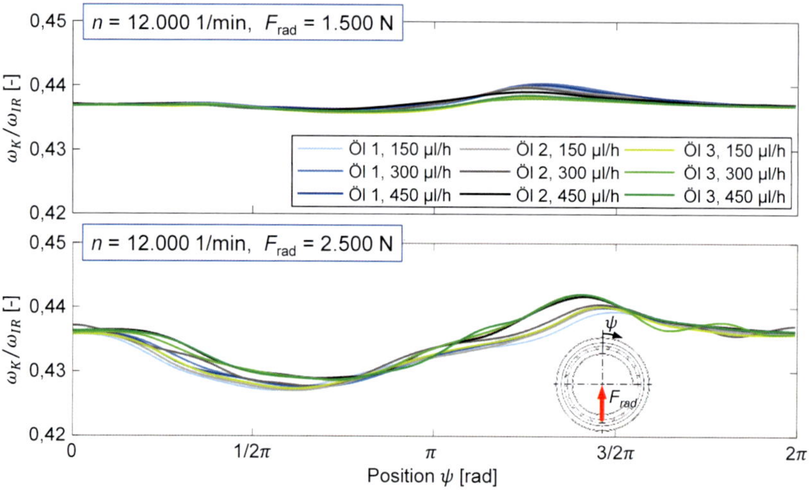

Bild 6.14: Geschwindigkeit mit Radialkraft bei verschiedenen Schmierparametern
Speed with radial load at different lubrication parameters

Eine Ursache für das überwiegend vergleichbare Verhalten könnte ein Ausgleich zwischen dem inneren und äußeren Kontakt sein, die ähnlich auf eine Änderung der Schmierparameter reagieren. Ergänzend könnten die hohen Belastungen in den Wälzkontakten dazu führen, dass sich die unter Druck und Temperatur veränderlichen Schmierstoffeigenschaften der verschiedenen Nenn-Viskositäten angleichen.

Zusammenfassend zeigen die Ergebnisse, dass bei praxisrelevanten Schmierparametern keine signifikanten Änderungen von ω_K/ω_{IR} und damit des KvKn unter radialer Belastung auftreten.

6.3 Bewertung der Berechnungsmethoden

Evaluation of the calculation methods

Am Beispiel der Lager L 1.1 und L 1.2 werden nachfolgend die bekannten Kugelführungsmethoden der quasistatischen Berechnung aus Kapitel 2.3.3 sowie die dynamische Methode nach Kapitel 5.4 den Ergebnissen der Messungen gegenübergestellt. Die dynamische Methode wird nachfolgend mit WZL_{dyn} bezeichnet.

Bild 6.15 stellt die berechneten und gemessenen Verläufe von ω_K/ω_{IR} sowie die auf Basis der Belastung berechneten Druckwinkel und Pressungen für eine umlaufende Kugel von Lager L 1.1 dar. Bei 500 N Radialkraft weist die gemessene Geschwindigkeit einen annähernd konstanten Verlauf auf. Die nach der IRF und ARF berechneten Geschwindigkeiten modulieren bereits bei dem Lastfall mit geringer Druckwinkelschere in der entlasteten Zone und überschätzen die Änderung der Kugelgeschwindigkeit und damit den KvKn. Die Änderungen von ω_K/ω_{IR} sind allgemein sehr gering. Die WZL-Führung und die Kugelführung nach DING, die beide die Reibleistung in den

Kontakten berücksichtigen, bilden das gemessene Geschwindigkeitsprofil besser ab, überschätzen aber ebenfalls den Geschwindigkeitsverlauf. Die Geschwindigkeit nach der geometrischen Kugelführung (GF) moduliert weniger und stimmt gut mit der Messung überein. Die dynamische Berechnung (WZL_{dyn}) überschätzt bei diesem Lastfall ebenfalls die Geschwindigkeitsmodulation. Hierbei ist jedoch zu berücksichtigen, dass sich bei diesem Lastfall ein gemessener KvKn von nur 30 µm einstellt. Die dynamische Berechnung liefert einen KvKn von etwa 60 µm.

Bei einer Steigerung der Radialkraft wird die Kugel beim Austritt aus der Lastzone abgebremst. Die Methoden ARF, WZL und DING zeigen jedoch alle eine Beschleunigung an und überschätzen die Entwicklung der Kugelgeschwindigkeit deutlich. Im Vergleich berechnet die Führung nach DING die geringste Modulation. Auch die IRF überschätzt die Modulation, jedoch mit einer inversen Entwicklung. Bei der GF ist die Modulation stark reduziert. Hingegen bildet WZL_{dyn} die Kugelgeschwindigkeit gut ab.

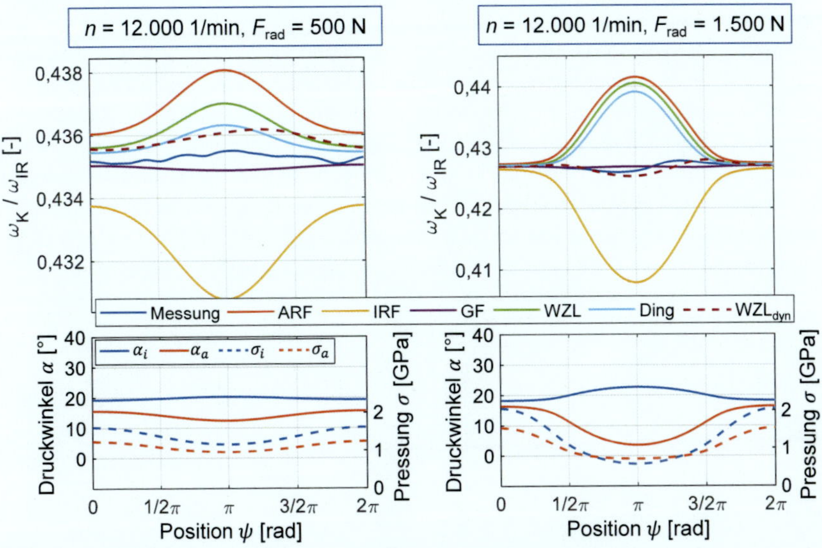

Bild 6.15: Gemessene und berechnete Orbitalgeschwindigkeiten, L 1.1, F_v = 1.075 N

Measured and calculated orbital speeds, L 1.1, F_v = 1,075 N

Die WZL-Führung minimiert die summierte Reibleistung in den Kontakten, welche durch die Bohrbewegung entsteht. Dabei wird die Wirkrichtung dieser Leistungen, die über die Druckwinkel vorgegeben werden, nicht explizit berücksichtigt. Mit steigender Drehzahl wird der äußere Kontakt höher belastet. Die WZL-Führung verschiebt daher den Wälzwinkel näher an die ARF, sodass der Bohranteil an diesem höher belasteten Kontakt geringer wird, um die gesamte Reibleistung zu minimieren. Unter radialer Belastung wird dieses Ungleichgewicht zwischen äußerer und innere Kontaktbelastung beim Austritt aus der Lastzone verstärkt. Somit tendiert die WZL-Führung zu einer überwiegenden ARF unter Radiallast. Diese Wirkkette erklärt auch das Verhalten der

Kugelführung nach DING und wird auch bei weiteren quasistatischen Kugelführungsmethoden nach ähnlichem Prinzip, beispielsweise nach Gupta [GUPT20], vermutet.

Bild 6.16 stellt die entsprechenden Verläufe für das Lager L 1.2 dar. Die Kugeln folgen bei höheren Drehzahlen und geringen bis mittleren Belastungen, bevor die Kugeln in der entlasteten Zone am inneren Kontakt abheben, tendenziell einer ARF. Dieses Verhalten zeigen erneut qualitativ die ARF sowie die Führungen nach WZL und DING an. Jedoch überschätzen die Methoden bereits bei der Radialkraft von 500 N die Modulation der Geschwindigkeit deutlich. Die Führungen nach WZL und DING bilden hierbei den Verlauf besser ab, als die reine ARF. Die Methode WZL_{dyn} überschätzt ebenfalls den Geschwindigkeitsverlauf und berechnet den KvKn zu etwa 250 µm im Vergleich zum gemessenen KvKn von 160 µm. Die Werte sind jedoch im Vergleich zum geometrisch möglichen KvKn von 1.100 µm gering. Die GF beschreibt in guter Näherung die gemessene Geschwindigkeitsmodulation.

Die ausgeprägte Geschwindigkeitsmodulation bei 1.500 N Radialkraft wird von der ARF sowie der WZL- und DING-Führung signifikant überschätzt. Dieses Verhalten lässt sich erneut mit den zuvor beschriebenen Eigenschaften der Führungen erklären. Hierbei würden sich rechnerisch KvKn-Werte einstellen, die aufgrund der Begrenzung durch den Käfig nicht möglich sind. Die GF bildet tendenziell den gemessenen Verlauf gut ab, liefert aber etwas zu kleine Werte. Die Berechnung nach WZL_{dyn} verbessert die Vorhersage der Kugelgeschwindigkeit und liefert einen KvKn von etwa 1.000 µm im Vergleich zur Messung mit 800 µm. Die Untersuchungen weiterer Lastfälle und Lager zeigen vergleichbare Erkenntnisse wie die exemplarisch analysierten Beispiele.

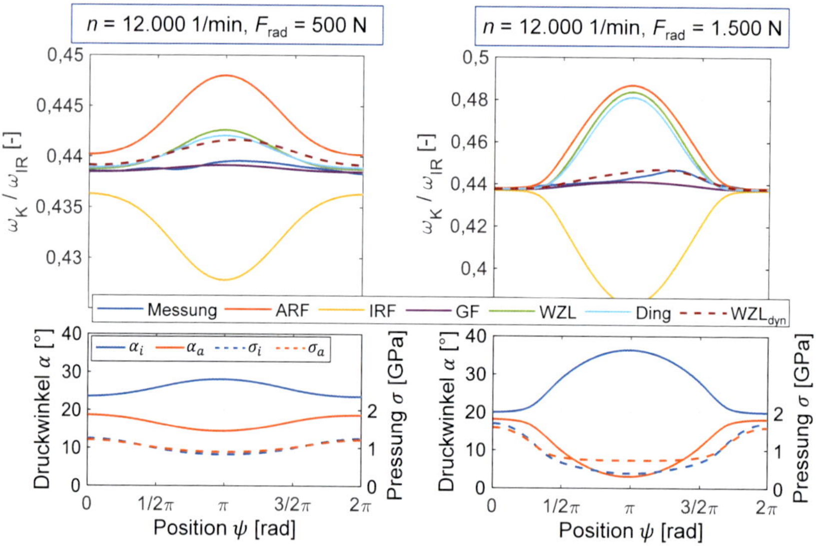

Bild 6.16: Gemessene und berechnete Orbitalgeschwindigkeiten, L 1.2, F_v = 1.075 N

Measured and calculated orbital speeds, L 1.2, F_v = 1,075 N

Wie in Kapitel 2.3.3 beschrieben, liegt bei der GF eine gleichmäßige Aufteilung des BRV am inneren und äußeren Kontakt vor. Die ähnlichen Verläufe zwischen der GF und der Messung lassen daher auf ein ausgeglichenes und damit geringes BRV unter radialer Belastung schließen. Auch hier würden die Methoden ARF, IRF, WZL und DING, insbesondere bei hohen Belastungen, zu hohe Werte für das BRV berechnen.

Bild 6.17 zeigt die Verläufe für die beiden Lager L 1.1 und L 1.2 bei einer erhöhten Radialkraft von 2.000 N, bei der die Kugeln am inneren Kontakt in der entlasteten Zone abheben. Wie zuvor bilden die Methoden ARF, IRF, WZL und DING die Geschwindigkeiten unzureichend ab, während WZL_{dyn} den Verlauf besser beschreibt. Sowohl die Beschleunigung bei Lager L 1.1 und die Verzögerung bei Lager L 1.2 beim Austritt aus der Lastzone als auch der charakteristische Geschwindigkeitsanstieg beim Wiedereintritt in die Lastzone werden abgebildet. In den Bereichen ohne Kontakt am Innenring (σ_i = 0 MPa) stellt sich rechnerisch eine annähernd konstante Geschwindigkeit ein. Die Messungen bei Lager L 1.1 zeigen jedoch bereits vor dem Eintritt in die Lastzone eine signifikante Beschleunigung. Die Ursache für diese Beschleunigung könnte ein Kontakt zwischen Kugel und Käfig sein.

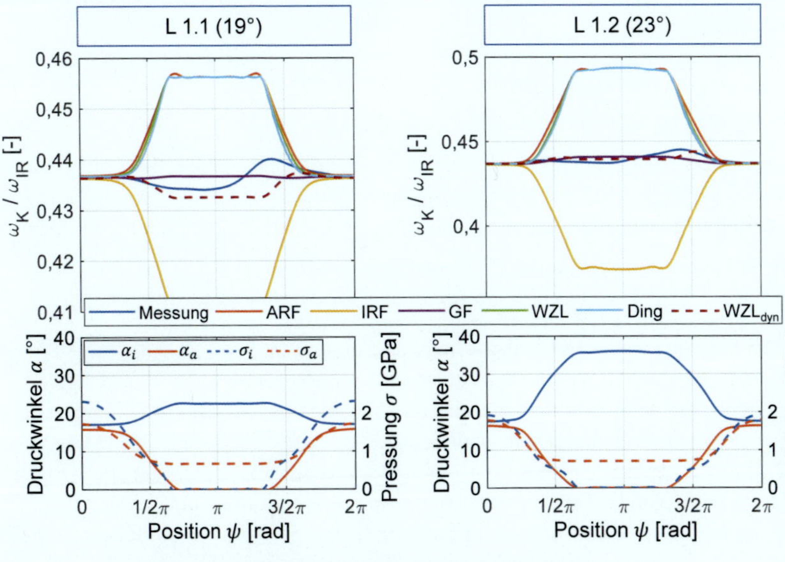

Bild 6.17: Gemessene und berechnete Orbitalgeschwindigkeiten, F_v = 1.075 N Parameter: n = 12.000 1/min und F_{rad} = 2.000 N

Measured and calculated orbital speeds, Fv = 1,075 N parameters: n = 12,000 1/min and F_{rad} = 2,000 N

Zusammenfassende Bewertung der Berechnungsmethoden

Zusammenfassend zeigen die Ergebnisse, dass die häufig angewendete Methode der ARF für die Abbildung der Kugelgeschwindigkeiten unter radialer Belastung nicht geeignet ist. Die Auslegung nach der ARF überschätzt den KvKn signifikant und begrenzt rechnerisch die ertragbare Radialkraft bei zu geringen Belastungen. Die IRF überschätzt den KvKn ebenfalls stark mit einer im Vergleich zur ARF inversen Geschwindigkeitsentwicklung von ω_K. Die Eignung der WZL-Führung und vergleichbarer Methoden wurde in zahlreichen Arbeiten für rein axial belastete Spindellager experimentell bestätigt [TÜLL99]; [DING01]; [WANG14]. Mit steigender Radialkraft überschätzen diese Methoden jedoch stark die Geschwindigkeitsmodulation und folgen verstärkt der ARF. Die Anwendung auf praxisrelevante Lastfälle in Hauptspindeln ist daher nicht uneingeschränkt möglich. Die GF stellt neben der ARF und der IRF eine effiziente, analytische Methode zur Abschätzung der Kugelführung dar. Im Vergleich zur ARF, IRF und der WZL-Führung beschreibt die geometrische Führung unter radialer Belastung besser die Kugelgeschwindigkeit. Jedoch liefert die GF, insbesondere bei sehr hohen Belastungen, zu geringe Modulationen, was einer konservativen Auslegung gegenübersteht. Die dynamische Methode WZL_{dyn} verbessert allgemein die Prognose der Kugelgeschwindigkeiten, was die dritte Forschungsfrage beantwortet. Der erhöhte Modellierungs- und Berechnungsaufwand im Vergleich zu den quasistatischen Methoden ist daher gerechtfertigt. Präzisere Reibmodelle für spindellagertypische Belastungen werden wahrscheinlich die vorliegenden Abweichungen bei geringen Belastungen weiter minimieren.

6.4 Analyse der Käfigbewegung und -belastung

Analysis of the cage motion and loading

Die in Kapitel 5.6 vorgestellten Methoden des starren und elastischen Käfigmodells werden nachfolgend auf gemessene Kugelpositionen angewendet. Die mit dem starren Modell abgeschätzte Käfigposition wird gemessenen Werten gegenübergestellt.

6.4.1 Messung und Berechnung der Käfigbewegung

Measuring and calculation of the cage motion

Die Messungen der radialen Käfigbewegung und der Kugelbewegungen erfolgen synchron auf Prüfstand 2 mit starrer Lageranstellung und Lager L 2.1 als Prüflager. Das Messprogramm entspricht dem Standard-Messprogramm mit der starren Lageranstellung, welches einen Warmlauf im lastfreien Zustand bei jeder Drehzahlstufe beinhaltet. Das optische System zur Messung der Käfigbewegung ist entgegen der optischen Messung der Kugelpositionen empfindlich gegenüber Verunreinigungen durch den Ölnebel. Aus diesem Grund wurde das Lager mit einer geringen, aber für eine betriebssichere Schmierung ausreichenden Menge Fett geschmiert.

Bild 6.18 stellt die gemessene Position des Käfigschwerpunktes (rote Markierung) relativ zur Lagerachse und die nach dem Vorgehen aus Kapitel 5.6.1 abgeschätzte Aufenthaltswahrscheinlichkeit, basierend auf den gemessenen Kugelpositionen, dar. Die Kugelpositionen entsprechen der Überlagerung der jeweiligen Soll-Position im Kugelsatz und der skalierten Abweichungen, die zu Überschneidungen in der Darstellung führen können. Bereits im lastfreien Zustand weisen die Kugeln eine Ungleichverteilung auf. Diese statisch umlaufende Abweichung ist über viele Käfigumdrehungen konstant. Die Ungleichverteilung führt dazu, dass der Käfig in seinem momentanen Bewegungsfreiraum eingeengt wird und annähernd exzentrisch mit dem Käfigführungsspiel im Radius umläuft.

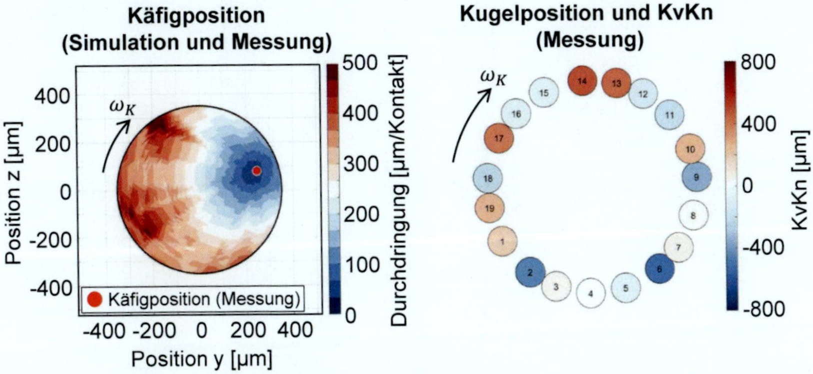

Bild 6.18: Käfig- und Kugelpositionen ohne Radialkraft

Cage and ball positions without radial load

Das Bild zeigt eine weitere, wichtige Erkenntnis für die quasistatische Simulation der Käfigbewegung und -belastung. Die Kugel mit dem größten Vorlauf, also die treibende Kugel, definiert die Richtung, mit welcher der Käfig zum Führungsbord am Außenring verschoben wird. Im Bild weist Kugel 14 den größten Vorlauf auf und verschiebt den Käfig in positiver y-Richtung.

Unter dem Einfluss der statischen Radialkraft, stellen sich Bereiche mit hohem KvKn ein (Bild 6.19). Bei 4.000 1/min bildet sich in Drehrichtung nach der Lastzone ein Vorlauf und vor der Lastzone ein Nachlauf der Kugeln aus. Die Modulation der Kugelbewegung liegt im Bereich des geometrisch möglichen KvKn. Durch die Kontaktkräfte zwischen Kugeln und Käfig wird der Käfig um sein Käfigführungsspiel verlagert und an den unteren Führungsbord des Außenrings gedrückt. Der mögliche Bewegungsfreiraum des Käfigs wird stark eingeengt. Dies zeigt der kleine Bereich mit geringer Durchdringung, der die wahrscheinlichste Position des Käfigs beschreibt. Die Auslenkung des Käfigs entspricht im Mittel dem Käfigführungsspiel im Radius.

Bei 8.000 1/min bilden die Kugeln erneut einen hohen KvKn aus. Die Bereiche mit vor- und nachlaufenden Kugeln verschieben sich um π, bezogen auf die Kugelbewegung bei 4.000 1/min. Diese Verschiebung lässt sich mit einem Übergang der Kugelführung von der Tendenz einer IRF zur ARF erklären. Der Käfig wird entsprechend der vor- und nachlaufenden Kugeln mit dem geometrisch möglichen Spiel verlagert. Die auf Basis der Kugelpositionen bestimmten Durchdringungen weisen auf eine stark eingeengte Käfigposition hin, dessen Schwerpunkt erneut um das Käfigführungsspiel im Radius verlagert ist. Die Messung der Käfigposition bestätigt dieses Verhalten.

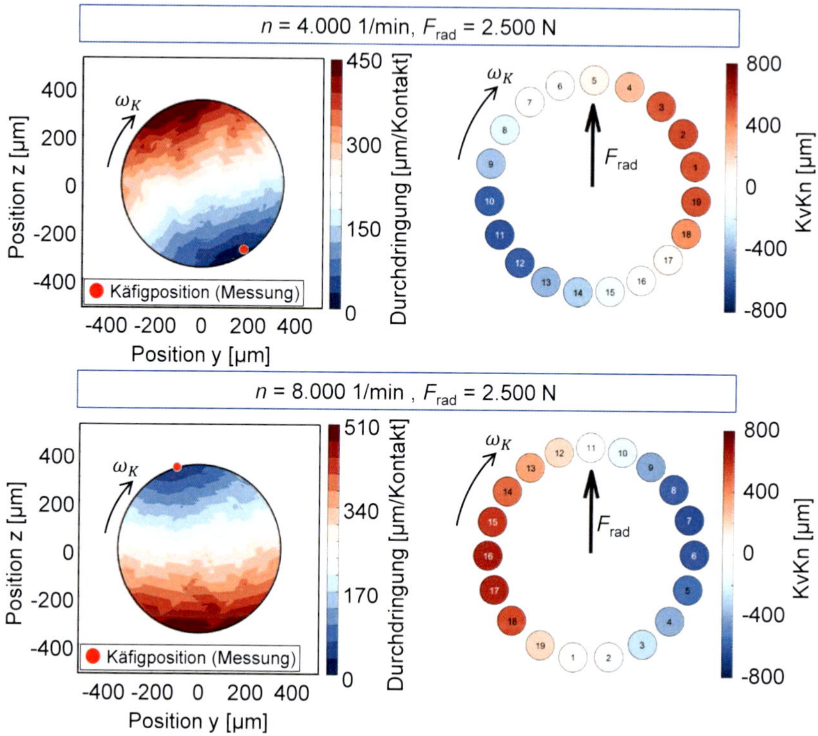

Bild 6.19: Käfig- und Kugelpositionen bei unterschiedlichen Drehzahlen

Cage and ball positions at different speeds

Zusammenfassend zeigen die auf Basis der Kugelpositionen abgeschätzte sowie die gemessene Käfigposition eine gute Übereinstimmung. Mit den Ergebnissen kann zudem nachgewiesen werden, dass bereits im lastfreien Zustand durch die Ungleichverteilung der Kugeln der Bewegungsfreiraum des Käfigs stark eingeschränkt wird. Im Vergleich zum gemessenen KvKn ohne Käfigmesssystem in Kapitel 6.2.3 bildet sich der KvKn über der Kraft ähnlich aus. Bei hohen Drehzahlen steigt der KvKn jedoch stärker an. Dies kann auf veränderte thermische Zustände zurückzuführen sein, die insbesondere bei der starren Anstellung einen signifikanten Einfluss auf die Lagervorspannung aufweisen.

Bild 6.20 zeigt die gemessene radiale Bewegung des Käfigschwerpunktes für die untersuchten Lastfälle. Im lastfreien Fall und bei geringen Radialkräften beschreibt die Bewegungstrajektorie des Käfigs eine annähernd kreisförmige Bahn. Entgegen der Ergebnisse von CHOE und ARYA kann keine Reduktion der radialen Käfigbewegung unter reiner Axiallast mit steigender Drehzahl beobachtet werden [CHOE19]; [ARYA22].

Die Bewegung wird bei geringen und hohen Drehzahlen mit zunehmender Radialkraft durch den steigenden KvKn eingeschränkt. Dieses Verhalten folgt den Ergebnissen von WEN [WEN17]. Bei 6.000 1/min ist der KvKn weniger ausgeprägt, sodass auch die Käfigbewegung bei hohen Kräften weniger eingeschränkt wird. Die Lage der Käfigposition verschiebt sich mit steigender Drehzahl. Dies zeigt den Wechsel der Kugelführung mit steigender Drehzahl von der Tendenz einer IRF zur ARF an.

Die getroffene Annahme eines starren Käfigs für die Auswertung der gemessenen Käfigposition überschätzt die Verlagerung der Käfigposition bei einer Deformation im Betrieb. Die ausgewerteten Verlagerungen können somit das Käfigführungsspiel übersteigen. Dieser Effekt tritt beispielsweise bei 8.000 1/min und hoher Belastung auf.

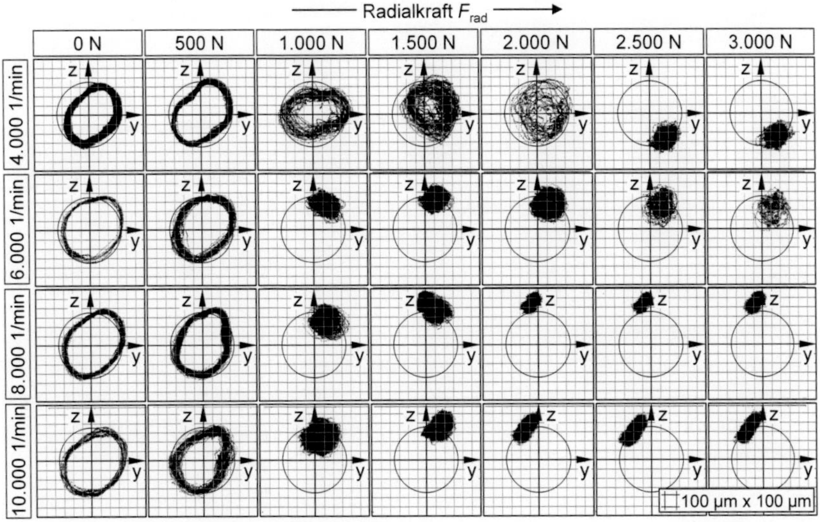

Bild 6.20: Gemessene radiale Käfigbewegung
Measured radial cage motion

6.4.2 Berechnung der Käfigbelastung
Calculation of the cage loading

Die Analyse der Käfigbelastung erfolgt auf Basis gemessener Kugelpositionen. Somit kann die tatsächliche Belastung im Betrieb bestimmt werden. Das Lager L 1.2 (23°) bildet bei der Drehzahl 15.000 1/min und 1.750 N Radialkraft bei der Vorspannung von 1.075 N einen hohen KvKn aus (Bild 6.7). Bild 6.21 zeigt die für diesen Lastfall berechneten Normalkräfte in den Käfig-Kugel-Kontakten F_n^{K-WK} sowie in den Käfig-Außenring-Kontakten F_n^{K-AR}. Die Kräfte F_n^{K-AR} sind für jeden Knoten angegeben und weisen daher eine Abhängigkeit von der Knotendichte im Modell auf.

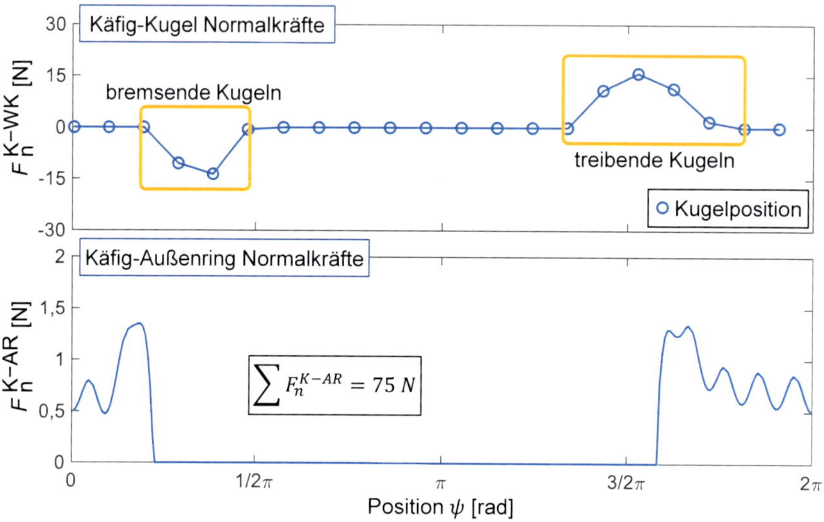

Bild 6.21: Normalkräfte in den Käfig-Kugel- und Käfig-Außenring-Kontakten, L 1.2, Parameter: n = 15.000 1/min, F_{rad} = 1.750 N

Normal forces in the cage-ball- and cage-outer ring-contacts, L 1.2 parameters: n = 15,000 1/min, F_{rad} = 1,750 N

Im analysierten Zeitschritt wird der Käfig von vier Kugeln getrieben und von zwei nachlaufenden Kugeln gebremst. Das Ungleichgewicht der treibenden Kugeln bezogen auf die bremsenden Kugeln bildet die Reibung in den Käfigkontakten ab. Die maximale Normalkraft von 15 N entspricht einer Hertzschen Pressung von 220 MPa im Käfig-Kugel-Kontakt.

Der gemessene KvKn übersteigt mit etwa 1.580 µm (Tabelle 5) den geometrisch möglichen KvKn um etwa 480 µm. Dies führt zu einer elastischen Verformung des Käfigs, der sich durch die Belastung an den Führungsbord am Außenring anschmiegt. Die Variation von F_n^{K-AR} resultiert aus der veränderlichen Elementsteifigkeit aufgrund der Schwächung durch die Käfigtaschen sowie aus der abweichenden Elementbreite im Bereich der Käfigstege (Bild 5.12 und Bild 5.13). Im Vergleich zur direkten Messung der Käfigsteifigkeit in Bild 5.18 nimmt die summierte Kontaktnormalkraft höhere Werte aufgrund der fliehkraftbedingten Aufweitung des Käfigs an.

Die Normalkraft im Käfig-Außenring-Kontakt weist einen breiten Kontaktbereich von über $\pi/2$ nach. Dies bestätigt die Notwendigkeit eines elastischen Käfigmodells zur Analyse der Käfigbelastung unter hohem KvKn. Eine geringe Überschreitung des geometrisch möglichen KvKn führt aufgrund der nichtlinearen Kennlinie (Bild 5.18) nur zu geringen Kontraktkräften. Ein starres Käfigmodell würde somit bei vorgegebenem KvKn die Belastung des Käfigs stark überschätzen.

Das elastische Käfigmodell eignet sich insbesondere für Lastfälle mit hohem KvKn, der den geometrisch möglichen KvKn übersteigt. Bei geringen Drehzahlen und hohen Belastungen folgt die Kugelbewegung tendenziell der IRF und der KvKn erreicht maximal Werte im Bereich des geometrisch möglichen KvKn. Hierbei üben die Kugeln keine signifikanten Belastungen auf den Käfig aus und das Modell würde keine Kontaktkräfte anzeigen. Für diese Lastfälle eignet sich das starre Modell aus Kapitel 5.6.1 für die Bewegungsanalyse.

6.5 Reibung unter Radiallast

Friction under radial load

Das benötigte Antriebsmoment des Lagers, das dem reibungsbedingten Verlustmoment entspricht, ist ein zusammenfassender Indikator für die Kinematik und Belastung aller Lagerkomponenten. Bei Minimalmengenschmierung ist nach STEINERT [STEI95] die Käfigreibung vernachlässigbar, während weitere experimentelle Analysen einen Anteil von 10 % bis 50 % am Gesamtreibmoment nachweisen [BREC14a]. Die experimentellen und simulativen Analysen erfolgten nur unter axialer Belastung. Der Einfluss unter Radiallast mit einem ausgeprägten KvKn ist nicht bekannt.

Der KvKn verändert die Bewegung des Käfigschwerpunktes von exzentrisch umlaufend hin zu einer statischen Auslenkung zum äußeren Führungsbord (Bild 6.20). Mit steigendem KvKn wird die Käfigreibung somit überwiegend von den Normalkräften in den Käfig-Kugel und Käfig-Außenring-Kontakten durch den KvKn und nicht mehr von der Fliehkraft durch den exzentrischen Umlauf bestimmt. Die Entwicklung der Lagerreibung unter variierenden Drehzahlen und Radialkräften wurde auf Prüfstand 1 mit elastischer Anstellung in der Reibmoment Konfiguration (Bild 4.9) untersucht. Bild 6.22 zeigt den gemessenen KvKn sowie das summierte Reibmoment des Prüf- und Stützlagers. Eine Änderung dieses Reibmomentes durch die Variation der Radialkraft wird hauptsächlich durch das Prüflager bestimmt, da das Stützlager keine signifikante Radialbelastung erfährt. Somit spiegelt der dargestellte Verlauf den Einfluss der radialen Belastung auf die Reibung des Prüflagers wider.

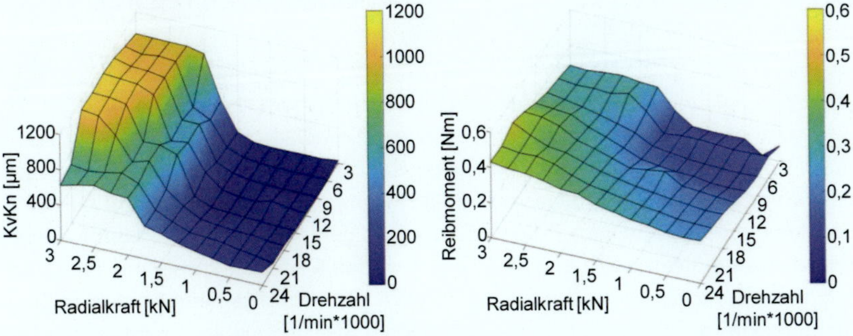

Bild 6.22: KvKn und Reibmoment, L 1.1, F_v = 1.075 N

KvKn and friction torque, L 1.1, F_v = 1,075 N

Der KvKn bildet im hohen Kraftbereich ein Plateau in der Höhe des geometrisch möglichen KvKn aus. Der Anstieg des KvKn weist bei geringeren Drehzahlen einen steileren Verlauf auf. Einen qualitativ ähnlichen Verlauf zeigt das gemessene Reibmoment und weist auf einen Zusammenhang mit der Kugelkinematik, die durch den KvKn repräsentiert wird, hin. Im lastfreien Zustand steigt das Reibmoment mit steigender Drehzahl an und bestätigt das zu erwartende Verhalten [ROSS13].

Bei diesem Lager führt eine Steigerung der Vorspannkraft zu einer deutlichen Reduktion des KvKn unter hoher Radialkraft (Bild 6.4), sodass ein geringeres Reibmoment in diesen Parameterbereichen wahrscheinlich ist. Bild 6.23 stellt hierzu die Differenzen zwischen den Vorspannungen F_v = 1.613 und F_v = 1.075 N für den gemessenen KvKn $(KvKn_{1.613\,N} - KvKn_{1.075\,N})$ und das Reibmoment $(M_{r,1.613\,N} - M_{r,1.075\,N})$ dar. Im lastfreien Fall ist das Reibmoment erwartungsgemäß bei der erhöhten Vorspannung größer [ROSS13]. Unter hohen Radialkräften zeigt das Lager mit erhöhter Vorspannung ein geringeres Reibmoment. Eine erhöhte Vorspannung führt demnach nicht nur zu einem reduzierten KvKn, sondern kann auch eine geringere Verlustleistung unter hohen radialen Belastungen bewirken. Bei diesem Lager wird der geometrisch mögliche KvKn im betrachteten Parameterbereich nicht überschritten, sodass der Einfluss der Käfigreibung auf das Lagerreibmoment durch einen ausgeprägten KvKn gering ist.

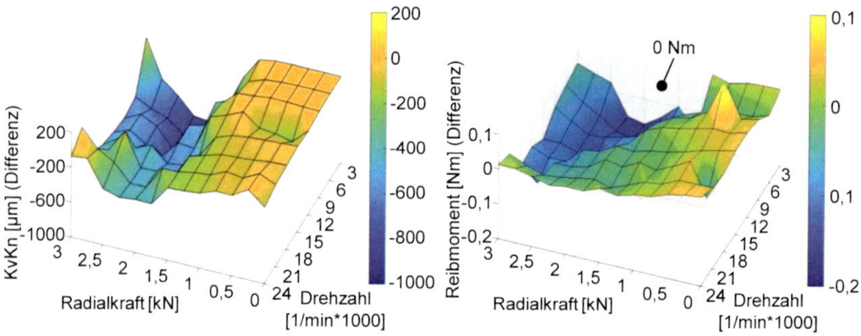

Bild 6.23: Differenzen des KvKn und des Reibmomentes zwischen F_v = 1.613 N und F_v = 1.075 N, L 1.1

Differences of the KvKn and the torque between F_v = 1,613 N and F_v = 1,075 N, L 1.1

Bild 6.24 zeigt den entsprechenden Verlauf für das Lager L 1.2 bei F_v = 1.075 N. Der KvKn entwickelt die zwei bekannten Bereiche mit erhöhtem KvKn (Kapitel 6.2.2). Bei hohen Drehzahlen und geringer bis mittlerer Radialkraft übersteigt der KvKn den geometrisch möglichen Wert, sodass der Käfig zwischen den Kugeln und dem Außenring verspannt und verformt wird (Kapitel 6.4.2). Das gemessene Reibmoment folgt dem Verlauf des erhöhten KvKn und weist den erwarteten Anstieg im Reibmoment nach. Aufgrund der nichtlinearen Deformationssteifigkeit des Käfigs beim Kontakt mit dem Führungsbord am Außenring treten die erhöhten Reibmomente hauptsächlich konzentriert in den Bereichen mit stark überhöhtem KvKn auf. Eine dauerhafte Belastung mit hoher Käfigbeanspruchung ist daher im Fräsprozess mit variierenden Drehzahlen und Belastungen unwahrscheinlich. Die Erhöhung des Reibmomentes mit steigendem KvKn, bevor der geometrisch mögliche KvKn überschritten wird, ist allgemein deutlich geringer. Bei einem hohen KvKn nimmt die Käfigreibung daher ergänzend zu den Anteilen durch die erhöhten Kontaktbelastungen und der veränderten Kugelkinematik einen hohen Anteil am Gesamtreibmoment unter radialer Belastung ein.

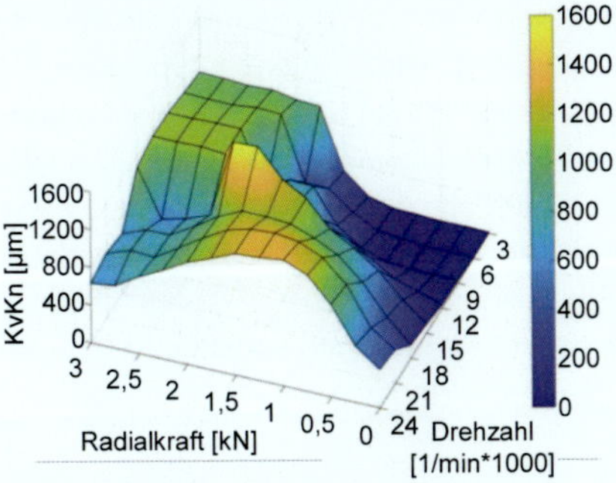

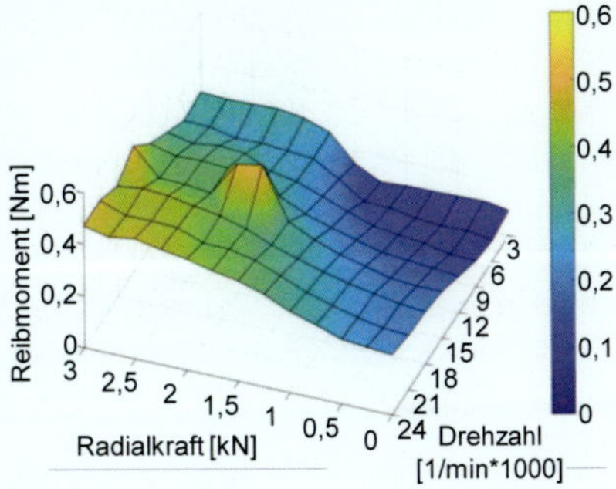

Bild 6.24: KvKn und Reibmoment, L 1.2, F_v = 1.075 N
KvKn and friction torque, L 1.2, F_v = 1,075 N

6.6 Analyse unter dynamischer Belastung

Analysis under dynamic load

Bereits im Lastfall mit stationär wirkenden, statischen Belastungen, also in Betrag und Richtung gleichbleibender Radialkraft, unterliegen die Kugeln einem instationären Bewegungsverhalten. Diese Modulation der Kugelgeschwindigkeiten ist gleichbleibend mit jeder Umdrehung des Käfigs. Bei einer dynamischen Belastung variiert die Ausprägung sowie die Lage der Lastzone kontinuierlich. Die Eigenschaften der Kraftparameter reichen von einer stationär wirkenden harmonischen Kraft in einer radialen Richtung bis hin zu umlaufenden, dynamischen Kräften. Letztere entsprechen der Charakteristik einer Unwucht oder eines Fräsprozesses.

Durch die dynamische Belastung werden zwei Effekte hervorgerufen, welche die Kugelgeschwindigkeiten beeinflussen. Die dynamische Belastung führt dazu, dass die Kugel innerhalb einer Käfigumdrehung mehrere Lastmodulationen erfährt, die entsprechende Beschleunigungs- und Abbremsvorgänge bewirken können. Eine Reduktion dieser Geschwindigkeitsmodulationen ist aufgrund der begrenzten Antriebskräfte über die Scherung des Schmierstoffs wahrscheinlich. Weiterhin führen umlaufende dynamische Kräfte zu einer langsameren Änderung der relativen Lage zwischen der resultierenden Lastzone und den Kugelpositionen. Die Kugeln verweilen daher länger in Zonen mit erhöhter, beziehungsweise verminderter Orbitalgeschwindigkeit, sodass der KvKn beeinflusst wird. Diese Effekte werden nachfolgend rechnerisch und experimentell untersucht. Die Analysen basieren auf Prüfstand 1 mit Lager L 1.1 bei einer axialen Vorspannkraft von 1.075 N.

6.6.1 Grundlegende Berechnungen

Fundamental Calculations

Bild 6.25 zeigt die unter statischer und sinusförmiger, dynamischer Belastung berechnete Geschwindigkeit ω_K einer Kugel sowie den resultierenden KvKn bei einer Drehzahl von 9.000 1/min. Die Amplitude der dynamischen Belastung beträgt ± 500 N. Die mittlere Kraft bei der dynamischen Belastung wurde mit 1.000 N so gewählt, dass die gleichen Maximalkräfte von 1.500 N im statischen und dynamischen Fall vorliegen. Die Frequenz der dynamischen Belastung beträgt mit 450 Hz der dreifachen Drehfrequenz und repräsentiert ein dreischneidiges Werkzeug. Die Lastaufbringung erfolgt in beiden Fällen mit einer sinusförmigen Rampe. Bei einem sprunghaften Lastanstieg würde, aufgrund der initial gleichverteilten Kugelpositionen, nach jeder vollen Käfigumdrehung wieder eine Gleichverteilung im statischen Lastfall vorliegen. Dies führt rechnerisch zu einer Modulation des KvKn, der aber unter statischer Belastung konstant ist. Die Berechnung basiert auf der ARF, um allgemeine Effekte darzustellen.

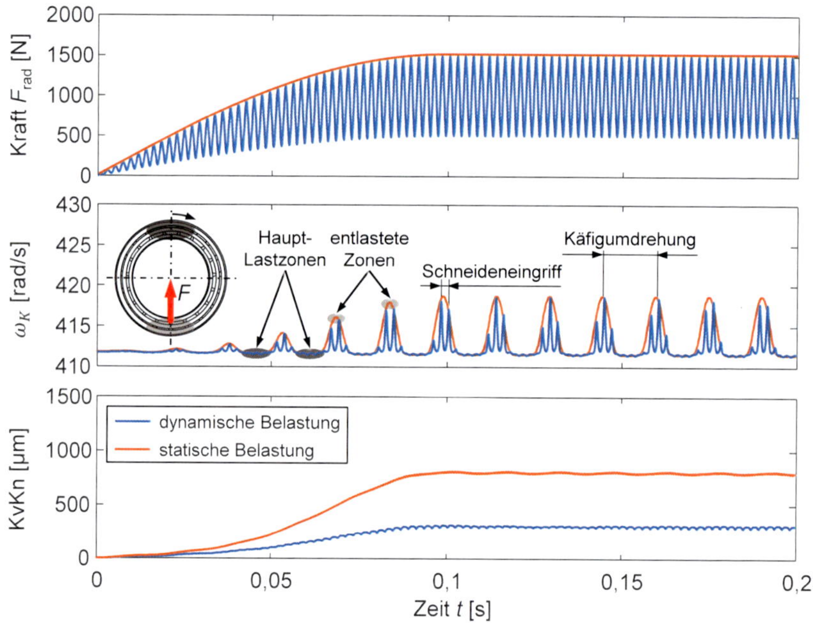

Bild 6.25: Orbitalgeschwindigkeit und KvKn bei statischer und dynamischer Belastung
Orbital speed and KvKn under static and dynamic load

Im statischen Lastfall moduliert ω_K innerhalb einer Käfigumdrehung und der KvKn ist annähernd konstant. Bei der dynamischen Belastung bewirkt der statische Kraftanteil ebenfalls eine dominante Modulation innerhalb einer Käfigumdrehung. Ergänzend führt der dynamische Kraftanteil zu einer überlagerten Modulation von ω_K. Das Übersetzungsverhältnis zwischen der Käfig- und Innenringdrehzahl erhöht die Anzahl der

Belastungszyklen einer Kugel während einer Käfigumdrehung im Vergleich zu der am Innenring anliegenden dynamischen Belastung. Bei einem mittleren Verhältnis ω_K/ω_{IR} von etwa 0,44 (Bild 6.6) erfährt die Kugel während der dynamischen Belastung mit der dreifachen Wellendrehfrequenz etwa sieben Belastungszyklen innerhalb einer Käfigumdrehung. Aufgrund des ungeraden Übersetzungsverhältnisses von ω_K/ω_{IR} ändert sich das Belastungsprofil der Kugel und damit auch die Geschwindigkeiten mit jeder Käfigumdrehung. Im Bereich der Haupt-Lastzone führen die dynamischen Lastanteile zu keiner relevanten Modulation der Orbitalgeschwindigkeit, was auf die allgemein geringe Druckwinkelschere durch die erhöhten Kontaktbelastungen in diesem Bereich zurückzuführen ist. Der resultierende KvKn bei dynamischer Belastung ist durch den geringeren statischen Kraftanteil deutlich niedriger als im statischen Lastfall und wird durch die ausgeprägte dynamische Modulation von ω_K nur gering beeinflusst.

Die Entwicklung des zeitlich gemittelten KvKn unter dynamischer Belastung mit variierenden Frequenzen und Kraftamplituden bei der Drehzahl von 12.000 1/min zeigt Bild 6.26. Die Frequenzstufen entsprechen in Analogie zum Fräsprozess den harmonischen der Drehfrequenz und bilden damit die Schneidenanzahl ab. Die Kraft wirkt stationär in einer radialen Richtung. Im statischen Fall (0 Hz) entspricht die Kraft der Summe aus F_{stat} und der entsprechenden Kraftamplitude.

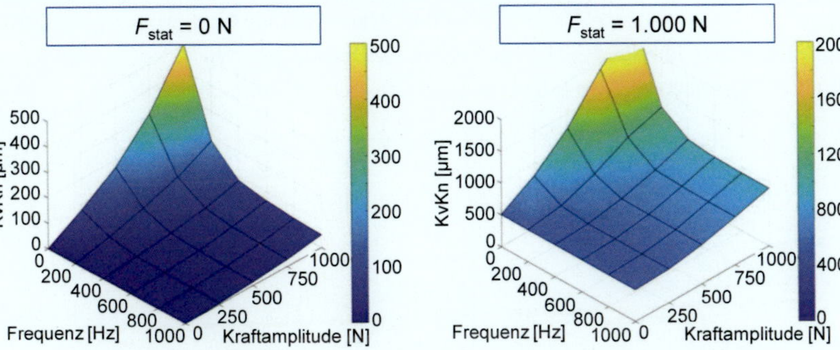

Bild 6.26: KvKn unter dynamischen Belastungen nach der ARF bei *n* = 12.000 1/min

KvKn under dynamic load according to the ORC at n = 12,000 1/min

Beim Lastfall mit F_{stat} = 0 N, also rein wechselnden Lasten, fällt der KvKn bei hohen Kraftamplituden mit steigender Frequenz deutlich ab. Dieses Verhalten zeigt auch die Belastung mit der gesteigerten statischen Kraftkomponente von F_{stat} = 1.000 N, wobei das generelle Niveau des KvKn erhöht ist. Der höchste KvKn unter dynamischer Belastung liegt bei der ersten technisch relevanten Belastung mit der Drehfrequenz (200 Hz) vor. Ab der zweifachen Drehfrequenz (400 Hz) bildet sich in dem dargestellten Parameterbereichen ein konstanter KvKn aus, der durch eine Steigerung der Anregungsfrequenz nur gering verändert wird. Grundsätzlich weist der statische Kraftanteil den größten Einfluss auf den KvKn auf, wie die Verläufe des KvKn bei 0 Hz zeigen.

6.6.2 Messung des KvKn unter dynamischer Belastung

Measuring of the KvKn under dynamic load

Den Einfluss dynamischer Belastungen mit der Drehfrequenz auf den KvKn bei variierenden Drehzahlen zeigt Bild 6.27. Die Untersuchungen wurden mit harmonischer Belastung mit einem Aktor in stationärer Richtung sowie mit einer gleich- und gegensinnig mit der Welle umlaufenden Last mittels zwei Aktoren durchgeführt. Die gleichsinnige Belastung entspricht einer Unwucht, wobei die gegensinnige Belastung einen theoretischen Fall darstellt. Die Kraftamplitude der rein wechselnden Last beträgt bei allen Versuchen 250 N (500 N Peak-to-Peak).

Der höchste KvKn bildet sich bei allen Drehzahlen mit der nachgebildeten Belastung einer Unwucht aus. Bei diesem Lastfall rotieren die Lastzone und der Kugelsatz synchron mit abweichenden Winkelgeschwindigkeiten, sodass die jeweiligen Kugeln längere Belastungs- beziehungsweise Entlastungsphasen beim Umlauf erfahren. Diese längeren Phasen führen dazu, dass die Kugeln in einem längeren Zeitraum einen Vor- beziehungsweise Nachlauf aufbauen können. Der theoretische Lastfall mit gegensinniger Belastung führt ebenfalls zu erhöhten Werten im Vergleich zum stationären Lastfall. Obwohl die nachgebildete, an der Lasteinheit angreifende, Unwucht mit 40 gmm bei 24.000 1/min dem vierfachen der zulässigen Unwucht bei G2,5 entspricht [DIN17], erreicht der KvKn allgemein keine kritischen Werte, die im Bereich des geometrisch möglichen KvKn von etwa 1.100 µm liegen. Bei spindellagertypischen Anwendungen ist daher ein kritischer KvKn aufgrund einer Unwucht unwahrscheinlich.

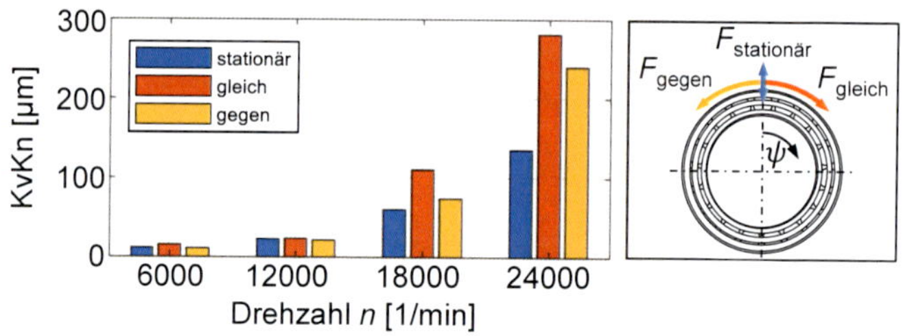

Bild 6.27: KvKn bei Belastung mit der Wellendrehfrequenz

KvKn when loaded with the shaft rotation frequency

Die Aktorik ermöglicht beliebige Belastungen und damit auch einen weiteren theoretischen Lastfall, bei dem das Lager umlaufend mit der Käfigdrehfrequenz belastet wird [ECKE22]. In diesem Fall rotiert die Lastzone synchron und mit gleicher Winkelgeschwindigkeit mit dem Kugelsatz, wobei die relative Lage zwischen der Kraftrichtung und den Kugelpositionen konstant bleibt. Die Ergebnisse zeigen, dass die einzelnen Kugeln kontinuierlich vor- und nachlaufen, sodass sich ein konstanter, hoher KvKn ausbildet. Ohne die Begrenzung durch den Käfig würde der KvKn kontinuierlich ansteigen. Diese Belastung könnte für beschleunigte Verschleißuntersuchungen des Käfigs genutzt werden.

Bild 6.28 zeigt die Entwicklung des gemessenen KvKn bei variierenden statischen Kraftanteilen und überlagerten, dynamischen Belastungen mit einer Kraftamplitude von 500 N (1.000 N Peak-to-Peak). Unter reiner Wechsellast bei F_{stat} = 0 N tritt bei keiner technisch relevanten Anregungsfrequenz von f_n und deren Harmonische ein relevanter KvKn auf. Erst durch die Überlagerung mit einem statischen Kraftanteil erreicht der KvKn höhere Werte.

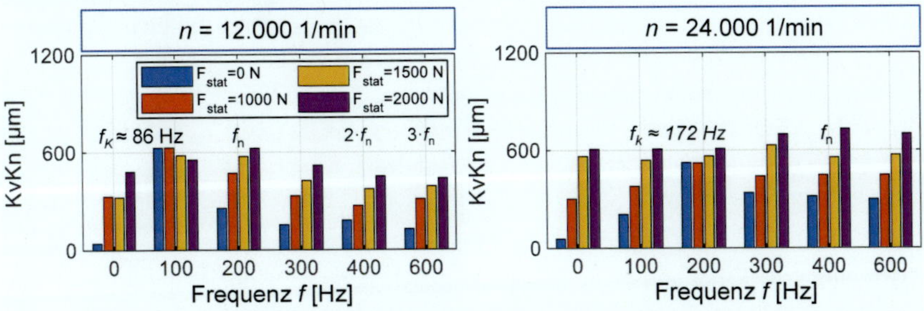

Bild 6.28: Gemessener KvKn unter stationärer dynamischer Belastung mit 500 N Amplitude
Measured KvKn under stationary dynamic load with 500 N amplitude

Die größten Verstärkungen des KvKn im Vergleich zur statischen Belastung entstehen im Bereich der Käfigdrehfrequenz f_K und f_n, als erste technisch relevante Frequenz, wie insbesondere die Ergebnisse bei der Drehzahlstufe 12.000 1/min zeigen. Bei einer dynamischen Belastung im Bereich von f_K mit 100 Hz bei 12.000 1/min, beziehungsweise 200 Hz bei 24.000 1/min, liegen bei allen statischen Kraftkomponenten vergleichbarer KvKn vor. Verantwortlich hierfür ist eine niederfrequente Modulation der Kugelbewegung, die aus der Schwebefrequenz zwischen der Anregung und der Käfigdrehfrequenz resultiert.

Die experimentellen Analysen bestätigen die Berechnungsergebnisse aus Bild 6.26, dass hauptsächlich der statische Kraftanteil den KvKn bestimmt. Eine dynamische Belastung mit der Drehfrequenz erhöht geringfügig den KvKn im Vergleich zur statischen Last, wobei eine Belastung mit den Höherharmonischen der Drehfrequenz tendenziell eine Reduktion des KvKn bewirkt. Diese Ergebnisse beantworten die fünfte Forschungsfrage für harmonische Belastungen. Die Entwicklung des KvKn unter komplexeren dynamischen Belastungen im Zerspanprozess wird in Kapitel 7 experimentell untersucht.

6.7 Langzeitversuche zum Verschleißverhalten

Long term tests on wear-behavior

In den Kurzzeitversuchen konnten Lastzustände mit hohen kinematischen und mechanischen Lagerbelastungen identifiziert werden. Die Wirkung dieser spezifischen Belastungen auf das Ausfallverhalten der Lager wurde in Langzeitversuchen auf den Prüfständen 1 und 2 untersucht.

6.7.1 Statische Belastung

Static load

Die in Kapitel 6.2 vorgestellten Ergebnisse der Kurzzeitversuche zeigen die grundlegende Entwicklung des KvKn unter variierenden Drehzahlen und Belastungen. Lager mit geringem Fertigungsdruckwinkel bilden einen erhöhten KvKn bei hohen Radialkräften im unteren bis mittleren Drehzahlbereich aus. Mit steigendem Fertigungsdruckwinkel tritt eine weitere Zone mit verstärktem KvKn bei hohen Drehzahlen und mittleren Radialkräften auf. Zur Berücksichtigung dieser Effekte wurden Lager L 1.1, L 1.2 und L 1.4 in Langzeitversuchen mit den Parametern aus Tabelle 5 auf Prüfstand 1 mit elastischer Anstellung belastet. Die gelisteten Pressungen σ_{max} und σ_{min} quantifizieren die maximalen und minimalen Pressungen im Kugelsatz. Eine Pressung σ_{min} von 0 MPa weist auf ein Abheben der Kugeln am inneren Kontakt in der entlasteten Zone hin.

Die Belastungsdaten wurden für einen maximalen KvKn und für einen reduzierten KvKn durch die Erhöhung einer spezifischen Belastung für jedes Lager parametriert. Bei Lager L 1.1 wird die Reduktion des KvKn durch eine Steigerung der Drehzahl und bei den Lagen L 1.2 und L 1.4 durch eine Steigerung der Radialkraft erzielt. Die Versuchsdauer wurde unter der Annahme, dass Schäden an den Hartgewebekäfigen innerhalb kurzer Zeit auftreten, auf 336 h (zwei Wochen) begrenzt.

Tabelle 5: Übersicht der Langzeitversuche mit statischer Kraft

Overview of the long-term investigations with static force

Lager	F_v [N]	n [1/min]	F_{rad} [N]	$\sigma_{max} \mid \sigma_{min}$ [MPa]	KvKn [µm]	Ausfall (Anzahl)
L 1.1	1.075	12.000	2.500	2.574 | 0	1.076	Nein (1)
(19°)	1.075	24.000	2.500	2.557 | 0	707	Nein (1)
L 1.2	1.075	15.000	1.750	1.804 | 0	1.580	Nein (1)
(23°)	1.075	15.000	2.500	2.099 | 0	632	Nein (1)
L 1.4	1.075	12.000	1.500	1.732 | 343	1.370	Ja (1), Nein (2)
(25°)	1.075	12.000	2.500	2.149 | 0	398	Nein (1)

Keine der in Tabelle 5 gelisteten Belastungen führte zu einem reproduzierbaren Ausfall der Lager innerhalb der Versuchsdauer. Aufgrund des unauffälligen Betriebsverhaltens innerhalb der Versuchsdauer wurden für die durchgelaufenen Lager keine Wiederholungsversuche durchgeführt.

Typische Verschleißbilder am Käfig zeigt Bild 6.29. Die Käfiggeometrie der Lager L 1.1 und L 1.2 bewirkt einen Kugelkontakt an der Innenkante der Käfigtasche. Bei L 1.4 ist der Innendurchmesser des Käfigs geringer, sodass die Kugel die Käfigtasche auf der Zylinderfläche berührt. Durch die Kontakte aufgrund des KvKn entstehen stärkere Verschleißspuren im Bereich der in Umfangsrichtung vorderen und hinteren Käfigtasche als an den seitlichen Bereichen. Tendenziell zeigen die Käfige bei den Lastfällen mit geringerem KvKn weniger stark ausgeprägte Verschleißspuren, die jedoch insbesondere bei den Lagern L 1.1 und L 1.2 bei allen Belastungen nur gering ausgeprägt sind. Eine frühzeitiger Käfigschaden durch einen KvKn, der über dem Niveau des geometrisch möglichen KvKn liegt (vgl. Kapitel 6.1 und 6.2), konnte in den Versuchen nicht nachgewiesen werden. Eindeutige Verfärbungen am Führungsbord des Käfigs sind nur bei L 1.4 zu erkennen, die aufgrund des unauffälligen Betriebsverhaltens jedoch noch unkritisch zu bewerten sind.

Ein einmaliger Ausfall von L 1.4 bei F_{rad} = 1.500 N nach einer Versuchsdauer von etwa 3 h konnte in Wiederholungsversuchen nicht erneut hervorgerufen werden. Die Ergebnisse zeigen, dass für die untersuchten Spindellager mit Hartgewebekäfig, ein hoher KvKn nicht unmittelbar zum frühzeitigen Ausfall führt. Die hohen Belastungen konnten während der gesamten Versuchsdauer unter Berücksichtigung einer betriebssicheren Schmierung vom Käfig ertragen werden. Ergänzend weisen die Ergebnisse darauf hin, dass auch ein Kontaktverlust der Kugeln am Innenring nicht unmittelbar zum frühzeitigen Ausfall des Käfigs beziehungsweise des Lagers führt.

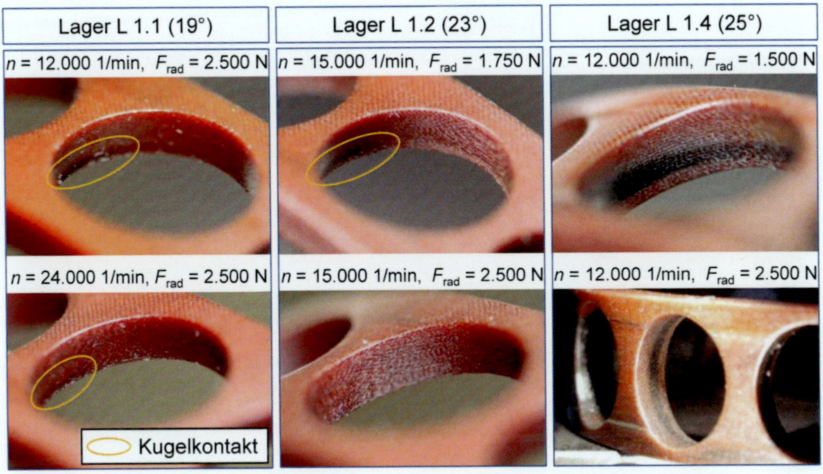

Bild 6.29: Verschleißspuren am Käfig

Wear marks on the cage

Die tatsächliche Belastbarkeit der Käfigkontakte muss in Analogieversuchen ermittelt werden. Mit bekannten Belastungsgrenzen und den entwickelten Methoden zur Bestimmung des KvKn und der Kontaktkräfte mit dem elastischen Käfigmodell kann eine präzisere Auslegung erfolgen.

6.7.2 Statische und dynamische Belastung

Static and dynamic load

Langzeitversuche auf den beiden Prüfständen vom Typ 2 sollen den Einfluss dynamischer Belastungen auf die Gebrauchsdauer der Lagerung aufzeigen. Die Lagerung entspricht dem Standard-Aufbau in O-Anordnung mit den Lagern L 2.1 und L 1.3 und

800 N Vorspannung im Einbauzustand. Die Belastungsdaten sowie die charakteristischen Lagerlasten sind in Tabelle 6 gelistet. Die angegebenen Pressungen und der KvKn des vorderen Lagers (L 2.1) basieren auf gemessenen Werten. Die maximale Belastungsdauer wurde auf 1.000 h begrenzt.

Die dynamische Belastung erfolgte bei den Drehzahlen 4.000 1/min und 10.000 1/min jeweils im Bereich der ersten radialen Eigenfrequenz (350 Hz), um möglichst hohe mechanische Belastungen zu erzielen. Die jeweils statische Vergleichsbelastung entspricht der Summe aus dem statischen Anteil F_{stat} und der dynamischen Amplitude F_{Ampl}. Ergänzend wurden die Spindeln statisch mit Lastfall 3 (LF) und dynamisch mit LF 4 im Bereich der Drehfrequenz belastet, was entsprechend den Erkenntnissen aus den Kurzzeitversuchen zu einem erhöhten KvKn führt. Eine weitere hohe statische Belastung erfolgte mit LF 7.

Tabelle 6: Übersicht der Langzeitversuche mit statischen und dynamischen Kräften
Overview of the long-term investigations with static and dynamic forces

LF	n [1/min]	F_{stat} [N]	Belastung F_{Ampl} [N]	f [Hz]	σ_{max} | σ_{min} [MPa]	KvKn [µm]	Ausfall (Anzahl)
1	4.000	1.500	500	350	2.314 | 483	-	Nein (2)
2	4.000	2.000	0	0	1.752 | 562	907	Nein (2)
3	4.000	3.000	0	0	2.003 | 516	935	Nein (2)
4	10.000	1.500	500	170	1.895 | 976	-	Nein (2)
5	10.000	1.500	500	350	2.136 | 926	-	Nein (2)
6	10.000	2.000	0	0	1.892 | 967	685	Nein (2)
7	10.000	3.500	0	0	2.194 | 887	611	Nein (2)

Obwohl die maximalen Pressungen den Grenzwert von 2.000 MPa teils deutlich überschreiten, trat bei keiner Belastung ein kritischer Lagerschaden auf. Die Belastung im Bereich der Eigenfrequenz führt zu signifikanten Erhöhungen der maximalen Pressungen (vgl. LF 1 und LF 2 sowie LF 5 und LF 6). Ergänzend zeigt der Vergleich zwischen LF 5 und LF 7, dass eine sehr hohe statische Radialkraft notwendig ist, um die Belastungen durch die dynamischen Überhöhungen zu erreichen. Die Belastungsparameter, die zu einem erhöhten KvKn führen, zeigen ebenfalls keinen Einfluss auf die Gebrauchsdauer. Entsprechend der Ergebnisse der Langzeitversuche aus Kapitel 6.7.1 zeigen die Käfige bei den Lastfällen mit hohem KvKn typische Laufspuren in den vorderen und hinteren Käfigtaschen (Bild 6.30).

Einen wichtigen Effekt radialer Belastungen weisen die Verschleißspuren auf den Kugeln nach. Die Kugeln des vorderen Lagers erfahren unter der radialen Belastung eine kontinuierliche Modulation der Druckwinkel. Dementsprechend modulieren auch die Kontaktbereiche zwischen den Kugeln und den Laufbahnen. Das hintere Lager wird radial gering belastet, sodass die Druckwinkel und die Kontaktbereiche nur wenig modulieren. Die Verschleißspuren auf den Kugeln bilden sich als äquatorial umlaufende

Bänder aus. Die Kugeln des vorderen Lagers weisen diese Bänder als breite Mattierungen auf. Aufgrund der konstanten Kontaktbedingungen im hinteren Lager sind die Bänder schärfer und lokal begrenzt ausgeführt. Die schärferen Verschleißspuren führten zu erhöhten Signalwerten der Beschleunigungssensoren am hinteren Lagersitz.

Die Ergebnisse weisen darauf hin, dass radiale Belastungen zu einem gleichmäßigeren Verschleißbild der Kugeln führen. Eine signifikante Änderung dieser Verschleißbilder aufgrund dynamischer Radialkräfte im Vergleich zur statischen Belastung kann nicht beobachtet werden.

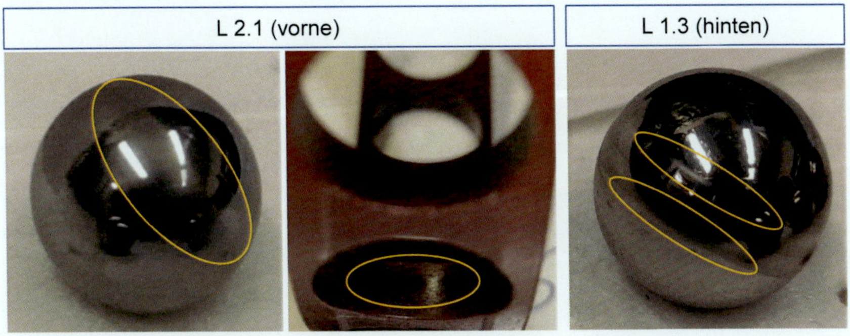

Bild 6.30: Verschleißspuren auf den Kugeln unter dynamischer Radialkraft
Wear marks on the balls under dynamic radial force

Zwischenfazit der Langzeitversuche

In den Langzeitversuchen wurden die Lager hohen Belastungen ausgesetzt, die nach derzeitigen Auslegungskriterien die Wahrscheinlichkeit eines frühzeitigen Lagerausfalls erhöhen. Sowohl ein hoher KvKn als auch hohe Pressungen bei einer dynamischen Belastung im Bereich der Eigenfrequenz führten zu keinem frühzeitigen Lagerschaden. Signifikante Schädigungen des Käfigs konnten nicht beobachtet werden. Die Antwort auf die vierte Forschungsfrage lautet daher, dass ein hoher KvKn nicht unmittelbar zu einem frühzeitigen Käfigschaden führt. Weiterhin verbessert die radiale Belastung das Verschleißverhalten der Kugeln mit metallischem Werkstoff. Vermutlich ist dieser Effekt bei keramischen Kugeln weniger ausgeprägt.

7 Experimentelle Analyse des Betriebsverhaltens im Zerspanprozess

Experimental analysis of the operating behavior during machining

Die nachfolgenden Untersuchungen zeigen Belastungen der Spindellagerung während der Zerspanung. Die Ergebnisse stellen den Einfluss typischer Werkzeuge und Prozessparameter auf die Belastungen in den Wälzkontakten sowie auf die Kugelkinematik am Beispiel der starren und elastischen Lageranstellung dar. Zur Messung der Belastungen im Lager wurden die in Kapitel 4.1 beschriebenen Messsysteme in die Spindeln integriert. Die Messgrößen umfassen die Wellenverlagerung zur Bestimmung der Lagerbelastung und synchron die Bewegung der Kugeln.

7.1 Eigenschaften der Spindelsysteme

Characteristics of the spindle systems

Die Untersuchung der starren Lageranstellung erfolgte in dem Bearbeitungszentrum H2000 der Gebr. Heller Maschinenfabrik GmbH. Die Messtechnik sowie der Wellenaufbau entsprechen dem bekannten Aufbau von Prüfstand 2 mit starrer Anstellung.

Die elastische Lageranstellung wurde in einer Motorspindel der GMN Paul Müller Industrie GmbH & Co. KG für die HSC-Bearbeitung von Aluminiumstrukturbauteilen untersucht. Diese weist eine maximale Leistung von 80 kW und eine Drehzahlgrenze von 30.000 1/min auf. Als Versuchsmaschine wurde der Hexapod HOH 600 gewählt, der aufgrund seiner Parallelkinematik eine steife sowie hochdynamische Maschinenstruktur aufweist und daher für die HSC-Bearbeitung geeignet ist [QUEI06]. Die Spindel wurde in Zusammenarbeit mit GMN für eine Applikation der genannten Sensorsysteme modifiziert. Der Aufbau folgt dem in Bild 7.1 skizzierten Modell.

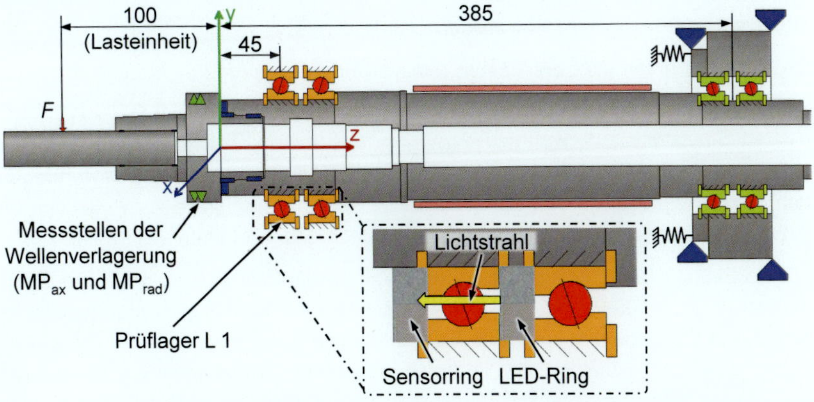

Bild 7.1: Spindelmodell mit elastischer Lageranstellung. Nach Mesys Wellenberechnung

Spindle model with elastic bearing arrangement. According to Mesys shaft calculation

Die Lagerung ist als Tandem-O-Tandem ausgeführt, wobei die beiden hinteren Lager vom Typ GMN HY SM 6013 (65 mm Bohrungsdurchmesser) mit einem Druckwinkel von 17° das elastisch angestellte Loslager bilden. Das System zur Messung der Kugelbewegung umgibt das vordere, werkzeugseitige Lager, welches das Prüflager darstellt. Die beiden werkzeugseitigen Lager entsprechen dem bekannten Lagertyp L 1.1 aus Tabelle 3. Das Verlagerungsmesssystem ist stirnseitig auf dem Spindeldeckel montiert und erfasst die Verlagerung des Werkzeugs relativ zum Spindelgehäuse. Ein auf den Greiferbund geschrumpfter Ring stellt die Messflächen für die axiale und radiale Messung bereit (vgl. [BREC19a]). Die gesamte axiale Vorspannkraft beträgt 2.250 N, sodass je Lager 1.125 N anliegen. Dieser Wert entspricht für eine vergleichende Analyse in guter Näherung der zweiten Vorspannungsstufe der Prüfstandsversuche mit 1.075 N.

Dynamische Spindeleigenschaften

Bei der Zerspanung mit hohen Drehzahlen können wesentliche Anregungsfrequenzen aus dem Prozess, meist die Schneideneingriffsfrequenz, im Bereich der Eigenfrequenzen der Spindel liegen. Bei diesen Prozessparametern steigen die Einfederungen in den Lagerstellen und damit die Belastung im Lager bei vergleichbarer Kraft am Werkzeug stark an [FEY20]. Ergänzend beeinflusst die Anregungsfrequenz die Schwingform der Spindelwelle und damit die Projektion der gemessenen Verlagerungen auf die Lagerstelle (vgl. Kapitel 5.1). Bild 7.2 zeigt oben exemplarisch den gemessenen und berechneten Nachgiebigkeitsfrequenzgang bei einer Drehzahl von 12.000 1/min mit dem eingesetzten Schaftfräser mit 25 mm Durchmesser (Tabelle 7). Die Verläufe bilden die auf die Kraft am Werkzeug bezogenen direkten Übertragungsfunktionen $G_{uy/Fy}$ und die rotativen Übertragungsfunktionen $G_{rx/Fy}$ ab. Die Daten beruhen auf den in den Messstellen ausgewerteten Verlagerungen (vgl. Bild 7.1). Die erste Resonanzstelle bei 1.100 Hz beschreibt die Biegeeigenfrequenz der Spindelwelle. Die zweite Resonanzstelle, mit einer überwiegenden Starrkörpermode in der vorderen Lagerstelle, tritt im Bereich um 1.400 Hz auf.

Bild 7.2 stellt unten die berechneten relativen Frequenzgänge $G_{uy/rx}$ und $G_{rz/rx,mess}$ dar. $G_{uy/rx}$ wertet die radiale Verlagerung bezogen auf die Rotation in der jeweiligen axialen Stützstelle aus, während $G_{rx/rx,mess}$ die relative Rotation bezogen auf die Messstelle beschreibt. Die einzelnen Verläufe entsprechen somit der Auswertung an den axialen Stützstellen von den Messstellen bis zur Lagerstelle zur Projektion der gemessenen Verlagerung auf die Lagerstelle nach dem Vorgehen aus Kapitel 5.1.

Für die Belastung des Lagers tritt ein signifikanter Effekt im Bereich der ersten Resonanzstelle um 1.100 Hz auf. Bei einer statischen Belastung in y-Richtung stellt sich eine positive Verlagerung in y-Richtung und eine negative Rotation um die x-Achse ein (vgl. Koordinatensystem in Bild 7.1). Die Phase von $G_{uy/rx}$ ist daher positiv und beträgt genau 180°. Im Bereich der Resonanzstelle um 1.100 Hz erhöht sich die Phase von $G_{uy/rx}$, sodass der Zusammenhang von u_y und r_x, wie er bei der statischen Biegelinie vorliegt, nicht mehr gegeben ist. Die Projektion dieses Verhaltens auf eine gleichzeitige

Belastung in die x- und y-Richtung, wie sie beim Fräsen vorliegt, führt dazu, dass die Vektoren der resultierenden radialen Verlagerung und der resultierenden Rotation nicht mehr senkrecht aufeinanderstehen. Die resultierende Verlagerung, beziehungsweise Rotation, wird jeweils durch die vektorielle Addition von u_x und u_y sowie r_x und r_y beschieben. Dieser komplexe Belastungszustand weicht daher grundlegend vom statischen Lastfall ab.

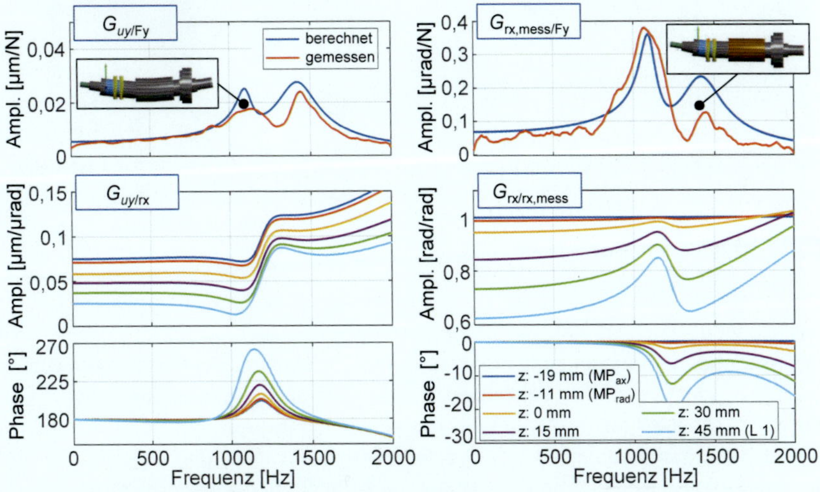

Bild 7.2: **Nachgiebigkeitsfrequenzgänge der Spindel mit elastischer Lageranstellung Parameter: *n* = 12.000 1/min, Werkzeug: Schaftfräser SF25**

Frequency response functions of the spindle with elastic bearing arrangement parameters: n = 12,000 1/min, tool: end mill SF25

Statische Analyse mit der Belastungseinheit

Der Verlauf des KvKn mit variierenden Drehzahlen und statischen Radialkräften gibt eine Übersicht des zu erwartenden Verhaltens im Prozess. Aufgrund desselben Wellenaufbaus bei der starren Lageranstellung in Prüfstand 2 und in der Maschine ist auch der KvKn unter Belastung identisch (vgl. Bild 6.12). Der abweichende Wellenaufbau bei der elastischen Lageranstellung zwischen Prüfstand und Spindel erfordert das erneute Einmessen des KvKn unter statischer Belastung in der Maschine. Bild 7.3 stellt den gemessenen KvKn des Prüflagers im Prüfstand und in der Spindel gegenüber.

Beide Verläufe zeigen einen qualitativ ähnlichen Verlauf mit erhöhtem KvKn im Bereich geringer bis mittlerer Drehzahlen bei hohen Belastungen. Die Erkenntnisse aus den Prüfstandsuntersuchungen sind somit prinzipiell auf die Zerspanversuche übertragbar.

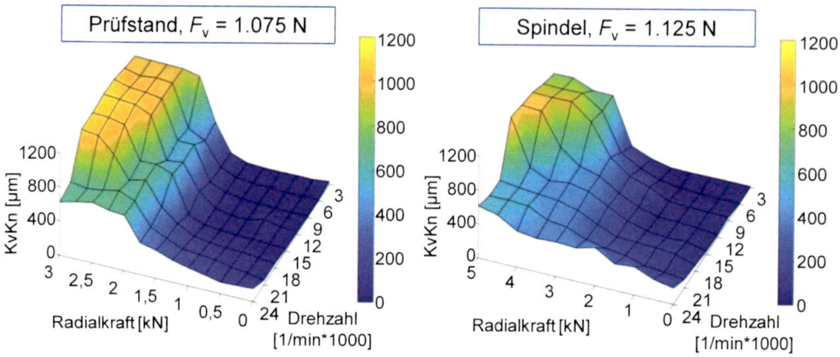

Bild 7.3: Vergleich des KvKn im Prüfstand und in der Maschine mit elastischer Anstellung

Comparison of the KvKn in the test rig and in the machine with the elastic arrangement

7.2 Analyse im Vollnutschnitt

Analysis in the full groove cut

Der folgende Abschnitt stellt die Ergebnisse der Zerspanversuche im Vollnutschnitt dar. Ausgehend von einer zusammenfassenden Darstellung der Messungen werden spezifische Lastfälle im Detail analysiert. Für die Untersuchungen beider Spindeln wurden die in Tabelle 7 aufgelisteten Werkzeuge aus dem Bereich der HSC-Bearbeitung von Aluminiumstrukturbauteilen bei variierenden Drehzahlen und Schnitttiefen verwendet. Beim Schaftfräser bewirkt die Helix eine Zugkraft, die insbesondere bei Spindeln mit elastischer Lageranstellung zu einer kritischen Entlastung der vorderen Lager führen kann [FALK20]; [BUTZ07]. Auf Basis der Simulationsergebnisse nach Kapitel 6.5 beeinflusst eine dynamische Belastung bereits ab der zweifachen Drehfrequenz (vgl. zweischneidiges Werkzeug) die Modulation der Kugelbewegung unwesentlich. Eine Variation durch Erhöhung der Schneidenanzahl erfolgt daher nicht.

Tabelle 7: Werkzeugdaten

Tool characteristics

Parameter	Einheit	Schaftfräser (SF25)	Messerkopf (MK50)
Abbildung Werkzeug		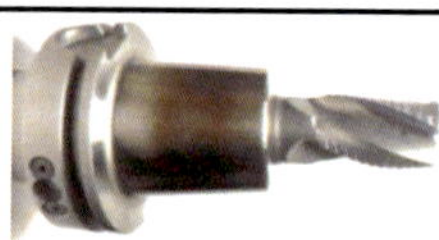	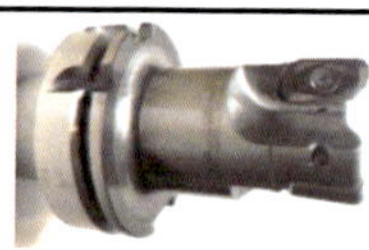
Durchmesser	[mm]	25	50
Länge ab Plananlage	[mm]	135	100
Schneidenanzahl	[-]	3	3
Helixwinkel	[°]	30	0
Zahnvorschub	[mm]	0,12	0,18

7.2.1 Starre Lageranstellung

Rigid bearing arrangement

Bild 7.4 zeigt die zusammengefassten Messergebnisse für die Spindel mit der starren Lageranstellung. Die im konstanten Vollnutschnitt ausgewerteten Daten, also ohne den Werkzeugeintritt und -austritt, umfassen den mittleren KvKn sowie die auf die Lagerstelle projizierten Verlagerungen. Die Prüfstandsuntersuchungen (Kapitel 6.5) weisen einen signifikanten Zusammenhang zwischen KvKn und den statischen Anteilen der Belastungen nach. Die ausgefüllten Balken stellen daher die statischen Anteile der axialen sowie der vektoriell addierten, effektiven radialen Verlagerungen dar. Die überlagerten Balken bilden den dynamischen Anteil der Verlagerung als Effektivwert u_{RMS} der um den jeweiligen Mittelwert $\bar{u}$ korrigierten Signale nach Gleichung (7.1) ab.

$$u_{RMS} = \sqrt{\frac{1}{n}\sum_{t=1}^{n}(u(t) - \bar{u})^2} \tag{7.1}$$

Die Belastungen während der Zerspanung bewirken keinen kritischen KvKn, der im Bereich des geometrisch möglichen KvKn von etwa 1.120 µm liegt. Die Zerspanung mit dem Schaftfräser führt allgemein zu höheren Verlagerungen und KvKn-Werten im Vergleich zum Messerkopf. Dies ist auf die axiale Zugbelastung beim Schaftfräser zurückzuführen. Vergleichbare Zeitspanvolumina liegen beim Schaftfräser mit einer Schnitttiefe von a_p = 12 mm und beim Messerkopf mit a_p = 4 mm vor, wobei der Schaftfräser im direkten Vergleich deutlich höhere Verlagerungen und KvKn-Werte hervorruft. Trotz der starren Lageranstellung, wird die Spindel statisch um bis zu 5 µm axial aus dem Gehäuse heraus verlagert.

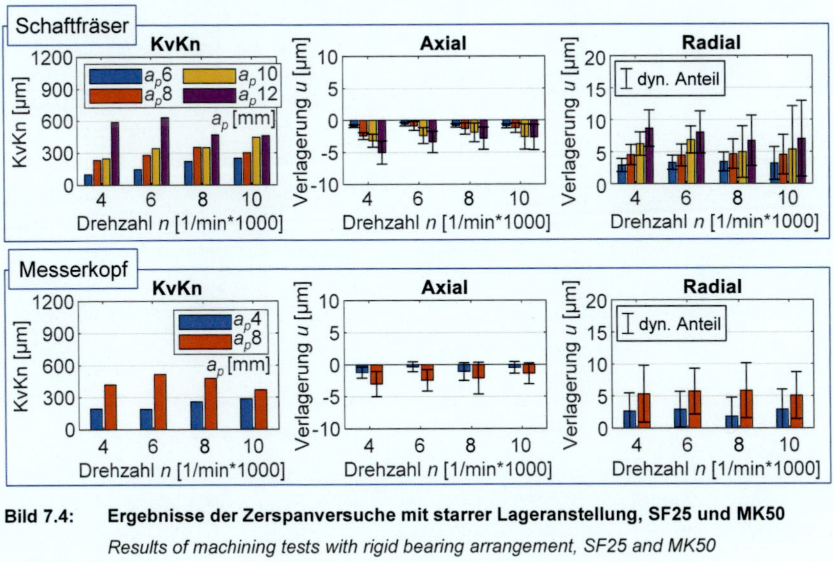

Bild 7.4: **Ergebnisse der Zerspanversuche mit starrer Lageranstellung, SF25 und MK50**

Results of machining tests with rigid bearing arrangement, SF25 and MK50

Beim Schaftfräser steigt der dynamische Anteil der radialen Verlagerungen mit steigender Drehzahl, wobei keine Steigerung des KvKn auftritt. Dies bestätigt die Ergebnisse aus Kapitel 6.6, dass die statischen Anteile signifikant den KvKn bestimmen. Die statischen Verlagerungsanteile sowie der KvKn werden wiederum mit steigender Drehzahl durch die kinematisch bedingte Vorspannungserhöhung reduziert. Dieses Verhalten bestätigt somit die grundlegenden Ergebnisse der Prüfstandsuntersuchungen aus Kapitel 6.2.3.

7.2.2 Elastische Anstellung

Elastic bearing arrangement

Die Ergebnisse für die Spindel mit elastischer Lageranstellung zeigt Bild 7.5. Die Zeitspanvolumina beider Werkzeuge sind je Schnitttiefenstufe vergleichbar, beispielsweise beim Schaftfräser mit einer Schnitttiegfe von a_p = 25 mm und beim Messerkopf mit a_p = 8 mm. Aufgrund der Leistungsbegrenzung liegen teilweise bei hohen Drehzahlen und Schnitttiefen keine Daten vor.

Im gesamten Parameterbereich tritt kein kritischer KvKn im Bereich des geometrisch möglichen KvKn von 1.100 µm auf. Der KvKn beim Schaftfräser nimmt im Vergleich zum Messerkopf erneut allgemein höhere Werte an. Dies bestätigt die Ergebnisse der Untersuchungen mit starr angestellter Spindellagerung. Die Ursache liegt in den höheren statischen Verlagerungsanteilen bei der Bearbeitung mit dem Schaftfräser, die insbesondere durch die erhöhten axialen Zugbelastungen hervorgerufen werden.

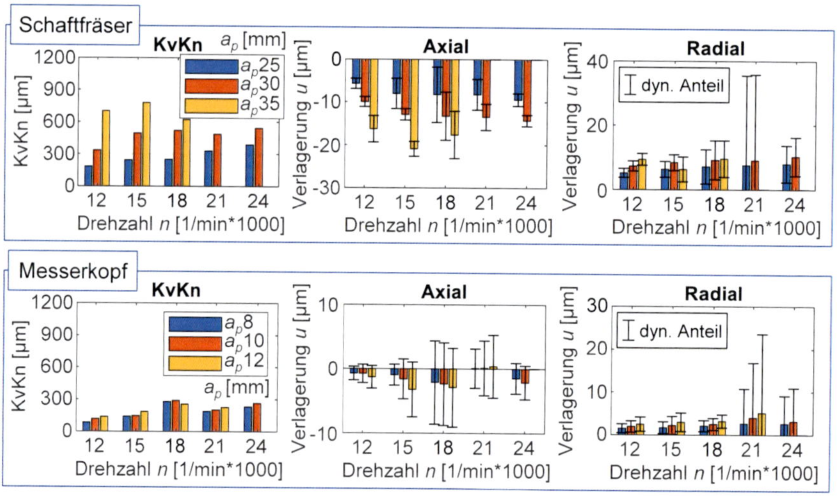

Bild 7.5: Ergebnisse der Zerspanversuche mit elastischer Lageranstellung, SF25 und MK50

Results of machining tests with elastic bearing arrangement, SF25 and MK50

Zwei zentrale Beobachtungen lassen sich aus den Ergebnissen ableiten. Unter hoher Belastung (Schaftfräser, a_p = 35 mm) liegen die höchsten KvKn-Werte im unteren Drehzahlbereich vor und nehmen mit steigender Drehzahl ab. Ein vergleichbares

Verhalten zeigt der KvKn unter statischer Belastung (Bild 7.3). Die Belastung der Spindel im Bereich der ersten radialen Eigenfrequenz, welche durch die Schneideneingriffe mit 1.050 Hz bei der Drehzahl von 21.000 1/min vorliegt, führt zu stark erhöhten, dynamischen radialen Verlagerungswerten bei beiden Werkzeugen. Trotz der erhöhten Belastungen tritt keine Steigerung des KvKn auf. Die Ursache könnte auf die ausgeprägten Entlastungsphasen unter den hohen Schwingungsamplituden zurückzuführen sein, während dieser keine ausgeprägten Geschwindigkeitsmodulationen der Kugeln auftreten.

7.3 Allgemeines Bewegungsverhalten der Kugeln

General motion behavior of the balls

Bild 7.6 stellt die Abweichungen Δu_{WK} von zwei exemplarischen Kugeln bezogen auf deren Soll-Position im Kugelsatz im Bereich der Zerspanung dar. Der Zeitraum von einer Sekunde entspricht etwa 130 Käfigumdrehungen. Im lastfreien Zustand, vor dem Eintritt des Werkzeugs in das Werkstück, nehmen die Kugeln stochastisch verteilte Positionen ein. Diese bleiben konstant über mehrere Käfigumdrehungen bestehen (a_p = 25 mm) oder unterliegen einer niederfrequenten Modulation (a_p = 35 mm). Die Ursache für dieses unterschiedliche Verhalten ist nicht bekannt.

Durch die Belastung im Prozess entsteht eine gleichmäßigere Verteilung der mittleren Kugelpositionen im Kugelsatz. Bereits bei geringen Belastungen mit a_p = 25 mm führt die Prozesskraft zu einer Kugelbewegung, bei der alle Kugeln um die geometrische Gleichverteilung modulieren. Je nach Schnitttiefe ist während der Belastungsphase eine niederfrequente Modulation erkennbar. Die Frequenz dieser Modulation ist nicht konstant und variiert mit der Belastung, die über die Schnitttiefe definiert wird. Zum Ende der Belastungsphase stellt sich erneut eine stochastische Verteilung der Kugeln ein, welche durch die jeweiligen Kugelpositionen bei Belastungsende entstehen.

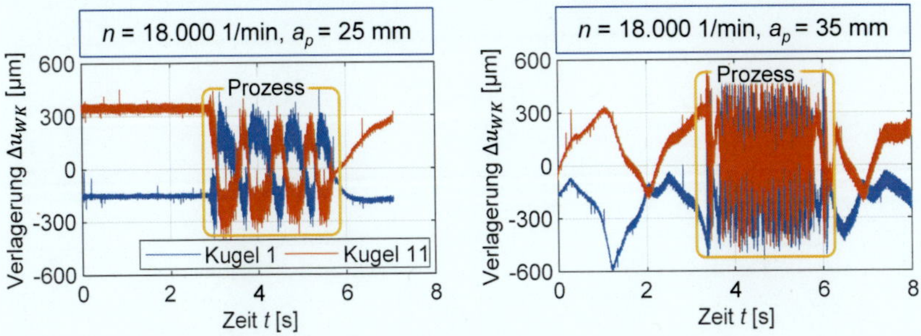

Bild 7.6: Bewegungsverhalten der Kugeln während der Zerspanung mit dem Schaftfräser

Motion behavior of the balls during machining with the end mill

Die messtechnisch nachgewiesenen stochastischen Kugelverteilungen und niederfrequenten Bewegungsmodulationen können zum derzeitigen Stand rechnerisch nicht abgebildet werden. Eine Berechnung mit im Mittel gleichverteilten Kugeln bildet jedoch in den Belastungsphasen, insbesondere unter hohen Belastungen, das Bewegungsverhalten gut ab.

7.4 Detailanalyse der Kugelkinematik

Detail analysis of the ball kinematics

Nachfolgend werden die Lagerlasten im Detail exemplarisch für die Spindel mit elastischer Lageranstellung bei der Bearbeitung mit dem Schaftfräser vorgestellt. Bild 7.7 zeigt das gemessene Geschwindigkeitsverhältnis ω_K/ω_{IR} einer Kugel entlang deren Umlauf um die Lagerachse bei einer Drehzahl von 12.000 1/min und einer Schnitttiefe von 35 mm. Ergänzend zeigt die Abbildung die berechneten Verläufe nach der dynamischen Methode WZL_{dyn} sowie der ARF. Weiterhin sind die auf Basis der gemessenen Wellenverlagerung berechneten Druckwinkel und Pressungen am inneren und äußeren Kontakt dargestellt. Je Kenngröße sind fünf volle Umläufe der Kugel um die Lagerachse abgebildet.

Der konstante Vollnutschnitt unter stabilen Schnittbedingungen führt zu gleichbleibenden, wiederkehrenden Belastungen im Lager bei jeder Umdrehung der Spindelwelle. Das nicht ganzzahlige Verhältnis zwischen der Innenring- und Käfigdrehzahl bewirkt jedoch eine variierende dynamische Belastung der Kugel bei jeder Käfigumdrehung. Daher weisen auch die Pressungen und Druckwinkel stets einen abweichenden Verlauf mit jeder Käfigumdrehung auf. Die maximalen Pressungen übersteigen geringfügig den Grenzwert von 2.000 MPa, wobei die minimalen Pressungen mit $\sigma_i \approx 0$ MPa auf ein zeitweises Abheben der Kugeln am inneren Kontakt hinweisen.

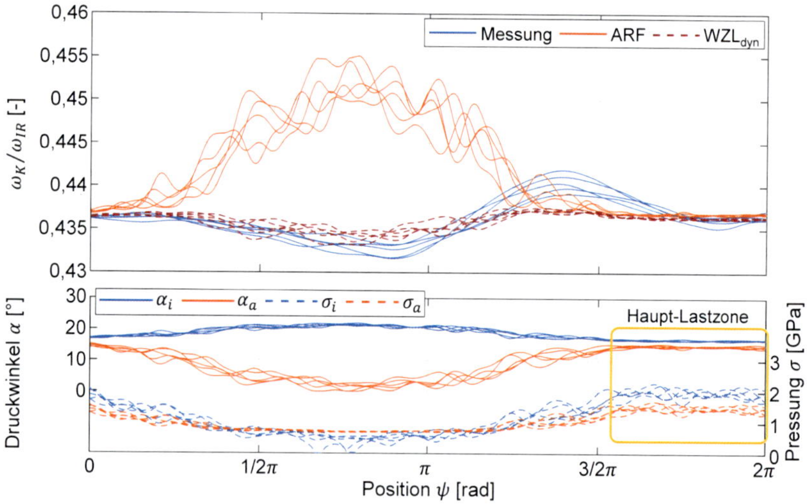

Bild 7.7: Geschwindigkeit, Druckwinkel und Pressungen einer Kugel im Vollnutschnitt Parameter: SF25 n = 12.000 1/min, a_p = 35 mm

Speed, contact angles and pressures of one ball in the full groove cut parameters: SF25 n = 12,000 1/min, a_p = 35 mm

Die dynamischen Belastungen werden von einem statischen Anteil überlagert, sodass sich eine konstante Haupt-Lastzone ausbildet. Beim Verlassen der Lastzone wird die Kugel abgebremst. Dieser Verlauf entspricht dem bekannten Verhalten unter statischer Belastung für das betrachtete Lager bei der betrachteten Drehzahl (vgl. Bild 6.6). Die gemessene Geschwindigkeit weist im Vergleich zur berechneten Geschwindigkeit nach der ARF insbesondere außerhalb der Haupt-Lastzone deutlich geringere Modulationen auf. Eine mögliche Ursache ist die begrenzte Reibkraft in den Wälzkontakten in diesen Bereichen durch die verminderten Kontaktbelastungen, die hohe Geschwindigkeitsänderungen nicht zulassen. Ergänzend verstärkt die erhöhte Druckwinkelschere außerhalb der Lastzone diesen Effekt.

Die einzelnen Käfigumdrehungen sowie die Schneideneingriffe treten als Modulation der Pressungen und Druckwinkel eindeutig auf. Die Geschwindigkeit wird hingegen nur dominant mit der Käfigdrehfrequenz moduliert. Die dynamischen Anteile der Belastung führen daher zu keiner ausgeprägten Modulation des KvKn. Dies bestätigt die Berechnungs- und Messergebnisse unter dynamischer Belastung mit harmonischen Kräften (Kapitel 6.6). Die berechnete Geschwindigkeit nach der dynamischen Methode WZL_{dyn} bildet den gemessenen Verlauf gut ab. Entgegen der ARF überschätzt die dynamische Berechnung die Geschwindigkeitsmodulationen durch die dynamischen Belastungen signifikant geringer.

Die ARF berechnet einen KvKn von etwa 1.800 µm und übersteigt daher, ungeachtet der generell abweichenden Entwicklung der Geschwindigkeitsprofile, den gemessenen KvKn von 700 µm und den geometrisch möglichen KvKn von 1.100 µm deutlich. Im Vergleich unterschätzt die dynamische Führung den KvKn mit etwa 330 µm. Die ertragbare Belastung der Spindel wird daher nach der ARF rechnerisch durch den KvKn bei zu geringer Belastung begrenzt. In diesem Fall würden die maximalen Pressungen von über 2.000 MPa die spezifizierbare Belastung bestimmen.

Bild 7.8 zeigt die entsprechenden Verläufe bei einer Drehzahl von 15.000 1/min und einer Schnitttiefe von 35 mm. Bei diesen Parametern liegen die höchsten KvKn-Werte vor (Bild 7.5). Die Druckwinkel, Pressungen und die nach der ARF berechneten Geschwindigkeiten modulieren stärker als bei dem zuvor analysierten Lastfall bei 12.000 1/min. Es bildet sich eine ausgeprägte entlastete Zone aus, bei der keine oder nur geringe Pressungen zwischen der Kugel und dem Kontakt am Innenring vorliegen. Die gemessene Geschwindigkeit zeigt einen signifikanten Anstieg beim Wiedereintritt in die Lastzone, der bereits aus den Prüfstandsversuchen unter statischer Belastung (vgl. Bild 6.6) bekannt ist. Die mit der Methode WZL_{dyn} berechnete Geschwindigkeit folgt annähernd dem gemessenen Verlauf. Im Vergleich zur Messung sind jedoch die Geschwindigkeitsmodulationen durch die dynamischen Belastungen der Schneideneingiffe überhöht. Der ausgeprägte Geschwindigkeitspeak beim Wiedereintritt in die Lastzone wird mit der dynamischen Berechnung unterschätzt. Auch unter dieser Belastung liefert die ARF mit 1.930 µm im Vergleich zur Messung mit 780 µm einen zu hohen KvKn. Im Vergleich unterschätzt die Berechnung nach WZL_{dyn} den KvKn mit etwa 380 µm.

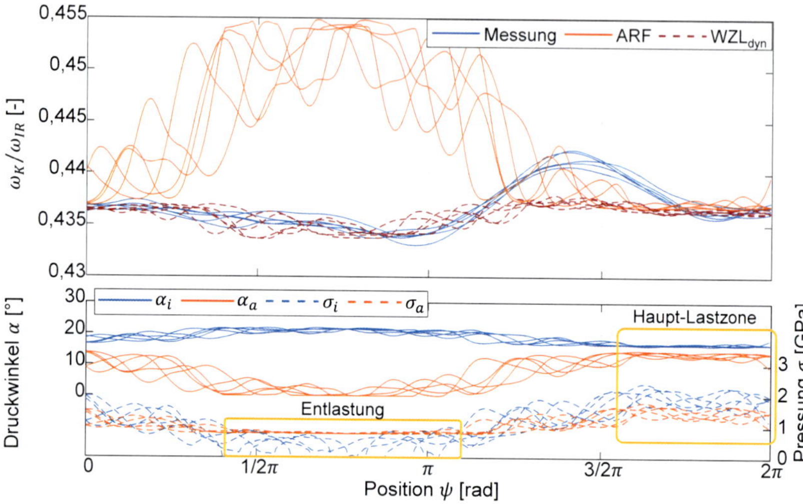

Bild 7.8: **Geschwindigkeit, Druckwinkel und Pressungen einer Kugel im Vollnutschnitt Parameter: SF25 n = 15.000 1/min, a_p = 35 mm**

Speed, contact angles and pressures of one ball in the full groove cut parameters: SF25 n = 15,000 1/min, a_p = 35 mm

Fazit der wirkenden Lagerlasten im Prozess

Die beschriebene Methodik stellt ein umfassendes Werkzeug dar, um die Lagerlasten im Prozess detailliert zu erfassen und zu analysieren. Die Bestimmung der Druckwinkel und Pressungen auf Basis der gemessenen Wellenverlagerung unter Berücksichtigung der dynamischen Spindeleigenschaften erlaubt es, die Methoden zur Berechnung der Kugelgeschwindigkeiten und des KvKn auf reale Belastungen anzuwenden und mit gemessenen Verläufen zu vergleichen.

Prozesse mit Werkzeugen wie dem Schaftfräser, die hohe statische Belastungsanteile und ausgeprägte Zuglasten hervorrufen, bewirken einen höheren KvKn bei vergleichbarem Zeitspanvolumen. Die dynamische Belastung durch die Schneideneingriffe führt rechnerisch nach der ARF zu einer ausgeprägten Modulation der Druckwinkel und der Kugelgeschwindigkeiten. Wie auch bei den Prüfstandsuntersuchungen unter statischer Radialbelastung überschätzt die ARF die Geschwindigkeitsmodulation durch die statischen und dynamischen Belastungsanteile signifikant. Demgegenüber weisen die gemessenen und nach WZL$_{dyn}$ berechneten Geschwindigkeitsverläufe stark reduzierte Modulationen mit der dynamischen Belastung auf. Dies bestätigt den maßgeblichen Einfluss statischer Belastungen auf den KvKn und beantwortet die fünfte Forschungsfrage für komplexe dynamische Belastungen im Zerspanprozess.

Entgegen der Berechnung mit der ARF wurden in den Versuchen keine kritischen KvKn-Werte bis zur Leistungsgrenze der Spindel gemessen. Die Auslegung der Spindellagerung auf Basis der ARF bezüglich des KvKn ist daher nicht zielführend, um das Belastungspotenzial des Systems vollständig auszunutzen.

8 Zusammenfassung und Ausblick

Summary and Outlook

Zusammenfassung

Spindellager sind während der Zerspanung hohen statischen und dynamischen Belastungen ausgesetzt, wodurch sie einem komplexen Belastungszustand unterliegen. Die mehrheitliche Ausfallursache von Hauptspindeln stellt eine defekte Lagerung dar, wobei ein Käfigschaden häufig das Schadensbild prägt. Die Analyse der Ursachen für diese Lagerschäden ist daher von hoher Relevanz zur Optimierung der Spindelsysteme und deren Einsatz im Prozess. Die Auslegung der Spindellagerung erfolgt in der Praxis mit Methoden der quasistatischen Wälzlagerberechnung unter der Annahme einer Außenringführung (ARF) der Kugeln. Die Berechnungen begrenzen die spezifizierbare radiale Belastung der Spindel häufig aufgrund einer ungünstigen Lagerkinematik, die maßgeblich durch einen unzulässig hohen Kugelvor- und -nachlauf (KvKn) definiert wird. Beobachtungen aus der Praxis zeigen hingegen, dass trotz einer rechnerisch ungünstigen Lagerkinematik, Spindellagerungen nicht frühzeitig ausfallen. Hieraus leitet sich die eingangs aufgestellte Forschungshypothese ab:

Quasistatische Berechnungsmethoden unter der Annahme einer Außenringführung überschätzen den Kugelvor- und -nachlauf sowie dessen Wirkung auf ein Käfigversagen signifikant.

Ein erweitertes Verständnis zum KvKn sowie dessen Wirkung auf die Belastung des Käfigs bietet ein hohes Potenzial zur besseren Auslegung und Spezifikation der ertragbaren Belastungen. Diese Forschungsarbeit umfasst daher die simulative und experimentelle Analyse der wirkenden Lagerlasten sowie die darauf aufbauende, detaillierte Analyse des KvKn mit einem neuartigen Messsystem. Die erarbeiteten Ergebnisse beantworten die in Kapitel 3 formulierten fünf Forschungsfragen vollständig:

Im ersten Teil in Kapitel 4 werden drei Messsysteme zur ganzheitlichen Analyse der Belastungen im Lager entwickelt. Diese erfassen die auf das Lager wirkenden Belastungen, die Bewegung der Kugeln in Umfangsrichtung zur Detektion des KvKn sowie die radiale Käfigbewegung. Die auf das Lager wirkenden Belastungen werden mit je drei axial und radial wirkenden Wirbelstromsensoren erfasst, welche die relative Verlagerung der Spindelwelle zum Gehäuse berührungslos messen. Korrekturmethoden bereinigen die Roh-Signale um initiale Lauffehler der rotierenden Messflächen durch die Kopplung an den Drehgeber, sodass die lastbedingten Verlagerungen isoliert vorliegen. Das System zur Messung der Kugelbewegung in Umfangsrichtung stellt eine zentrale Entwicklung dar, um die tatsächliche orbitale Bewegung der Kugeln zu beobachten. Das System arbeitet nach dem Prinzip einer Lichtschranke im Durchlichtverfahren, wobei die Kugeln die Lichtschranken schalten. Mehrere über dem Lagerumfang angeordnete Sensoren erlauben eine kontinuierliche Beobachtung der Kugelbewegung. Das System funktioniert zuverlässig unter Öl-Luft-Minimalmengenschmierung und wurde für Drehzahlen bis zur 30.000 1/min bei einem Lager mit 90 mm Teilkreisdurchmesser erprobt. Speziell entwickelte Korrekturmethoden kompensieren initiale Abweichungen der Sensoren sowie der Messkette. Die theoretische Auflösung liegt im Bereich weniger Mikrometer. Das System zur Messung der radialen Käfigbewegung basiert auf optischen, inkrementell messenden Sensoren. Die Maßverkörperung wird durch einen stirnseitig auf dem Käfig aufgebrachten Maßstab, bestehend aus konzentrischen, abwechselnd reflektierenden und nicht reflektierenden Ringen, gebildet. Die simultane Datenerfassung der drei Systeme erlaubt eine ganzheitliche, gekoppelte Analyse der entsprechenden Belastungen und Bewegungen. Hierdurch wird ein detaillierter Einblick in die verschiedenen Belastungen des Lagers ermöglicht, was bisher nicht möglich war. Die erarbeiteten Ergebnisse beantworten die ersten beiden Forschungsfragen mit der Möglichkeit, den KvKn sowie die wirkenden Lagerlasten experimentell unter realen Belastungen messen zu können.

Kapitel 5 beschreibt Berechnungsmethoden zur Bestimmung der Belastungen in den Wälzkontakten und des Käfigs sowie ein dynamisches Modell, welches die Kugelkinematik abbildet. Das dynamische Modell nutzt die Kontaktberechnung der quasistatischen Methode, ergänzt diese um die Trägheitskräfte und -momente der Kugeln und berücksichtigt die Schmierstoffeigenschaften in den Wälzkontakten. Die Gleichgewichtsberechnung erfolgt effizient durch eine Variation der Kugelgeschwindigkeiten und des Wälzwinkels. Die entwickelte Berechnungsumgebung umfasst neben der dynamischen Berechnung auch bekannte quasistatische Kugelführungsmethoden für vergleichende Analysen und löst die Kugelbewegung im Zeitbereich auf.

Die Analyse der Käfigbelastung erfolgt mit einem FE-basierten, elastischen Käfigmodell, das die Käfig-Kugel- und Käfig-Außenring-Kontakte beschreibt und quantitativ auswertet. Das Modell weist signifikante Belastungen in den Kontakten erst ab einer deutlichen Überschreitung des geometrisch möglichen KvKn nach. Die Ursache liegt in der geringen strukturellen Steifigkeit des Käfigs.

Kapitel 6 beschreibt die experimentellen Analysen zur Kugelkinematik und Käfigbelastung auf den Prüfständen. Die Ergebnisse unter statischer Radiallast zeigen ein stark last-, drehzahl- und druckwinkelabhängiges Bewegungsverhalten der Kugeln. Ein erhöhter KvKn kann sich in zwei charakteristischen Kraft-Drehzahlparameterbereichen ausbilden. Im Bereich geringer bis mittlerer Drehzahlen und hohen Radialkräften liegen KvKn-Werte vor, die dem geometrisch möglichen KvKn entsprechen. Dieser wird jedoch nicht überschritten und bewirkt daher keine signifikante Käfigbelastung. Spindellager mit großen Druckwinkeln bilden verstärkt einen zweiten Bereich mit erhöhtem KvKn bei hohen Drehzahlen und mittleren Belastungen aus. Hierbei wird der geometrisch mögliche KvKn teilweise deutlich überschritten, sodass gesteigerte Käfigbelastungen wirken. Die üblicherweise in der Praxis angewendete Methode der ARF überschätzt die berechnete Modulation der Kugelbewegung deutlich. Dies erklärt den Widerspruch zwischen einer rechnerisch nicht zulässigen Belastung und dem häufig beobachteten, zuverlässigen Betrieb. Die entwickelte dynamische Berechnung bildet den Geschwindigkeitsverlauf der Kugeln und damit den KvKn in einem breiten Parameterbereich gut ab. Insbesondere die unterschiedlichen Geschwindigkeitsverläufe, die last- und drehzahlabhängig durch ein Abbremsen oder Beschleunigen der Kugel beim

Verlassen der Lastzone gekennzeichnet sind, werden durch die dynamische Modellierung erfasst. Die Antwort auf die dritte Forschungsfrage lautet somit, dass die dynamische Methode den Geschwindigkeitsverlauf der Kugeln in radial belasteten Spindellagern am genausten abbildet.

Simulative und experimentelle Analysen zum KvKn unter dynamischer Belastung zeigen, dass der KvKn maßgeblich durch den statischen Kraftanteil bestimmt wird. Eine geringe Erhöhung des KvKn zeichnet sich bei einer Belastung mit der Wellendrehfrequenz, als erste technisch relevante Frequenz, ab. Belastungen mit Höherharmonischen der Drehfrequenz führen zu keiner Steigerung des KvKn im Vergleich zur statischen Last. Die Ergebnisse beantworten die fünfte Forschungsfrage für harmonische dynamische Belastungen.

In Langzeitversuchen wurde die Auswirkung eines erhöhten KvKn auf frühzeitige Käfigschäden untersucht. Dabei konnten trotz hoher KvKn-Werte keine schädigenden Verschleißspuren oder Käfigschäden reproduzierbar hervorgerufen werden. Die Ergebnisse der untersuchten Lastfälle weisen darauf hin, dass der Käfig unter zuverlässigen Schmierbedingungen die Belastung durch einen hohen KvKn ertragen kann und keinem frühzeitigen Ausfall unterliegt. Dies beantwortet die vierte Forschungsfrage.

Im abschließenden Teil in Kapitel 7 werden in Zerspanversuchen die wirkenden Lagerlasten und die Kugelkinematik analysiert. Hierzu wurden die entsprechenden Messsysteme in jeweils eine Spindel mit starrer und elastischer Lageranstellung integriert. Allgemein konnten keine kritischen KvKn-Werte bis zu den Leistungsgrenzen der Spindeln gemessen werden. Hingegen weisen Berechnungen nach der ARF einen unzulässigen KvKn bereits bei geringen Schnitttiefen nach. Die dynamischen Belastungen durch die einzelnen Schneideneingriffe treten im Bewegungsverhalten der Kugeln nur stark gedämpft auf, während die ARF diese deutlich anzeigt. Die dynamische Berechnung bildet erneut den KvKn besser ab und eignet sich für die Analyse auch unter dynamischen Prozessbelastungen. Prozessparameter, bei denen die Schneideneingriffsfrequenz im Bereich einer Spindeleigenfrequenz liegt, führen zu hohen dynamischen Einfederungen und damit mechanischen Belastungen in der Lagerung. Ein signifikanter Einfluss auf den KvKn tritt jedoch nicht auf und bestätigt den maßgeblichen Einfluss statischer Belastungen auf den KvKn. Für die untersuchten Lastfälle liegt demnach ein geringer Einfluss dynamischer Belastungen auf das Bewegungsverhalten der Kugeln vor. Somit kann auch die fünfte Forschungsfrage für komplexe dynamische Belastungen durch den Zerspanprozess beantwortet werden.

Das entwickelte Verfahren zur Messung der Kugelbewegung ermöglicht erstmals die detaillierte experimentelle Analyse der Kugelkinematik unter realistischen Belastungen. Die Ergebnisse zeigen in einem breiten Kraft-Drehzahl-Bereich einen signifikant niedrigeren KvKn im Vergleich zur häufig in der Praxis verwendeten quasistatischen Methode unter der Annahme der ARF. Zudem zeigen die Langzeitversuche, dass der Käfig einem erhöhten KvKn betriebssicher standhalten kann. Die formulierte Forschungshypothese ist somit experimentell und simulativ verifiziert. Um das vollständige Belastungspotenzial von Hauptspindeln nutzen zu können, muss die Auslegung der Lagerung mit den Methoden der dynamischen Lagerberechnung erfolgen. Somit können Spindel- und Lagerhersteller die spezifizierbare Belastung präziser angeben und zu einem wirtschaftlicheren und betriebssicheren Einsatz der Hauptspindel beitragen.

Ausblick

Die Belastung des Lagers durch das Verhältnis aus Verkippung und radialer Last beeinflusst potenziell die Entwicklung des KvKn. Ergänzend zur Auskraglänge des Werkzeugs bestimmen die Spindelkonstruktion und das Lagerkonzept die jeweiligen Belastungsanteile in der Lagerung. Durch weiterführende experimentelle und simulative Analysen mit den genenannten Variationen kann der Einfluss der Verkippung auf den KvKn näher erforscht, sowie ein optimiertes Spindelkonzept entwickelt werden. Ein mögliches Optimierungsziel ist eine ausgeglichene Kennwertentwicklung der maximalen Pressungen und der Lagerkinematik, wodurch die spezifizierbare Belastung nicht durch einzelne Kennwerte unnötig begrenzt wird.

Die Langzeitversuche mit Belastungen, die einen hohen KvKn hervorrufen, lieferten keinen reproduzierbaren Lager- oder Käfigschaden. Hieraus leitet sich die Fragestellung ab, welche spezifische Belastung im Prozess einen frühzeitigen Lager- beziehungsweise Käfigschaden hervorruft. In der Maschine könnte ein Ausfall der Lagerung auf eine gestörte Schmierung oder komplexe dynamische Belastungszustände zurückgeführt werden, die in den Prüfstandsversuchen nicht abgebildet werden konnten. In weiteren Zerspanversuchen könnten kritische Prozessparameter hinsichtlich des KvKn und einer hohen Käfigbelastung identifiziert und in Serienfertigungen untersucht werden. So können kritische Prozessbelastungen benannt und für die Anwendung von Überwachungsmethoden der Lagerung berücksichtigt werden.

Das elastische Käfigmodell erlaubt es, die wirkenden Kontaktbelastungen in den Käfig-Kugel- und Käfig-Außenring-Kontakten auf Basis bekannter Kugelpositionen zu quantifizieren. Die in diesen Kontakten ertragbaren Belastungen, definiert durch die Relativgeschwindigkeiten und Normalkräfte, sind nicht bekannt. Analogieversuche zur isolierten Untersuchung der Leistungsgrenzen dieser Kontakte können einen wichtigen Beitrag zur Auslegung des Käfigs und des zulässigen KvKn leisten.

Die Erklärung von frühzeitigen Lagerausfällen beziehungsweise Käfigschäden ist weiterhin schwierig und erfordert ergänzende simulative und experimentelle Arbeiten in den genannten Themenschwerpunkten.

Summary and Outlook

Zusammenfassung und Ausblick

Summary

Spindle bearings are subjected to high static and dynamic loads during machining, which means that they are subject to complex load conditions. The majority of main spindle failures are caused by defective bearings, with cage damage being the most common type of damage. The analysis of the causes for these bearing damages is therefore of high relevance for the optimization of the spindle systems and their use in the process. In practice, the spindle bearing arrangement is designed using methods of quasi-static rolling bearing calculation, assuming an outer race control of the balls. The calculations often limit the specifiable radial load on the spindle due to unfavorable bearing kinematics, which are defined primarily by an impermissible ball advance and retardation. Observations from practice, however, show that despite mathematically unfavorable bearing kinematics, spindle bearings do not fail prematurely. This is the basis for the research hypothesis stated at the beginning of this work:

Quasi-static calculation methods assuming an outer race control significantly overestimate the ball advance and retardation and its effect on cage failure.

An extended understanding of the ball advance and retardation and its effect on the load of the cage offers a high potential for a better design and specification of the loads that can be supported. Therefore, this research comprises the simulative and experimental analysis of the acting bearing loads as well as the detailed analysis of the ball advance and retardation with a novel measurement system. The results obtained fully answer the five research questions formulated in Chapter 3:

In the first part in Chapter 4, three measurement systems are developed for the holistic analysis of the loads in the bearing. These acquire the loads acting on the bearing, the movement of the balls in the circumferential direction to detect the ball advance and retardation and the radial cage movement. The loads acting on the bearing are detected by eddy current sensors each three acting axially and radially, which measure contactless the relative displacement of the spindle shaft to the housing. Correction methods remove initial running errors of the rotating measuring surfaces from the raw signals by coupling them to the encoder so that the load-induced displacements are isolated. The system for measuring ball motion in the circumferential direction represents a significant development for observing the actual orbital motion of the balls. The system works on the principle of a light barrier using the transmitted light method, with the balls switching the light barriers. Several sensors arranged around the circumference of the bearing allow continuous observation of the ball movement. The system operates reliably under oil-air minimum quantity lubrication and has been tested for speeds up to 30,000 rpm on a bearing with a 90 mm pitch circle diameter. Specially developed correction methods compensate initial deviations of the sensors as well as the measuring chain. The theoretical resolution is in the range of a few micrometers. The system for measuring radial cage motion is based on optical incremental sensors.

The measuring standard is formed by a scale applied to the front of the cage, consisting of concentric, alternately reflecting and non-reflecting rings. The simultaneous data acquisition of the three systems allows a holistic, coupled analysis of the corresponding loads and movements. This allows a detailed insight into the different loads on the bearing, which was not possible before. The results obtained answer the first two research questions with the possibility to measure the ball advance and retardation as well as the acting bearing loads experimentally under real loads.

Chapter 5 describes calculation methods for determining the loads in the rolling contacts and the cage, as well as a dynamic model that represents the ball kinematics. The dynamic model uses the contact calculation of the quasi-static method, supplements it with the inertial forces and moments of the balls, and considers the lubricant properties in the rolling contacts. The equilibrium calculation is performed efficiently by varying the ball speeds and the rolling angle. In addition to the dynamic calculation, the developed calculation environment also includes the known quasi-static ball control methods for comparative analyses and resolves the ball motion in the time domain.

The analysis of the cage loading is carried out with an FE-based elastic cage model, which describes and quantitatively evaluates the cage-ball and cage-outer ring contacts. The model detects significant loads in the contacts only when the geometrically possible ball advance and retardation is significantly exceeded. This is due to the low structural stiffness of the cage.

Chapter 6 describes the experimental analyses of ball kinematics and cage loading on the test rigs. The results under static radial load show a strong load-, speed- and contact angle-dependent motion behavior of the balls. An increased ball advance and retardation can develop in two characteristic force-speed parameter ranges. In the range of low to medium speeds and high radial forces, ball advance and retardation values are present and correspond to the geometrically possible values. However, this limit is not exceeded and therefore does not cause significant cage loading. Spindle bearings with large contact angles increasingly form a second area with increased ball advance and retardation at high speeds and medium loads. In this case, the geometrically possible ball advance and retardation is sometimes significantly exceeded, so that increased cage loads are effective. The outer race control method usually used in practice significantly overestimates the calculated modulation of the ball motion. This explains the contradiction between a computationally unacceptable load and the frequently observed reliable operation. The dynamic calculation reproduces the velocity course of the balls and thus the ball advance and retardation well in a wide parameter range. In particular, the dynamic modeling captures the different velocity curves, which are load- and speed-dependent and characterized by a deceleration or acceleration of the ball when leaving the load zone. The answer to the third research question is thus that the dynamic method most accurately represents the speed characteristics of the balls in radially loaded spindle bearings.

Simulative and experimental analyses of the ball advance and retardation under dynamic load show that the ball advance and retardation is largely determined by the static force component. A slight increase in the ball advance and retardation is apparent when the load is applied at the shaft rotational frequency, which is the first technically relevant frequency. Loads with higher harmonics of the rotational frequency do not lead to an increase in the ball advance and retardation compared to the static load. The results answer the fifth research question for harmonic dynamic loads.

The effect of increased ball advance and retardation on premature cage damage was investigated in long-term tests. Despite high ball advance and retardation values, no damaging wear marks or cage damage could be reproducibly induced. The results of the load cases investigated indicate that, under reliable lubrication conditions, the cage can withstand the load caused by a high ball advance and retardation and is not subject to premature failure. This answers the fourth research question.

In the final part of Chapter 7, the acting loads and the ball kinematics are analyzed in machining tests. For this purpose, the corresponding measuring systems were integrated into two spindles each with rigid and elastic bearing arrangement. In general, no critical ball advance and retardation values could be measured up to the performance limits of the spindles. On the other hand, calculations according to outer race control show an inadmissible ball advance and retardation already at low cutting depths. The dynamic loads due to the individual cutting edge engagements appear only strongly damped in the motion behavior of the balls, while the outer race control clearly indicates them. Again, the dynamic calculation predicts the ball advance and retardation better and is suitable for dynamic analysis even under process loads. Process parameters where the cutting engagement frequency is in the range of a spindle natural frequency lead to high dynamic deflections and thus mechanical loads in the bearings. However, a significant influence on the ball advance and retardation does not occur and confirms the decisive influence of static loads. For the load cases investigated, there is therefore little influence of dynamic loads on the motion behavior of the balls. Thus, the fifth research question can also be answered for complex dynamic loads caused by the machining process.

The developed method for measuring the ball motion allows for the first time a detailed experimental analysis of the ball kinematics under realistic loads. The results show a significantly lower ball advance and retardation in a wide force-speed range compared to the quasi-static method frequently used in practice under the assumption of outer race control. In addition, the long-term tests show that the cage can reliably withstand an increased ball advance and retardation. The formulated research hypothesis is thus verified experimentally and simulatively. To utilize the full load potential of main spindles, the design of the bearing arrangement must be carried out using the methods of dynamic bearing calculation. Spindle and bearing manufacturers can therefore specify the permissible load more precisely and contribute to a more economical and reliable use of the main spindle.

Outlook

The load on the bearing due to the ratio of tilting and radial load potentially influences the development of the ball advance and retardation. In addition to the cantilever length of the tool, the spindle design and the bearing concept determine the respective load proportions in the bearing. Through further experimental and simulative analyses with the mentioned variations, the influence of the tilting on the ball advance and retardation can be investigated in more detail, and an optimized spindle concept can be developed. A possible optimization goal is a balanced characteristic development of the maximum pressures and the bearing kinematics, whereby the specifiable load is not unnecessarily limited by individual characteristic values.

The long-term tests with loads causing a high ball advance and retardation did not result in reproducible bearing or cage damage. This raises the question of which specific load in the process causes premature bearing or cage damage. In the machine, a failure of the bearing could be attributed to a disturbed lubrication or complex dynamic load conditions that could not be considered in the test rig runs. In further machining tests, critical process parameters concerning the ball advance and retardation and a high cage load could be identified and investigated in series production. In this way, critical process loads can be named and taken into account for the application of bearing monitoring methods.

The elastic cage model makes it possible to quantify the contact loads acting in the cage-ball and cage-outer ring contacts on the basis of known ball positions. The loads that can be borne in these contacts, defined by the relative velocities and normal forces, are not known. Analogy tests to investigate the performance limits of these contacts in isolation can make an important contribution to the design of the cage and the allowable ball advance and retardation.

The explanation of premature bearing failures or cage damages is still difficult and requires complementary simulative and experimental work in the mentioned main topics.

9 Literaturverzeichnis

References

[ABEL06] Abele, E.; Dervisopoulos, M.; Kreis, M.: Beeinflussbarkeit von Lebenszykluskosten durch Wissensaustausch. In: wt Werkstatttechnik online, 2006, Nr. 7/8, S. 447–454

[ABEL10] Abele, E.; Altintas, Y.; Brecher, C.: Machine tool spindle units. In: CIRP Annals - Manufacturing Technology. 59. Jg., 2010, S. 781–802

[ABEL18] Abele, E.; Weber, M.; Daume, C.: Spindelwälzlagerbelastung beim trochoiden Fräsen. In: wt Werkstattstechnik online. 108. Jg., 2018, Nr. 10, S. 730–735

[ARYA22] Arya, U.; Sadeghi, F.; Conley, B.; Russel, T.; Peterson, W.; Meinel, A.: Experimental Investigation of Cage Dynamics and Ball-Cage Contact Forces in an Angular Contact Ball Bearing. In: Journal of Engineering Tribology, 2022, Nr. 1, S. 1–13

[ASHT12] Ashtekar, A.; Sadeghi, F.: A New Approach for Including Cage Flexibility in Dynamic Bearing Models by Using Combined Explicit Finite and Discrete Element Methods. In: Journal of Tribology. 134. Jg., 2012

[AVAG07] Avago Technologies: SFH551/1-1: Integrated Photo Detector Receiver for Plastic Fiber, 2007. Datenblatt

[BADE18] Bader, N. F.: Traction in EHL-Contacts - the Influence of local Fluid Rheology and Temperatures. Dissertation Gottfried Wilhelm Leibniz Universität Hannover, 2018

[BAIR03] Bair, S.; Qureshi, F.: The Generalized Newtonian Fluid Model and Elastohydrodynamic Film Thickness. In: Journal of Tribology. 125. Jg., 2003, Nr. 1, S. 70–75

[BART10] Bartel, D.: Simulation von Tribosystemen. 1. Aufl. Wiesbaden: Vieweg+Teubner, 2010

[BERT04] Bertrand, P. A.: Friction at the Contact Between Bearing Balls and Cotton-Phenolic Cage Material, 2004

[BOES92] Boesiger, E. A.; Donley, A. D.; Loewenthal, S.: An Analytical and Experimental Investigation of Ball Bearing Retainer Instabilities. In: ASME J. Tribol. 114. Jg., 1992, Nr. 3, S. 530–538

[BONE75] Boness, R. J.; Gentle, C. R.: Ball motion in thrust loaded ball bearings. In: Wear. 35. Jg., 1975, S. 131–148

[BOVE16] Bovet, C.; Zamponi, L.: An approach for predicting the internal behaviour of ball bearings under high moment load. In: Mechanism and Machine Theory. 101. Jg., 2016, S. 1–22

[BRÄN95] Brändlein, J.: Die Wälzlagerpraxis. 3. Aufl. Mainz: Vereinigte, 1995

[BREC14a] Brecher, C.; Hassis, A.; Rossaint, J.: Cage Friction in High-Speed Spindle Bearings. In: Tribology Transactions. 57. Jg., 2014, Nr. 1, S. 77–85

[BREC14b] Brecher, C.; Fey, M.; Hassis, A.; Bonerz, S. (Hrsg.): High-Speed Rolling Bearing Test Rigs with Contactless Signal Transmission for Measuring the Inner Ring Temperature. Wunstorf: AMA Service GmbH, 2014

[BREC15] Brecher, C.; Fey, M.; Falker, J.; Möller, B.: Externe Dämpfung bei Hochgeschwindigkeitsspindeln. In: wt Werkstattstechnik online. 105. Jg., 2015, Nr. 5, S. 257–262

[BREC17a] Brecher, C.; Weck, M.: Werkzeugmaschinen Fertigungssysteme 2. (. Bd. 2). 9. Aufl. Heidelberg: Springer, 2017

[BREC17b] Brecher, C.; Neus, S.; Eckel, H.-M.; Motschke, T.; Fey, M.: Frequenzgangmessung an Spindeln unter Drehzahl. In: wt Werkstattstechnik online. 107. Jg., 2017, Nr. 5, S. 318–322

[BREC17c] Brecher, C.; Rempel, D.; Eckel, H.-M.; Fey, M.: Einfluss dynamischer Prozesslasten auf das Betriebs- und Verschleißverhalten. In: VDI-Z. 159. Jg., 2017, Nr. 9, S. 50–53

[BREC18] Brecher, C.; Eckel, H.-M.; Fey, M.; Butz, F.: Prozesskraftmessung mit spindelintegrierter Sensorik. In: ZWF Zeitschrift für wirtschaftlichen Fabrikbetrieb. 113. Jg., 2018, Nr. 10, S. 660–663

[BREC19a] Brecher, C.; Eckel, H.-M.; Motschke, T.; Fey, M.; Epple, A.: Estimation of the virtual workpiece quality by the use of a spindle-integrated process force measurement. In: CIRP Annals - Manufacturing Technology. 68. Jg., 2019

[BREC19b] Schutzrecht DE102019008025A1 (18.11.2019). Brecher, C.; Eckel, H.-M.; Fey, M.; Strachkov, A.: Verfahren zur Erfassung einer axialen Verlängerung einer rotierenden Welle relativ zu einem Gehäuse

[BREC20] Brecher, C.; Eckel, H.-M.; Fey, M.; Neus, S.: Measuring the Kinematic Behavior of the Rolling Elements in a Spindle Bearing under Axial and Radial Loads. In: Bearing World Journal. 5. Jg., 2020, Nr. 1, S. 159–167

[BREU94] Breuer, M.: Theoretische und experimentelle Bestimmung der Wälzlagersteifigkeit. (Reihe: Fortschritt Berichte). Düsseldorf: VDI Verlag, 1994

[BREW77] Brewe, D. E.; Hamrock, B. J.: Simplified Solution for Elliptical-Contact Deformation Between Two Elastic Solids. In: Journal of Lubrication Technology. 99. Jg., 1977, Nr. 4

[BUTZ07] Butz, F.: Gestaltung der Loslagerung von Werkzeugmaschinenspindeln. Dissertation RWTH Aachen, 2007

[CHAP95] Chapman, J.: Angular Contact Ball Bearing Dynamics, an Experimental and Theoretical Investigation. In: Lubricants and Lubrication, 1995, S. 435–443

[CHOE19] Choe, B.; Lee, J.; Jeon, D.; Lee, Y.: Experimental study on dynamic behevior of ball bearing cage in cryogenic environments, Part i: Effects of cage guidance and pocket clearances. In: Mechanical Systems and Signal Processing. 115. Jg., 2019, S. 545–569

[DIN10a] Norm DIN ISO 281 (2010). Wälzlager - Dynamische Tragzahlen und nominelle Lebensdauer - Berechnung der modifizierten nominellen

[DIN10b] Norm DIN ISO 26281 (2010). Dynamische Tragzahlen und nominelle Lebensdauer

[DIN17] Norm DIN ISO 21940-11 (2017). Mechanische Schwingungen Auswuchten von Rotoren - Teil 11: Verfahren und Toleranzen für Rotoren mit starrem Verhalten

[DIN93] DIN 53017 (1993). Bestimmung des Temperaturkoeffizienten der Viskosität von Flüssigkeiten

[DING01] Ding, C.; Zhou, F.; Zhu, J.; Zhang, L.: Raceway control assumption and the determination of rolling element attitude angle. In: Chin. J. Mechn. Eng. 37. Jg., 2001, Nr. 2, S. 58–61

[ECKE22] Eckel, H.-M.; Brecher, C.; Neus, S.: Kugelbewegung in Spindellagern unter dynamischer Belastung. In: Tribologie und Schmierungstechnik. 69. Jg., 2022, Nr. 2, S. 10–16

[FALK20] Falker, J.: Analyse des Betriebsverhaltens von Hochgeschwindigkeits-Wälzlagern unter radialen Lasten. Dissertation RWTH Aachen, 2020

[FEY20] Fey, M.: "Identifikation der gebrauchsdauerreduzierenden Betriebszustände von Hauptspindellagerungen an Werkzeugmaschinen auf Basis der wirkenden dynamischen Last am Schneideneingriffspunkt – DynaLast", Schlussbericht zum IGF-Vorhaben 18900 N. Werkzeugmaschinenlabor WZL der RWTH Aachen, 2020

[FOOR06] Foord, C. A.: High-speed ball bearing analysis. In: Proceedings of the Institution of Mechanical Engineers, Part G: Journal of Aerospace Engineering. 220. Jg., 2006, Nr. 5, S. 537–544

[FVA14] FVA: Einfluss von Vibrationsanregung auf Wälzlager, 2014

[FVA15] FVA: Analyse der Schädigungsmechanismen von Wälzlagern unter externen Vibrationen, 2015

[GAO11] Gao, X.; Zhang, C. Y.: A Study on Measuring Method for 3D Motion of Balls in High-speed Ball Bearings. In: Advanced Materials Research. 199-200. Jg., 2011, S. 449–455

[GMN10] GMN Paul Müller Industrie GmbH @ Co. KG: Hochpräzisionslager. Nürnberg, 2010. Firmenschrift

[GMN14] GMN Paul Müller Industrie GmbH @ Co. KG: Hochfrequenzspindeln für automatischen Werkzeugwechsel, 2014. Firmenschrift

[GMN22] GMN Paul Müller Industrie GmbH @ Co. KG: IDEA-4S. Nürnberg, 2022

[GOHA08] Gohar, R.: Fundamentals of tribology. London: Imperial College Press, 2008

[GRIF94] Griffiths: Stifness matrix of the four-node quadrilateral element in closed form. In: International Journal for Numerical Methods in Engineering. 37. Jg., 1994, S. 1027–1038

[GROT18] Grote, K.-H.; Bender, B.; Göhlich, D.: Dubbel. 25. Aufl. Berlin Heidelberg: Springer, 2018

[GUPT14] Gupta, P. K.: Handbuch zu: ADORE Advanced Dynamics Of Rolling Elements, 2014

[GUPT20] Gupta, P. K.: Minimum Energy Hypothesis in Quasi-Static Equilibrium Solutions for Angular Contact Ball Bearings. In: Tribology Transactions. 63. Jg., 2020, Nr. 6, S. 1051–1066

[GUPT75] Gupta, P. K.: Transient Ball Motion and Skid in Ball Bearings. In: Journal of Lubrication Technology. 97. Jg., 1975, Nr. 2, S. 261–269

[GUPT84] Gupta, P. K.: Advanced Dynamics of Rolling Elements. 1. Aufl: Springer, 1984

[HAMR04] Hamrock, B. J.; Schmid, S. R.; Jacobson, B. O.: Fundamentals of fluid film lubrication. (Reihe: Mechanical engineering. Bd. 169). 2. Aufl. New York: Dekker, 2004

[HAMR81a] Hamrock, B. J.; Dowson, D.: Ball bearing lubrication. (Reihe: A Wiley-Interscience publication). New York: Wiley, 1981

[HAMR81b] Hamrock, B. J.; Dowson, F.: Ball Bearing Mechanics, 1981

[HARR07a] Harris, T. A.; Kotzalas, M. N.: Advanced Concepts of Bearing Technology. 5. Aufl. Boca Raton: CRC Taylor & Francis, 2007

[HARR07b] Harris, T. A.; Kotzalas, M. N.: Essential Concepts of Bearing Technology. 5. Aufl. Boca Raton: CRC Taylor & Francis, 2007

[HARR66] Harris, T. A.: Rolling Bearing Analysis: John Wiley & Sons Inc, 1966

[HÄUß20] Häußinger, M.; Steinbach, H.-C.; Müller, J.: Mechanische Auslegung der Hauptspindel anhand der Prozessparameter. In: Kief, H. B.; Roschiwal, H. A.; Schwarz, K. (Hrsg.): CNC-Handbuch. 31., überarbeitete Auflage. Aufl. München: Hanser, 2020, S. 271–281

[HEID19] Heider, K.: Berücksichtigung der Schmierstoffhydrodynamik und der Käfigverformung in der Wälzlagerdynamiksimulation unter hohen Zentripetalbeschleunigungen. Dissertation Friedrich-Alexander-Universität, 2019

[HINT70] Hinton, W. R.: AN INVESTIGATION INTO THE CAUSES OF BALL BEARING FAILURES IN TYPES Pz AND P3 ENGINE-DRIVEN GENERATORS. In: Wear. 16. Jg., 1970, S. 3–42

[HIRA65] Hirano, F.: Motion of a Ball in Angular-Contact Ball Bearing. In: ASLE Transactions. 8. Jg., 1965, S. 425–434

[HIRO99] Schutzrecht DE 4219318 C2Hiroyuki, M.; Kanagawa, C.: Verfahren und Vorrichtung zum Bestimmen des Kontaktwinkels von Kugellagern

[HOCH83] Hoch, P. G.: Tragfähigkeit von Käfigen in Rollenlagern für Planetenräder. Dissertation Ruhr-Universität, 1983

[HOLL18] Holland, L.: Analyse des Bewegungsverhaltens der Komponenten in Spindellagern mittels Hochgeschwindigkeitsvideographie. Dissertation Technische Hochschule Darmstadt, 2018

[HONG16] Hong, S.-W.; Tong, V.-C.: Rolling-Element Bearing Modeling: A Review. In: International Journal of Precision Engineering and Manufacturing. 17. Jg., 2016, Nr. 12, S. 1729–1749

[IBS22] IBS Precision Engineering BV: Understanding Capacitive and Inductive sensors, 2022. Firmenschrift

[JACO16] Jacobs, W.; Hooreweder, B. V.; Boonen, R.; Sas, P.; Moens, D.: The influence of external dynamic loads on the lifetime of rolling element bearings: Experimental analysis of the lubricant film and surface wear. In: Mechanical Systems and Signal Processing, 2016, Nr. 74, S. 144–164

[JONE60] Jones, A. B.: A General Theory for Elastically Constrained Ball and Radial Roller Bearings Under Arbitrary Load and Speed Conditions. In: Journal of Basis Engineering. 82. Jg., 1960, Nr. 2, S. 309–320

[KAKU64] Kakuta, K.: The Effects of Misalignment on the Forces Acting on the Retainer of Ball Bearings. In: Journal of Basis Engineering, 1964, Nr. 86, S. 449–456

[KANN80] Kannel, J. W.; Merriman, T.: SSME TURBOPUMP BEARING ANALYTICAL STUDY. Columbus, Ohio, 1980

[KIEK17] Kiekbusch, T.: Strategien zur dynamischen Simulation von Wälzlagern. Dissertation Technische Universität Kaiserslautern, 2017

[KING68] Kingsbury, E.: Ball motion in angular contact bearings. In: Wear. 11. Jg., 1968, Nr. 1, S. 41–50

[KLÜB18] Klüber Lubrication: Klübersynth FB 4-32, 4-46, 4-68. München, 2018. Firmenschrift

[KNAP13] Knapp, B.; Arneson, D.; Martin, D. (Hrsg.): Electrical runout using an eddy-current sensor for roundness measurements, 2013

[KOCH96] Koch, A.: Steigerung der Höchstdrehzahl von Schrägkugellagern bei Ölminimalmengenschmierung. Dissertation RWTH Aachen, 1996

[KONG22] Kong, L.; Chen, W.; Luo, W.; Chen, C.; Yang, Z.: General Cutting Load Model for Workload Simulation in Spindle Reliability Test. In: Machines. 144. Jg., 2022, Nr. 10

[KRIS15] Krishnan, S.: Processing of Cotton-Phenolic Bearing Retainers for Optimum Performance of Spacecraft High Speed Rotating Systems. In: Tribology Transactions. 58. Jg., 2015, Nr. 4, S. 704–711

[LIE10] Lie, C.; Rui, Z.; Liu, J.; Feng, R.; Zhao, J.: A New Method for Computing Contact Angle of High Speed Ball Bearing. In: Third International Joint Conference on Computational Science and Optimization, 2010, S. 331–334

[MESY22] MESYS AG: MESYS Calculation Software User Manual. Zürich, 2022. Firmenschrift

[MURC75] Murch, L. E.; Wilson, W. R. D.: A Thermal Elastohydrodynamic Inlet Zone Analysis. In: Journal of Lubrication Technology. 97. Jg., 1975, Nr. 2, S. 212–216

[NASD10] Nasdala, L.: FEM-Formelsammlung Statik und Dynamik. 1. Aufl. Wiesbaden: Vieweg+Teubner, 2010

[NATI23] National Instruments: NI-9401, 2023. Datenblatt

[NOEL13] Noel, D.; Ritou, M.; Furet, B.; Le Loch, S.: Complete Analytical Expression of the Stiffness Matrix of Angular Contact Ball Bearings. In: Journal of Tribology. 135. Jg., 2013, Nr. 4

[NSK14] NSK Ltd., Tokio/Tokyo, JP: New Bearing Doctor. Japan, 2014. Firmenschrift

[OKTA19] Oktaviana, L.; Tong, V.-C.; Hong, S.-W.: Skidding analysis of angular contact ball bearing subjected to radial load and angular misalignment. In: Journal of Mechanical Science and Technology. 33. Jg., 2019, S. 837–845

[PARK66] Parker, R. J.; Zaretsky, E. V.; Anderson, W. J. (Hrsg.): A REVIEW OF BALL MOTION IN AN ANGULAR CONTACT BALL BEARING. (Reihe: Spring Lubrication Symposium). New Orleans, Louisiana, 1966

[PEDE06] Pederson, B. M.; Sadeghi, F.; Wassgren, C.: The Effects of Cage Flexibility on Ball-to-Cage Pocket Contact Forces and Cage Instability in Deep Groove Ball Bearings. In: SAE Technical Paper, 2006, S. 260–271

[PETR09] Petrovic, P. B.; Jakovljevic, Z.: Dynamic Compensation of Electrical Runout in Eddy Current Contactless Measurements of Non-Stationary Ferromagnetic Target. In: SENSOR LETTERS. 7. Jg., 2009, S. 191–202

[PORI47] Poritsky, H.; Hewlett, J. W.; Coleman, R. E.: Sliding Friction of Ball Bearings of the Pivot Type. In: Journal of applied Mechanics. 14. Jg., 1947, Nr. 4, S. 261–268

[PRO15] Schutzrecht DE102013107953A1: Verfahren und Messsystem zur Ermittlung von Verformungen eines geometrischen Körpers mittels Kraft- oder Verformungsmesssensoren

[QUEI06] Queins, M.; Brecher, C.: Spagat zwischen Drehzahl und Drehmoment. In: antriebs Praxis, 2006, Nr. 03, S. 22–24

[REKE18] Rekers, S.: Correction of systematic errors in piezoelectric cutting force measurement. Dissertation RWTH Aachen, 2018

[ROSS13] Rossaint, J.: Steigerung der Leistungsfähigkeit von Spindellagern durch optimierte Lagergeometrien. Dissertation RWTH Aachen, 2013

[ROTE15] Rotek Handels GmbH: Verbundwerkstoff: Baumwoll Hartgewebe Platten, 2015. Firmenschrift

[RUSS21] Russell, T.; Sadeghi, F.; Peterson, W.; Aamer, S.; Arya, U.: A Novel Test Rig for the Investigation of Ball Bearing Cage Friction. In: Tribology Transactions. 64. Jg., 2021, Nr. 5, S. 943–955

[SCHA12] Schaeffler Technologies AG & Co. KG: Bearinx®-online Wellenberechnung. Herzogenaurach, 2012. Firmenschrift

[SCHA18] Schaeffler Technologies AG & Co. KG: Hochgenauigkeitslager. Schweinfurt, 2018. Firmenschrift

[SCHA19] Schaeffler Technologies AG & Co. KG: Werkstoffe für Wälzlagertechnik. Schweinfurt, 2019. Firmenschrift

[SCHA20] Schaeffler Technologies AG & Co. KG: Schaeffler SpindleSense. Schweinfurt, 2020. Firmenschrift

[SEET06] Seeton, C. J.: Viscosity–temperature correlation for liquids. In: Tribology Letters. 22. Jg., 2006, Nr. 1, S. 67–78

[SHAN49] Shannon, C. E.: Communication in the Presence of Noise. In: Proceedings of the IRE, 1949, Nr. 37, S. 10–21

[SHEV57] Shevchenko, R. P.; Bolan, P.: A visual study of ball motion in a high-speed thrust bearing. In: SAE Annual Meeting, 1957

[SIEM19] Siemens AG: Die smarte Spindel. Erlangen, 2019. Firmenschrift

[SPAC08] Spachtholz, G.: Erweiterung des Leistungsbereiches von Spindellagern. Diss. RWTH Aachen, 2008

[SPEC02] Spechtel, B.: Das Verhalten von Wälzlagerun unter hohen Winkelbeschleunigungen. Dissertation RWTH Aachen, 2002

[STAR18] Starrag Technology GmbH: Starrag Magazin. Mönchengladbach, 2018. Firmenschrift

[STEI95] Steinert, T.: Das Reibmoment von Kugellagern mit bordgeführtem Käfig. Dissertation RWTH Aachen, 1995

[SULK19] Sulka, P.; Sapietova, A.; Dekys, V.; Sapieta, M.: Comparison of analytical and numerical solution of bearing contact analysis. In: Polish-Slovak Scientific Conference on Machine Modelling and Simulations (MMS 2018). 254. Jg., 2019

[TOTI14] Toti, G.; Adams, O.; Sortino, M.; Veselovac, D.; Klocke, F.: Development of an innovative plate dynamometer for advanced milling and drilling applications. In: Measurement. 49. Jg., 2014, S. 164–181

[TU12] Tu, W.; Shao, Y.; Mechefske, C., K.: An analytical model to investigate skidding in rolling element bearings during acceleration. In: Journal of Mechanical Science and Technology. 26. Jg., 2012, Nr. 8, S. 2451–2458

[TÜLL99] Tüllmann, U.: Das Verhalten axial verspannter, schnelldrehender Schrägkugellager. Dissertation RWTH Aachen, 1999

[VITO11] Schutzrecht EP 2 366 977 B1 (15.03.2011). Vito, A.: Determining the contact angle of a ball bearing

[WAGN17] Wagner, C.; Krinner, A.; Thümmel, T.; Rixen, D.: Full Dynamic Ball Bearing Model with Elastic Outer Ring for High Speed Applications. In: Lubricants, 2017, Nr. 5(2), 17

[WANG14] Wang, W.; Hu, L.; Zhang, S.; Zhao, Z.; Ai, S.: Modeling angular contact ball bearing without raceway control hypothesis. In: Mechanism and Machine Theory. 82. Jg., 2014, S. 154–172

[WANG15] Wang, Y.; Wang, W.; Zhang, S., Zhao, Z.: Investigation of skidding in angular contact ball bearings under high speed. In: Tribology International. 92. Jg., 2015, S. 404–417

[WECK03] Weck, M.; Brecher, C.; Schulz, A.; Keiser, R.: Stabilitätsanalyse bei der HSC-Bearbeitung. In: wt Werkstattstechnik online. 93. Jg., 2003, Nr. 1, S. 63–68

[WEIN09] Weinzapfel, N.; Sadeghi, F.: A Discrete Element Approach for Modeling Cage Flexibility in Ball Bearing Dynamics Simulations. In: Journal of Tribology. 131. Jg., 2009, Nr. 2

[WEN17] Wen, B.; Ren, H.; Zhang, H.; Han, Q.: Experimental investigation of cage motions in an angular contact ball bearing. In: Journal of Engineering Tribology. 231. Jg., 2017, Nr. 8, S. 1041–1055

[WU16] Wu, L.; Tan, Q.: Thermal Characteristic Analysis and Experimental Study of a Spindle-Bearing System. In: Entropy. 18. Jg., 2016

[YING21] Ying, J.; Yang, Z.; Chen, C.; Yao, G.; Hu, W.; Tian, H.: Lifetime analysis of motorized spindle bearings based on dynamic model. In: The International Journal of Advanced Manufacturing Technology, 2021

[ZHAN20] Zhang, Y.; Zhang, S.; Zhou, G.; Zhang, J.; Quing, T.; Zhou, N.: The tribological properties of porous cottonphenolic bearing retainer on different surfaces. In: Journal of Engineering Tribology. 235. Jg., 2020, Nr. 7, S. 1470–1477

[ZIAU03] Ziaur Rahman, M.; Ohno, N.; Tsutsumi, H.: Effekt of Lubricating Oils on Cage Failure of Ball Bearings. In: Tribology Transactions. 46. Jg., 2003, Nr. 4, S. 499–505

In der Reihe **Ergebnisse aus der Produktionstechnik** zuletzt erschienen:

Eckel, Hans-Martin:
Kinematische Analyse von Spindellagern unter statischen und dynamischen Kräften
ISBN: 978-3-98555-226-9
Erscheinungsdatum: 01.08.2024

Hähnel, Sebastian:
Das variationskraftgeregelte, schwingungsunterstützte Schleifen von gekrümmten Werkzeugstahloberflächen mit gummigebundenen Schleifstiften
ISBN: 978-3-98555-225-2
Erscheinungsdatum: 22.07.2024

Kosel, Maximilian:
Prozess- und Maschinenentwicklung für das kontinuierliche, variotherme Heißprägen
ISBN: 978-3-98555-223-8
Erscheinungsdatum: 16.07.2024

Lender, Benjamin:
Datenbasierte Identifikation von Heuristiken für das Entwicklungsmanagement
ISBN: 978-3-98555-219-1
Erscheinungsdatum: 16.07.2024

Lukas, Gerret:
Gestaltungsmodell zur thermischen Auslegung additiver Prototypenwerkzeuge aus Kunststoff
ISBN: 978-3-98555-209-2
Erscheinungsdatum: 03.06.2024

Löffler, Bernd:
Additiv gefertigte Kunststoffwerkzeuge für das Tiefziehen von Feinblech
ISBN: 978-3-98555-211-5
Erscheinungsdatum: 27.05.2024

Dackweiler, Jonas:
Planungseffizienz und -effektivität durch Plattformbasierte Fabrikplanung
ISBN: 978-3-98555-220-7
Erscheinungsdatum: 27.05.2024

Schopen, Marco:
Datenbasierte hybride Analyse und Gestaltung von Geschäftsprozessen
ISBN: 978-3-98555-217-7
Erscheinungsdatum: 22.05.2024

Scholzen, Philipp:
Auslegung geräuschoptimierter pulvermetallurgischer Stirnradverzahnungen
ISBN: 978-3-98555-216-0
Erscheinungsdatum: 21.05.2024

Seelbach, Tobias:
Prädiktion der Maßhaltigkeit beim Räumen von Profilnuten
ISBN: 978-3-98555-213-9
Erscheinungsdatum: 21.05.2024

Edition Wissenschaft
Apprimus

Fiedler, Falko:
Produkt- und prozessseitige Auslegung von bauteilintegrierten Vorrichtungsfunktionen
ISBN: 978-3-98555-206-1
Erscheinungsdatum: 02.04.2024

Hohenstein, Steffen:
Multidirektionaler Aufbau in der additiven Fertigung von Kunststoffen
ISBN: 978-3-98555-203-0
Erscheinungsdatum: 05.03.2024

Ochel, Janis:
Datengetriebene Strukturierung von NC-Zerspanprozessen
ISBN: 978-3-98555-204-7
Erscheinungsdatum: 14.02.2024

Schulz, Malena:
Digital Twin Methodology for the Automated Fiber Placement with In-situ Consolidation of Thermoplastic Tape
ISBN: 978-3-98555-195-8
Erscheinungsdatum: 30.01.2024

Schweins, Julian:
Datengestützte Gestaltung des nachhaltigen Werkzeuglebenszyklus
ISBN: 978-3-98555-197-2
Erscheinungsdatum: 22.01.2024

Ecker, Christian:
Flexible Inbetriebnahme roboterbasierter Montagesysteme durch Prozessdemonstration
ISBN: 978-3-98555-189-7
Erscheinungsdatum: 11.12.2023

Theling, Julian:
Auslegung von Planetengetrieben im elastischen Verzahnungsumfeld unter Berücksichtigung der Wechselwirkungen des Mehrfacheingriffes
ISBN: 978-3-98555-205-4
Erscheinungsdatum: 26.03.2024

Schukat, Esben:
Kapazitätsorientierte Auftragsfreigabe in matrixstrukturierten Montagesystemen
ISBN: 978-3-98555-189-9
Erscheinungsdatum: 20.02.2024

Metzmacher, Amelie Isabel:
Beschäftigungsfähigkeit im produzierenden Sektor – Entwicklung des Predictive Model of Industrial Employability
ISBN: 978-3-98555-201-6
Erscheinungsdatum: 13.02.2024

Olivier, Marcel:
Abtragmechanismen beim drahtfunkenerosiven Bearbeiten elektrisch leitfähiger Keramiken im kohlenwasserstoffbasierten Dielektrikum
ISBN: 978-3-98555-200-9
Erscheinungsdatum: 30.01.2024

Landwehr, Markus:
Modellierung und Vorhersage des eigenspannungsbedingten Bauteilverzugs bei der Fräsbearbeitung
ISBN: 978-3-98555-194-1
Erscheinungsdatum: 09.01.2024

Goergen, Fabian:
Analogieversuch zur Erzeugung von Zahnflankenbrüchen an Stirnrädern
ISBN: 978-3-98555-191-0
Erscheinungsdatum: 11.12.2023

Edition Wissenschaft
Apprimus

FSC
www.fsc.org
MIX
Papier | Fördert gute Waldnutzung
FSC® C083411

Zeitfracht Medien GmbH
Ferdinand-Jühlke-Straße 7
99095 Erfurt, Deutschland
produktsicherheit@kolibri360.de